Arbeiten und Lernen selbst managen

Springer
Berlin
Heidelberg
New York
Hongkong
London
Mailand
Paris
Tokio

Engineering

ONLINE LIBRARY

http://www.springer.de/engine/

Kristine Grotian · Karl Heinz Beelich

Arbeiten und Lernen selbst managen

Effektiver Einsatz von Methoden,
Techniken und Checklisten für Ingenieure

Zweite, vollständig überarbeitete Auflage

Mit 30 Abbildungen und 37 Tabellen

Springer

Dipl.-Ing. Kristine Grotian
Zur Kreidemühle 14
82481 Mittenwald
E-Mail: ti2reify@t-online.de

Dr.-Ing. Karl Heinz Beelich
Zilleweg 1
64291 Darmstadt
E-Mail: grobe_team@t-online.de

http://home.t-online.de/home/grobe_team

ISBN 3-540-40321-3 2. Aufl. Springer Verlag Berlin Heidelberg New York
ISBN 3-540-65139-x Springer Verlag Berlin Heidelberg New York

Bibliografische Information der Deutschen Bibliothek
Die Deutsche Bibliothek verzeichnet diese Publikation in der
Deutschen Nationalbibliografie; detaillierte bibliografische
Daten sind im Internet über <http://dnb.ddb.de> aufrufbar

Springer-Verlag Berlin Heidelberg New York
ein Unternehmen der BertelsmannSpringer Science+Business Media GmbH

© Springer-Verlag Berlin Heidelberg 1999, 2004

http://www.springer.de

Einbandgestaltung: Erich Kirchner, Heidelberg

Satz: Camera-ready-Vorlage vom Autor
68/3020 uw – Gedruckt auf säurefreiem Papier – 5 4 3 2 1 0

Für

Jan Tim

geboren am 10. Februar 1998

und

Fynn Kristian

geboren am 27. November 2000

Vorbemerkungen

Jeder von uns ist ein Manager. Wir managen unser Leben, unsere Freizeit, aber auch unser Arbeiten und Lernen.

Drucker[1] definiert Management:

"Effektiver und effizienter Einsatz von verfügbaren Ressourcen, um gewünschte Ergebnisse zu erzielen".

Analysieren wir dies:

- *effektiv*: Die richtigen Dinge tun.
  Welche Prozesse sind auszuführen? Welche Mittel sind einzusetzen? Sind Sie mit Ihren Ergebnissen zufrieden?
- *effizient*: Die Dinge, die getan werden, richtig tun.
  Führen Sie alle Prozesse planmäßig und wirtschaftlich durch? Nutzen Sie geeignete Faktoren, Größen und Eigenschaften? Schließen Sie auch die Zukunft in Arbeiten/Handeln und Lernen ein? Fragen Sie sich: „Wie besser?" und „Wie weiter?"
- verfügbare *Ressourcen*: Sind Ihre Ressourcen sorgfältig analysiert? Setzen Sie Ihr Können und Wissen, ihre Fähigkeiten und Fertigkeiten bewusst ein? Entwickeln Sie Kompetenzen aus Ihren Potenzialen?
- gewünschte *Ergebnisse*: Vergleichen Sie die erreichten Ergebnisse mit den Zielsetzungen? Nutzen Sie zum Vergleichen einen Zielkatalog mit integriertem Beurteilungs- und Wertesystem? Beurteilen Sie Abweichungen sofort? Erarbeiten Sie Maßnahmen und setzen Sie diese Maßnahmen um?

Beantworten Sie diese Fragen. Bedenken Sie: Ergebnisse erhalten Sie durch das Umsetzen Ihrer Aktivitäten. Ziehen Sie Ihre Arbeitspakete und Projekte effektiv und effizient durch. Lenken Sie Ihre Ressourcen auf wenige Kernaufgaben. Bearbeiten Sie nicht viele Aufgabenpakete gleichzeitig. Bündeln Sie den Erfolg.

---

[1] Drucker PF (1980) Neue Managementpraxis. Econ, Düsseldorf Wien.

In diesem Buch erhalten Sie Anregungen, Beispiele, Checklisten, Leitlinien und Tipps, die Sie bestimmt in Ihre Denk- und Handlungswelt integrieren. Einige Beispiele sind:

Klären Sie Aufgaben umfassend. Entwickeln Sie frühzeitig ein Beurteilungs- und Bewertungssystem. Nutzen Sie dieses System als Maß beim Bearbeiten der Aufgaben und Probleme. Beurteilen Sie selbst Ihre Ergebnisse.

Verwenden Sie die vorgestellten Methoden und zugehörigen Techniken beim Bearbeiten von Aufgaben und Problemen auch in Projekten. Vermeiden Sie Projektfallen und kritische Situationen sowie Unsicherheit beim Entscheiden.

Schreiben Sie Ihre Briefe und Berichte für den Leser, den Kunden. Vermeiden Sie Fehler in Geschäftsbriefen.

Entwickeln Sie Handlungs- und Lernkompetenz aus Ihren Potenzialen. Integrieren Sie Fach-, Methoden-, Selbst- und Sozialkompetenz.

Gestalten Sie Prüfungen durch methodisches Vorgehen bereits im Vorfeld erfolgreicher. Führen Sie klärende Gespräche durch. Treten Sie sicherer im Vortrag und bei Präsentationen auf. Geben Sie Feedback. Sichern und verbessern Sie Ihr Handeln und Lernen.

Aktivieren Sie so in Ihrem mentalen Lexikon (Langzeitgedächtnis) inaktive Wissensnetze für den persönlichen Erfolg.

Arbeiten und Lernen ist Eigenhandeln!

Die Autoren behandeln aus dem großen Bereich des selbst gemanagten Lernens, dem Verbund von Arbeiten und Lernen die Ausschnitte, die sie selbst anwenden. Bestimmt lesen Sie an anderer Stelle andere Ansichten und Schwerpunkte.

Allen Dank, die uns immer wieder anregten, unser Verständnis vom Eigenhandeln mit individuellem Arbeitsstil in einem Buch zusammenzutragen. Besonderen Dank den Damen und Herren des Springer-Verlags, die die überarbeitete Fassung des Buches veranlassten und unser Handeln mit Hinweisen und Tipps unterstützten.

Mittenwald, Darmstadt
Sommer 2003   *Kristine Grotian und Karl Heinz Beelich*

Inhaltsverzeichnis

XIII

1 Arbeiten und Lernen

1.1
Zentrale Themen und Nutzen des Buches

Was ist das Zentrale im Buch?

Zentrale Themen des Buches sind:

- Arbeiten und Lernen sollten Sie als *Verbund* betrachten. Auch Sie müssen fortwährend lernen und dies ein Leben lang.
- Nicht nur das Ergebnis, sondern auch der Weg, der *Prozess* bestimmt Ihr erfolgreiches Arbeiten und Lernen. Ingenieure wissen, dass technische Produkte in Entwicklungs- und Konstruktionsprozessen entstehen, in Herstellungsprozessen produziert und für Nutzungsprozesse (für den Gebrauch) entwickelt werden.
- Arbeiten und Lernen sind keine Selbstläufer. Sie lernen nie auf Vorrat. Sie müssen sich dessen bewusst sein. Ihr persönliches Arbeits- und Lernprogramm „*Selbstmanagement*" gestalten Sie mit Hilfe der Anregungen, Hinweise und Tipps dieses Buches.
- Wenn Sie zielgerecht und zeitsparend Handeln wollen, müssen Sie stets ein *Beurteilungs- und Wertesystem* dem Selbsteinschätzen und Reflektieren zugrunde legen.
- Durch ständiges Erfassen und Erweitern Ihrer *Schlüsselqualifikationen* wie z.B. Fach-, Handlungs-, Lern-, Methoden-, Selbst- und Sozial-*Kompetenz* ergänzen Sie das Instrumentarium des selbst gemanagten, lebenslangen Lernens.
- Sie müssen sich auch bewusst machen, dass jedes *Handeln* mit *kritischen Situationen* verknüpft ist und so manche *Entscheidung* unter *Unsicherheit* ablaufen kann. An vielen Stellen des Buches werden Sie mit (KS) auf diese Situationen hingewiesen. Wie Sie damit umgehen, erfahren Sie mit der Methode der kritischen Situationen (Badke-Schaub u. Frankenberger, 2003).

Worin liegt der Nutzen des Buches?

Das Buch ist aus der *Erfahrung* und den Erkenntnissen der Autoren entstanden, die selbst als Ingenieure tätig sind bzw. waren.

Methoden und zugehörige *Techniken* ermöglichen Ihnen praktisches Handeln und schaffen *Handlungs-* und *Lernkompetenz*: dies gibt darüber hinaus *Sicherheit* zum Handeln und Lernen.

Die vorgestellten Methoden und zugehörigen Techniken sind geprägt durch ihren vielfachen erfolgreichen Einsatz in Übungen, bei Industrie-Seminaren und in der eigenen Berufs-Praxis. *Befragungen* bei Anwendern – vorwiegend Ingenieure – bestätigen den Praxisbezug dieser Methoden und zugehörigen Techniken. Ihr Anwenden prägt, sichert und verbessert Ihre *Methoden-Kompetenz*.

Die angebotenen *Checklisten, Hinweise, Leitlinien* und *Tipps* sind nach Gesprächen mit Praktikern erweitert und angepasst worden. Ihr sinnvoller Einsatz unterstützt das selbstständige Handeln und Lernen. Nichts vergessen zu haben, schafft *Transparenz, Sicherheit und Zukunft*.

- *Transparenz* sagt Ihnen, was effektiv und effizient ist, wo Sie gerade stehen. Hier geht es um: „das Richtige richtig tun".
- *Sicherheit* sagt Ihnen, wie Sie Ihre Aufgaben und Probleme „einfach, eindeutig und sicher" (Grundregeln der Konstruktionsmethodik, Pahl et al. 2003) zur Lösung, zum Erfolg führen.
- *Zukunft* sagt Ihnen, wie Sie sich selbstständig auf die Zukunft einstellen und vorbereiten.

> *Wenn Sie sich diesen Nutzen bewusst machen,*
> *erkennen Sie: das Buch wendet sich an ALLE.*

Wie nutzen Sie das Buch am zweckmäßigsten?

Vorschlag **1**: Wollen Sie sich *Prozesse beim Arbeiten* und *Lernen* und den *Einsatz* von *Mitteln* bewusst machen, verstehen, aufgliedern, erproben und anwenden – folgen Sie Kap. 2 und den dort angegebenen Querverweisen.

Vorschlag **2**: Haben Sie *Interesse an speziellen Themen* – benutzen Sie das Sachverzeichnis, evtl. auch das Inhaltsverzeichnis. So befassen sich z.B. Konstruktionsingenieure mit dem „Prozess des Problemlösens" (Kap. 5), um erfolgreich technische Produkte zu entwickeln und zu konstruieren. Produkte sind Ergebnisse der Prozesse.

Vorschlag 3: Wollen Sie sich einen „*Überblick verschaffen*" und dies über alle Kapitel dieses Buches kurz gefasst? Lesen Sie gleich weiter den roten Faden.

1.2
Der rote Faden – eine Kurzfassung des Buches

- Mit Kapitel 1 „*Arbeiten und Lernen*" werden Sie auf das Buch eingestimmt. Der Gegensatz zwischen Arbeiten und Lernen muss aufgehoben werden. Eine stärkere Verzahnung zwischen Ausbildung, Berufsleben und Weiterbildung ist nötig, ein *Verbund* entsteht. Bildungseinrichtungen sollten *Lern-Dienstleister* für Arbeiten und Lernen werden.
Jeder ist für sein Denken und Handeln, aber auch für sein Nichtstun verantwortlich. Bewusst gestalten Sie Ihre Handlungs-*Prozesse* und den Mitteleinsatz, Ihr *Beurteilungs- und Wertesystem* als Elemente Ihrer *Kompetenz*. Das *Modell* „Arbeiten und Lernen *selbst managen*" zeigt hierzu Maßnahmen und vermittelt ausreichend Anregungen und Hilfen. Die dargebotenen Beispiele behandeln Fälle auch aus der Sicht *kritischer Situationen* und Unsicherheit.

- Kapitel 2 „*Arbeiten und Lernen – ein Verbund*" führt Sie in das Selbstmanagement ein. Es zeigt die Verbindung zum Modell „Arbeiten und Lernen selbst managen" aus funktioneller und personeller Sicht. Das Verständnis für dieses in der Praxis erprobte Modell wird mit den Fakten, Faktoren, Elementen und Größen eines *Prozessmodells* beschrieben und verdeutlicht. Hier erhalten Sie Hinweise auf „Menschen im Prozessmodell". Wie Sie Ihr selbst gemanagtes Handeln und Lernen gestalten, wird Ihnen gesagt.

- „*Methodisches Arbeiten und Lernen*" stellt Kapitel 3 vor. Ausgehend von einer allgemeinen *Arbeitsmethodik* erfahren Sie beispielhaft die methodische Vorgehens- und Arbeitsweise anhand des Prozessmodells. Das Managen der einzelnen Größen und Elemente dieses Modells zeigt, wie Sie dies auf eigene Aktivitäten evtl. modifiziert anwenden. Gleichzeitig wird Ihnen verdeutlicht, welche kritischen Situationen auftreten und wie sie gemeistert werden. Die Teamarbeit wird in das Arbeiten und Lernen im Projekt eingebunden. Wichtig ist, Verhalten und Leistungen zu sichern und zu verbessern. Nicht nur die (Arbeits-)Mittel (= Produkte), sondern auch die dazu erforderlichen und damit verbundenen Prozesse sind zu verbessern.

- Mit *„Kompetent handeln und lernen"* beschreibt Kapitel **4** die Schlüsselqualifikationen zum Arbeiten und Lernen. Handlungs- und Lernkompetenz bilden den Schwerpunkt in einem Verbund. Methoden-, Selbst- und Sozialkompetenz gehören dazu. Ebenso die Fachkompetenz aus fachlicher Sicht. Sie erfahren, wie Sie Kompetenz aus Potenzialen entwickeln. So wird *Transparenz, Ordnung* und *Richtung* mit den Komponenten der Handlungs- und Lernkompetenz dargestellt. Das *Kompetenzprofil* beschreibt und erweitert das eigene Beurteilungs- und Wertesystem.

- Wie fördern Sie das Lösen anstehender Probleme und wie setzen Sie hierbei Ihre *Kreativität* frei? Aus der Sicht der allgemeinen Arbeitsmethodik gibt Kapitel **5** *„Der Prozess des Problemlösens"* ausreichend Antwort aus der Anwendung und Praxis. Das vorgestellte Vorgehen wurde in vielfältigen Projekten der Hochschule mit der Industrie und auch im Betrieb erprobt. Eine geklärte Aufgabe und ein frühzeitig erstelltes Beurteilungs- und Wertesystem spart Zeit und Kosten in den folgenden Phasen. Eignung und Güte sind wesentliche Merkmale des aufs Ziel gerichteten Vorgehens. Aber auch hier müssen Sie sich kritische Situationen bewusst und verständlich machen. Der kontinuierliche *Verbesserungsprozess* ist eine wichtige Phase für ein erfolgreiches Vorgehen. Diese Vorgehens- und Arbeitsweise ist ein Beispiel für erfolgreiche *Fach-, Methoden-, Handlungs- und Lernkompetenz.*

- Ein weiteres zentrales Thema behandelt Kapitel **6** *„Feedback: Handlungs- und Lernerfolg"*. Kontroll- und Prüfungssituationen, mögliche kritische Situationen werden aus eigener Erfahrung als Lernende und Lehrende dargestellt. Beispiele wie Umgang mit kritischen Situationen und *Reviews* erfahren Sie mit Ursache und Wirkung. Erforderliche Maßnahmen und Tipps werden genannt. Sie helfen, dass Ihr Arbeiten und Lernen mit der richtigen Zielsetzung beginnt und zum schnellen, sicheren Handlungs- und Lernerfolg führt. Das *Kontrollerleben* müssen Sie selbst gestalten.

- Kapitel **7** „*Methodiken des Kommunizierens*" befasst sich mit weiteren Beispielen und Anwendungen aus der beruflichen Praxis der Ingenieure. Prozesse des Schreibens und Vortragens, Modelle des Textverstehens, Gespräche, Diskussionen und Moderationen erfahren Sie hier. „*Fehler im Geschäftsbrief*" wird Ihnen als Beispiel aus Workshops vorgestellt. Für kritische Situationen im Gespräch gibt Ihnen „*Das klärende Gespräch*" Anregungen, Hilfen und Tipps. Zum Verstehen und Beurteilen von Texten hilft Ihnen die *TOIS-Folge*: Transparenz – Ordnung – Inhalt – Sprache.
- Im Kapitel **8** „*Bild, Gestaltgesetze, Präsentation*" sehen Sie mit bildlichen Darstellungen. Sie erfahren die Unterstützung durch die *Gestaltgesetze* und gestalten eine Präsentation am Beispiel „*Erfahrungslernen*". Dies gibt Anregungen und Tipps für Ihr Handeln und Lernen. „Information kennt viele Wege", so auch im Technikjournalismus.
- Kapitel **9** „*Anwendung: Laborarbeit*" zeigt am zusammenhängenden Beispiel, dass die Labor-Arbeit bereits wesentliche Arbeits- und Lern-Pakete enthält. Sie wenden das Gelernte beim Bilden von Modell und Konzept, beim Erproben und Experimentieren an. Ihnen wird bewusst, wie Sie aus der erlebten Erfahrung lernen und reflektieren.
- Kapitel **10** „*Methoden, Techniken, Checklisten*" dient als Tool zum Arbeiten und Lernen. Hier stellen die Autoren aus der Vielzahl der Möglichkeiten diejenigen vor, die in ihrem schulischen, beruflichen und privaten Bereich bevorzugt verwendet werden. Nutzen Sie diese *Empfehlungen* bei Ihrem Handeln und Lernen.
- Kapitel **11** „*Begriffe*" beschreibt Begriffserläuterungen aus der Sicht des Buches „Arbeiten und Lernen selbst managen". Aber auch der Duden ist zusätzlich sehr unterstützend. Sie müssen sich nur selbst aktiv mit der „*Welt der Begriffe*" auseinandersetzen. Einzelne Fachgebiete bieten überarbeitete Glossars im Internet – Hinweise erhalten Sie auch auf unserer Homepage.
- Ein „Anhang" (Kapitel **12**) verweist darauf, wie sich z.B. der *VDI* der Themen um die *Karriere* der Ingenieure annimmt. So gibt er Empfehlungen zu Aus- und Weiterbildung. Der schnelle Wandel des Fachwissens verringert den Stellenwert der Spezialisierungen in der Grundqualifikation. Das Beherrschen der Grundlagen verleiht dem Ingenieur noch keine Berufsfähigkeit.

1.3
Tätigsein und Lernen – ein Verbund

Wir alle müssen uns mit einer ständigen Informationsflut auseinandersetzen und mit dem zunehmend schnelleren Wissenswachstum Schritt halten. Unternehmen müssen ihren Platz nicht nur auf dem inländischen Markt erkämpfen und behaupten, sondern auch im internationalen Wettbewerb existieren. Technologischer Fortschritt und der Wandel zur Lern- und Wissensgesellschaft fordern *Flexibilität* und *Bereitschaft zum Verändern*. Das fordert hohe Lernfähigkeit, Lernbereitschaft, Ihre *Potenziale* und Ihre *Offenheit* zum kontinuierlichem Lernen.

Heute sind Mitarbeiter gefragt, die selbstständig mit dem Weiterentwickeln in ihrem Fachgebiet und in der Gesellschaft Schritt halten. Sie sind auch in der Lage, sich in neue Bereiche schnell einzuarbeiten und dies umzusetzen. Anders gesagt: Von ihnen und Ihnen wird der *Kompetenz-Verbund* zum *lebenslangem Lernen* gefordert.

Ihnen ist bewusst, dass

- jedes Neue, jede neue Aufgabe, jedes neue Problem Handeln und Lernen erfordert.
- Tätigsein und Lernen ein *Verbund* zwischen Lernen in Bildungseinrichtungen, in der Arbeit und im Alltag ist. *Handlungs- und Lern-Kompetenz* bewältigen diesen Verbund aus Arbeiten, Lernen und Persönlichkeitsentwicklung.
- in der täglichen Praxis häufig *kritische Situationen* entstehen. Situationen, in denen Sie schnell und richtig entscheiden müssen. Dies gilt auch im positivem Sinne. Aber auch Ängste, Denkblockaden, Fehlverhalten, Stress, Schwächen hinsichtlich Antrieb und Konzentration sind einige Stichworte.
- Sie selbst Voraussetzungen, Bedingungen, Fakten, Faktoren und Zielsetzungen für ein erfolgreiches „*Handeln und Lernen*" schaffen müssen und dafür verantwortlich sind.

Das selbst gemanagte Lernen bei individuellem Arbeitsstil behandelt das Buch aus der Sicht der Lern- und Lehrerfahrungen der Autoren. Effektive Methoden und zugehörige Techniken helfen Ihnen unterstützt durch Checklisten, Tipps, Empfehlungen und Anwendungen zum Erfolg auch in der Zukunft.

1.4
Lehren und Lernen – ein Prozess

Lehren heißt:

„... absichtsvoll Lernprozesse einleiten, fördern oder korrigieren, um Einsichten, Erlebnisse, Verhaltensmuster schneller, lückenloser und sicherer, mithin ökonomischer lernen zu lassen, als das bloße Miterleben in Natur und Gesellschaft dies gestatten würde (Schulz 1969)."

Lernen ist

„... der Prozess, durch den Verhalten aufgrund von Interaktionen mit der Umwelt oder Reaktionen auf die Situation relativ dauerhaft entsteht und verändert wird, wobei auszuschließen ist, dass diese Änderungen durch angeborene Reaktionsweisen, Reifungsvorgänge oder vorübergehende Zustände des Organismus (Ermüdung, Rausch u.a.) bedingt sind (Skowronek 1986)."

Ausgehend von diesen Beschreibungen führte Reinhardt (1972) im Seminar „Psychologische Grundlagen des Lehrens und Lernens" an der Universität Mainz aus:

„Jeder lernt nur soviel, wie er selbst an eigener Befähigung hinzu gewinnt. Soweit er in seinem Verhalten und Leisten ein anderer wurde, hat er gelernt. Dabei passt er seine Verhaltens- und Leistungsfähigkeit an die Forderungen an, die ihm gegenüber von Lehrseite errichtet sind."

Gemeinsam mit den Seminarteilnehmern wurde dieses Themenfeld diskutiert. Folgende Fragen wurden beantwortet.

- Was umfasst demnach stichwortartig *Lernen*?

  1. Eigenhandeln, bewusst und ein Leben lang
  2. Verändern im Handeln und Verhalten (vom Lernenden gesehen). Angeben einer Richtung
  3. Anpassen an die Umwelt (Bildungseinrichtungen sind auch Umwelt)

- Wie kann dann umgekehrt *Lehren* stichwortartig beschrieben werden?

  1. Handeln lassen, Lernmaterial geben, Kontrollen vornehmen
  2. Formen, Bilden, Coachen
  3. Umweltanforderungen nennen und zur Verfügung stellen

Während der Lehrtätigkeit des Autors an der Technischen Universität Darmstadt (vormals Technische Hochschule), zum Teil an der Fachhochschule, in Lehrveranstaltungen der Industrie- und Handelskammer Darmstadt, im VDI-Arbeitskreis „Weiterbildung" und in den über 100 Industrieseminaren waren die vorangegangenen Ausführungen zum Lehren und Lernen stets eine wesentliche *Leitlinie*.

Aus dem Erleben und Erfahren während dieser Lehrtätigkeit hat sich das im Buch behandelte *Modell* des selbst gemanagten Arbeitens und Lernens bei individuellem Arbeitsstil herausgebildet. Es wurde mehrfach empirisch erprobt und den Gegebenheiten entsprechend angepasst. Die Autorin wendete dies nicht nur bei ihrem technischen Studium an der Technischen Hochschule Darmstadt an, sondern auch während ihrer Industrietätigkeit im Bereich Software-Entwicklung und Qualitätsmanagement.

1.5
Das Prozessmodell – ein Beschreibungsmodell

Vom Menschen gewollte *Prozesse* laufen – in der Regel – nicht „von sich aus" ohne weiteres Zutun ab. Da der Mensch allein mit seinen naturgegebenen Fähigkeiten nur eine begrenzte Anzahl technischer Prozesse bewirken kann, sind (Arbeits-)Mittel = technische Produkte erforderlich. Ihr Einsatz in Prozessen wie z.B. Fertigungs-, Montage- und Gebrauchsprozesse in der Nutzungsphase zeigen, dass Prozesse und Produkte bewusst als Einheit betrachtet werden müssen.

Weil „der Prozess im Sinne zweckdienlicher Transformation in der Nutzungsphase" vorrangig betrachtet wird und damit der Mittelcharakter des „Produkts" betont werden soll, wird dies *Prozessmodell* genannt (Heidemann 2001). In diesem Beschreibungsmodell werden die (Arbeits-)Mittel bzw. technischen Produkte und die dazugehörigen *Nutzungsprozesse* eindeutig getrennt.

Das Prozessmodell wurde aus intensiver Literatur-Recherche, beim ständigen Einsatz und der Beobachtung in und während der eigenen Projektarbeit entwickelt und verfeinert. Es umfasst vereinfacht die zusammengehörenden Teilsysteme *Prozess* und (Arbeits-)*Mittel*, wie es am Beispiel „Loch erzeugen mittels Bohrmaschine" gezeigt wird (Abb. 1.1).

8

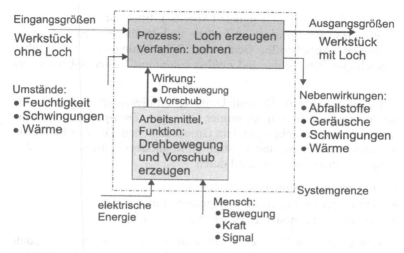

Abb. 1.1. Das Prozessmodell – Beispiel „Loch bohren"

- Eine *Systemgrenze* grenzt Prozess und (Arbeits-)Mittel als Elemente eines offenen Transformationssystems von der Umgebung ab. Sie ist gedankliche oder bildliche Begrenzung wie z.B. das Gehäuse einer Bohrmaschine oder eines Backautomaten.
- Ein- und Ausgangsgrößen überschreiten diese Systemgrenze wie z.B. „Werkstück ohne Loch" und „Werkstück mit Loch".
- Der Prozess „Loch erzeugen" transformiert mit dem *Verfahren* „bohren" den Startzustand „Werkstück ohne Loch" in den *Zielzustand* „Werkstück mit Loch".
- Das (Arbeits-)Mittel „Bohrmaschine" bewirkt mittels der technischen Funktion „Rotationsbewegung und Vorschub erzeugen" die Wirkungen, die zum „Loch bohren" benötigt werden. Für das gewählte Prinzip „Bohrmaschine" ist „elektrische Energie" als gewollte Eingangsgröße erforderlich.
- Der Nutzer (auch: Anwender) selbst wirkt handelnd ein. Er schaltet die Bohrmaschine ein/aus (Signal), erzeugt eine Halte- und Anpresskraft sowie die Vorschubbewegung, überwacht das Geschehen, erhält Rückmeldungen und korrigiert.
- Die Eingangsgröße „Umstände" wie z.B. ungeeignete Bedingungen und Störungen (Feuchtigkeit, Schwingungen, Wärme), aber

auch falsche und ungeeignete (Arbeits-)Mittel können Handlungs- oder *Ausführungsfehler* im Prozess und darüber hinaus *Nebenwirkungen* (Abfallstoffe, Geräusche, Schwingungen, Wärme) aber auch Qualitäts-Fehler und *Fehlverhalten* mit Verletzungen bewirken.

Der effektive und effiziente Umgang mit diesem methodischen Instrument erfordert vom Anwender Offenheit, *Transparenz*, ein Mindestmaß an Vertrautheit mit dem Grundsätzlichen. Darüber hinaus ist ausreichende Übung und geistige Beweglichkeit hilfreich. Der Zugang zum Prozessmodell wird durch

- eine minimale Symbolik erleichtert,
- eine Zweck-Mittel-Beziehung gefördert und
- das Angebot synonymer Begriffe anschaulich.

Das eigentliche Denken kann jedoch durch das Prozessmodell nicht ersetzt werden. Das Erkennen und Beschreiben, das Wählen der erforderlichen Auflösung und Detaillierung unterliegen nach wie vor ingenieurmäßiger Denkarbeit. Kap. 2 beschreibt das Prozessmodell erweitert und detailliert.

1.6
Arbeiten und Lernen selbst managen

1.6.1
Was heißt dies eigentlich?

Simons (1992) bezeichnet die Fähigkeit zum „selbst managen" als

> ... *das Ausmaß, in dem man fähig ist, das eigene Lernen zu steuern und zu kontrollieren, ohne die Hilfe anderer ...*

Lernende müssen selbst erkennen, wie sie ihre Arbeits- und Lernprozesse effektiv und effizient gestalten. Sie müssen wissen, welche richtigen Methoden, Verfahren und Mittel bzw. Techniken in der jeweiligen Arbeits- und Lernsituation im jeweiligen Milieu, der Umgebung einzusetzen sind. Dies geschieht selbstverantwortlich und selbst kontrolliert.

Das Buch gibt Antworten auf folgende Fragen:

- Womit wird der *Verbund* Arbeiten und Lernen im Beruf, im privaten Leben und im Alltag begründet?
- Mit welchem *Lösungskonzept* wird das Modell „Lernen selbst managen" realisiert?
- Welche *Instrumente* zum Selbst-Einschätzen, Weiterentwickeln und Beurteilen erhalten Sie? Wie weiter? Wie besser?
- Was müssen Sie unbedingt über *Lernen* kennen, wissen und anwenden wollen?
- Was heißt *kompetent* handeln? Warum sind Handlungs- und Lern-Kompetenz so wichtig? Welche *Schlüsselqualifikationen* sollten Sie haben?
- Wie unterstützt das Buch Ihr *Arbeiten/Handeln und Lernen*? Wie wird *Kompetenz* aus *Potenzialen* entwickelt?

1.6.2
Beispiel 1: Fehlende Selbstsicherheit

In Zukunft werden mehr und mehr Arbeitgeber fordern, dass ein großer Teil ihrer Mitarbeiter über eine erhöhte *Kommunikationskompetenz* verfügt. Warum?

Aus Kostengründen erwarten Arbeitgeber, dass Mitarbeiter in Teams erfolgreich zusammenarbeiten. *Teamarbeit* kann aber nur dort erfolgreich ausgeführt werden, wenn die Teammitglieder gelernt haben, zielorientiert miteinander zu kommunizieren. Damit ist vor allem gemeint, dass sie sich gegenseitig zuhören, dass sie diskutieren und dass sie Dialoge führen.

Der Zweck der Gespräche besteht darin, über die Grenzen des individuellen Verstehens hinauszukommen. Keiner versucht zu gewinnen. Alle gewinnen, wenn sie sich am Gespräch richtig beteiligen. Bei einem gut geführten Gespräch gelangt der Einzelne zu Einsichten und Erkenntnissen, die er allein einfach nicht erreichen könnte.

Ein erster Fall, wie er sich immer wieder einstellt:

> Sie trauen sich nicht, in einem Kolloquium, einem Seminar, in einer Bürgerversammlung oder einem Fachgespräch etwas zu sagen. Mal fehlt es an Sachkenntnis, mal sind Ihre Formulierungen nicht passend, oder Ihnen fällt zum Thema nichts ein. Bereits bei einem unbekannten Begriff trauen Sie sich nicht nachzufragen.

Unsere Diagnose: ein Fall von *Sprachschweiger-Syndrom*. Nichtredentrauen gleich: keine Übung, gleich: weniger Wissen, gleich: Nichtredentrauen.

Da hilft nur der *Vier-Stufen-Plan* (Tabelle 1.1). Der große Sprung nach vorn! Springen Sie stufenweise mit.

Tabelle 1.1. Vier-Stufen-Plan

Stufe	Arbeitsphasen, -schritte, Bemerkungen
1	• Suchen Sie sich einen Mitstreiter. Sie sind mächtiger zu zweit und im Team macht es Spaß.
2	• Besorgen Sie sich rechtzeitig das Studienmaterial zum Thema des Seminars oder Kolloquiums. Informieren Sie sich über die Themenfelder der anderen Veranstaltungen.
	• Verschaffen Sie sich einen Überblick, und setzen Sie sich mit diesem Thema auseinander.
	• Formulieren Sie Fragen zu wesentlichen Aussagen, und notieren Sie sich offene und unklare Aspekte.
	• Visualisieren Sie die Sachverhalte.
3	• Diskutieren Sie diese Sachverhalte mit Ihrem Mitstreiter. Bedenken Sie stets: im Team sind Sie stärker.
	• Bedenken Sie: Dies ist eine erste Übung zum unbefangenen Gespräch und zur Selbstkontrolle: Was fehlt Ihnen denn noch?
4	• Bringen Sie sich und Ihre Vorarbeit im Seminar und in allen Veranstaltungen rechtzeitig und an der passenden Stelle ein.
	• Überlegen Sie: Wenn es bereits andere Teilnehmer gesagt haben, sind Sie nicht mehr am Zug. Auch Fragen stellen gilt, denn es gibt keine dummen Fragen. Und bestimmt verdeutlichen Sie durch Ihre vorbereiteten bildhaften Darstellungen – auf Folien – das von Ihnen Gesagte.

Was erkennen Sie daraus?

Selbst gemanagtes Lernen heißt: für sich selbst Fähigkeiten und Fertigkeiten aufbauen, Wissen und Kompetenz erweitern, den erreichten Zustand sichern und sich selbst verbessern.

So bringen Sie sich im Gespräch gehaltvoll und aktiv ein, gewinnen an Sicherheit und der Teufelskreis des Nichtredentrauens ist geknackt.

1.6.3
Das Grundprinzip menschlichen Denkens und Handelns

„Jeder Mensch verfügt über eine Vielzahl geistiger *Programme* für das Bewältigen der verschiedenartigsten Anforderungen. Dies reicht von Checklisten zur Fehlersuche bis hin zu wenig klaren und meist nur grob organisierten Schemata zum Abfassen von Texten (Dörner 1987)."

Miller et al. (1991) empfehlen:

„Eine wichtige Regel beim Bilden geistiger Programme ist die *TOTE*-Einheit (Abb. 1.2) – eine Grundeinheit mit Denk-, Handlungs- und Testoperationen."

Diese *TOTE-Einheit* (Test-Operation-Test-Exit) bezeichnen Ehrlenspiel u. Rutz (1987) als Grundprinzip des menschlichen (problemlösenden) Denkens und Handelns.

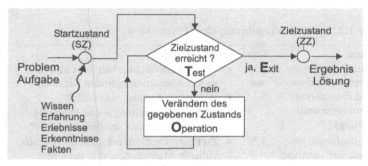

Abb. 1.2. Die TOTE-Einheit mit der Folge Test, Operation, Test, Exit

... als einfaches Beispiel für das Realisieren dieser Grundeinheit führen Miller et al. (1991) das Einschlagen eines Nagels an. *Test*: Hat der Nagel die gewünschte Eindringtiefe? Wenn nein. *Operation*: Hammerschlag – Schlagenergie einleiten. Erneuter *Test*: Eindringtiefe erreicht? Wenn ja. *Exit*: Handlung abbrechen.

Ablauf des Programms (Abb. 1.2): Eine Aufgabe liegt zum Startzustand vor. Für das Erzeugen einer Lösung muss auf Wissen, Erfahrung, Erlebnisse, Erkenntnisse und Fakten zugegriffen werden. Dies umfasst die unmittelbare Wirkung des Anwenders in diesem Programm. Im einem 1. Test-Schritt prüft der Anwender durch seine schließende Frage, ob der Zielzustand bereits erreicht ist. Erkennt er

13

bei diesem Einstiegstest sofort eine geeignete Lösung, schwenkt er sofort in den Exit-Zweig.

Ist dies nicht der Fall, muss er mit dem „Verändern des gegebenen Zustands" (= Operation) einen Lösungsvorschlag erarbeiten. Dieser Lösungsvorschlag wird nun im 2. Test-Schritt hinterfragt: „Zielzustand erreicht?". Wenn ja, mit dem erreichten Zielzustand ist die Aufgabe gelöst. Bei erneutem Negativ-Entscheid muss er einen anderen Lösungsvorschlag generieren.

1.6.4
Ein iterativer Vorgehenszyklus

Die *TOTE*-Einheit und die *Problemlösungsstrategie* nach VDI 2221 (1993) gestalten den folgenden iterativen Vorgehenszyklus in fünf Phasen (Tabelle 1.2).

Tabelle 1.2. Iterativer Vorgehenszyklus (Prozesskette)

	Phase	Kap.	Fragestellungen
1	Situationsanalyse (Problemanalyse) und Zielanalyse (Problemformulierung)	5.1 und 5.2	• Was für ein Sachverhalt liegt vor, in welcher Situation befinden Sie sich? • Was ist vorhanden, was nicht? • Welches Beurteilungs- und Wertesystem gilt oder muss erarbeitet werden?
2	Maßnahmensynthese und -analyse	5.3	• Zu Ihrem Problem entwickeln Sie individuelle Maßnahmen, d.h. geeignete und spezifische Strategien.
3	Beurteilung, Entscheidung	5.4 und 5.5	• Welche der individuellen Maßnahmen sind für Sie geeignet und in einem angemessenen Zeitrahmen wirksam?
4	Umsetzung, Verifizierung	5.3 und 5.4	• Setzen Sie die wichtigste Maßnahme sofort und bewusst um. • Welche Schwierigkeiten erwarten Sie? • Welche Maßnahmen vermeiden diese Schwierigkeiten?
5	Feedback zum iterativen Optimieren	6	• Hinterfragen Sie den Handlungs- und Prüferfolg. Wie gut half Ihnen die Maßnahme, Ihr Problem zu lösen? • Wie lässt sich Ihre spezifischen Strategie verändern bzw. modifizieren?

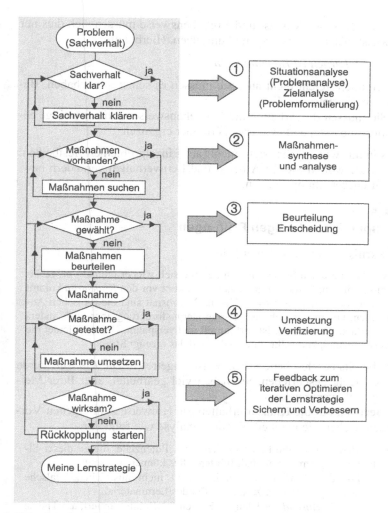

Abb. 1.3. Iterativer Vorgehenszyklus (Prozesskette) aus mehreren selbstähnlichen TOTE-Einheiten

Diese Arbeits- und Vorgehensweise bewährte sich angepasst bei der vielfältigen *Projektarbeit* in den Studienarbeiten mit der Industrie.

Anwender dieser Arbeits- und Vorgehensweise müssen sich dies nur bewusst machen, verstehen und umsetzen. Hierbei gilt:

Lernen ist Eigenhandeln.

Lesen allein reicht nicht aus, Sie müssen es selbst getan haben. Bedenken Sie stets:

Sie müssen die Arbeits- und Vorgehensweise an die jeweilige Situation anpassen und evtl. erweitern oder ergänzen.

Bestimmt wollen Sie sich nicht an Einzelproblemen festbeißen. Vielmehr wollen Sie Ihr Arbeits- und Lernverhalten verändern bzw. situationsgerecht optimieren.

1.6.5
Beispiel 2: Die leidigen Prüfungen

Die kritische Situation kennt jeder:

> Am Anfang jeden Semesters nehmen Sie sich wieder einmal vor, rechtzeitig mit dem Lernen zu beginnen. Und kurz vor den *Klausuren* kommt er dann doch: der *Lernstress*. Hektik, Nervosität sind die typischen Anzeichen. Oft macht sich die geistige Herausforderung aber auch anders bemerkbar. Der Körper ist verkrampft und verspannt. Darunter leidet die Leistungsfähigkeit = Ihr Potenzial – und das erzeugt Stress.

Die bereits beschriebene Situation ist eingetreten. Die *Klausur* wurde ohne Erfolg geschrieben. Sie haben viel gearbeitet, aber Ihrer Meinung nach wenig gelernt.

Bezogen auf die Klausur erhalten Sie Hinweise zum eigenen Vorgehen. Gehen Sie in einer Situationsanalyse wie folgt vor:

- *Analysieren* Sie die Eigenschaften bzw. Potenziale, die zu dieser Situation, diesem Sachverhalt führten. Dies können u.a. sein:
  - *Vor* der Klausur: Vorbereitungszeit nicht ausreichend, falsche Schwerpunkte gesetzt, unzutreffendes Lernmaterial,
  - ... und *während* der Klausur: Fragen falsch interpretiert, am Thema vorbei geschrieben, falsche Zeitplanung, Fragen mit geringer Punktzahl zu umfangreich beantwortet, ...
- *Fragen* Sie sich weiterhin:
  Was will ich genau? Was strebe ich an? Wie und womit werde ich die veränderte Situation bewältigen?

Bei Beelich u. Schwede(1983) lesen Sie:
... derjenige, der Probleme hat, muss vordringlich selbst an ihrer Lösung arbeiten. Im Bereich des Lernens, des geistigen Tätigseins gibt es gewisse *Grundregeln*, die zu wissen einfach notwendig sind, um nicht immer wieder von Ärger und Resignation geplagt zu werden. Je nach Fähigkeit, Einstellung und Tätigkeit des Einzelnen sind Methoden und zugehörige Techniken äußerst unterschiedlich. Sie sind von Lernenden zu überprüfen und zu variieren, um ein *Verbessern* der Lerngewohnheiten zu erreichen.

Sie sind für Ihr Handeln selbst verantwortlich.

Gestalten Sie mit selbst entwickelten *Strategien* das Lernen vor der Klausur und das Bearbeiten während der Klausur effizienter und entspannter. Hierbei unterstützt Sie Kap. 6 „Feedback: Handlungs- und Lernerfolg".

Einige Hinweise aus dem Beobachten und der Erfahrung der Autoren bei schriftlichen Prüfungen und Maßnahmen sind:

- *Vor* der Klausur: Den Lernstoff in Fragen und Antworten mit einer Kartei umsetzen und dies bereits in – zumindest nach – jeder prüfungsrelevanten Veranstaltung. Die *Technik der Karteikarten* nutzen und in der Lerngruppe den Schwedenpoker spielen (Beelich und Schwede 1983 und 2002).
- *Während* der Klausur: Beginnen Sie mit der Aufgabe, die Ihnen möglicherweise die meisten Punkte bringt. Also verschaffen Sie sich zuerst einen Überblick. Verteilen Sie die Gesamtzeit auf die einzelnen Aufgaben, und legen Sie Ihre individuelle Reihenfolge fest.

Ergänzen Sie diese Auflistung sofort durch Ihre Beobachtungen und Erkenntnisse, und fragen Sie sich:
Welche Maßnahmen sind bereits bekannt?

- *Listen* Sie alle Maßnahmen auf.
- *Führen* Sie einen *Paarvergleich* dieser Maßnahmen durch.
- Legen Sie die *Rangfolge* der Maßnahmen fest. Die wichtigste Maßnahme könnte Ihre erste *Lernstrategie* sein.
- *Testen* bzw. Erproben Sie diese Maßnahme in den nächsten Phasen und Schritten.
- *Optimieren* Sie so iterativ Ihre *Lernstrategie,* Ihr *Lernhandeln* und Ihr *Lernverhalten* im Sinne „Erreichtes sichern" und „Handlungs-, Kontroll- und Prüf-Prozesse verbessern".

Bedenken Sie auch: Neben dem geistigen Auseinandersetzen hilft zusätzlich ein sportliches *Ausdauertraining* in wohldurchdachten Portionen. Dieses integrierte Ausdauertraining soll helfen, *Stress* auch körperlich abzubauen. Dazu gehört, dass Stresszustände des Körpers rechtzeitig wahrgenommen werden.

> *Lernende müssen es selbst tun,*
> *denn Lernen ist Eigenhandeln.*

Lehrende übernehmen nach unserem Verständnis die *Rolle* der Prozesshelfer, Moderatoren und Trainer (*Coach*). Sie managen (gestalten und lenken) mit persönlichen Einzelgesprächen, Lehrgesprächen in der Lerngruppe und praxiserprobten Beispielen den (Lehr-)Lern-Prozess. Sie sind aktiv, um diesen Prozess beratend zu unterstützen und das Umsetzen zu überwachen.

1.7
Das Beurteilungs- und Wertesystem

Vielleicht können wir uns auf die „traditionellen" Lösungen zu vielen Problemen des Lebens verlassen. Lösungen, die über Jahrtausende ausprobiert, erprobt, getestet wurden. Aber die Welt ist dynamisch, sie verändert sich schnell. Sehen wir uns die Lösungen an, welche die verschiedenen Kulturen gefunden haben. Was erkennen wir? Sie unterscheiden sich hinsichtlich eines *Beurteilungs- und Wertesystems* reichlich voneinander. Also noch einmal:

- Wo stehen wir ohne die Fähigkeit, die Wertigkeit von Lösungen direkt für uns selbst beurteilen zu können?
- In welche Richtung schauen wir?
- An wen wenden wir uns?
- Welche Möglichkeiten gibt es, von dieser Wertigkeit zu wissen?

Den meisten Menschen ist die Antwort sympathisch: „Wir haben ein angeborenes Wertesystem". Dennoch handeln viele allzu oft entgegengesetzt dieser Vorstellung. Sie nehmen Werte von außen an. Sie finden möglicherweise heraus: Diese Werte stimmen denkbar schlecht mit ihren ganz persönlichen Bedürfnissen und Erwartungen überein.

Denken ist auch immer eingebettet in das Beurteilungs- und Wertesystem eines Menschen. Wir denken meist nicht nur einfach, sondern umfassend und komplex, um bestimmte Ziele zu erreichen, die sich aus dem Wertesystem oder aus der momentanen *Motivation* ergeben (Dörner 2003). Dies besagt:

- Antipathien sind oftmals Auslöser für *Konflikte*, wenn z.B. das Auftreten einer anderen Person nicht in mein Wertesystem passt. Auch dies gilt:
  Werte und Ziele eines Unternehmens stehen in Konflikt mit Werten und Zielen eines Mitarbeiters. Werte und Ziele des Unternehmens stehen in Konflikt zu Werten und Zielen anderer Zielgruppen wie z.B. der Kunden.
- Ursache für „nie genug Zeit haben" könnte sein: Durch mein inneres Wertesystem treibe ich mich in eine permanente *Überlastung*.
- Kriterien des Systems mit ihren Ausprägungen haben Wertungscharakter über Ideales oder Wünschenswertes, Negatives oder Abzulehnendes, Stärken und Schwächen.

Schließt sich jemand einer Fußgängergruppe an, wird er dort als Wanderer, Bummler, Spaziergänger, Läufer, Jogger, Geher durch Bewegungsabläufe sein (persönliches) Selbstverständnis erkennbar und eindeutig zuordenbar zeigen.

Entspricht dies der Gruppennorm, ist er willkommen. Wenn nicht, wird er sich einfügen oder aus der jeweiligen Gruppe ausscheiden müssen. Die Übernahme dessen, „was richtig ist", was in der jeweiligen Gemeinschaft richtig ist, entsteht bei jedem Wechsel von Bezugspersonen.

Im iterativen *Vorgehenszyklus* (Abb. 1.3 u. Tabelle 1.2) wird bei einer zeitsparenden Vorgehens- und Arbeitsweise nach sinnvollen Schritten oder Abschnitten getestet, beurteilt bzw. bewertet.

Bewertungen sind *Soll-Ist-Vergleiche*, in denen der momentane, in einer Analyse ermittelte Zustand mit einem Zielzustand verglichen wird. Gestalten Sie diesen *Bewertungsprozess*, der nicht durchgängig objektiv ist, transparent und nachvollziehbar.

Dieser Bewertungsprozess soll den Bewertungszweck, das Beurteilungs- und Wertesystem mit seinen Merkmalen und Merkmalsausprägungen sowie die Bewertungsmethoden offen legen und transparent darstellen.

Hierzu empfehlen wir: Beschäftigen Sie sich mit Beurteilungs-
und Wertesystemen und nutzen Sie dies. Entwickeln Sie solche Systeme frühzeitig selbst. Mehr dazu erfahren Sie in Abschn. 5.4 und
Kap. 6.

> *Frühzeitig entwickeln Sie Beurteilungs- und Werte-*
> *systeme und setzen diese Erfahrung nutzbringend*
> *und erfolgreich um.*

1.8
Kompetenz

Kompetenz haben bedeutet, in der Lage zu sein, Wissen, Fertigkeiten
und Einstellungen zu entwickeln, die künftiges Arbeiten/Handeln
und Lernen fördern und erleichtern und die auf andere Situationen
übertragen werden können. Handlungs- und Lernfähigkeit besitzen,
heißt *Handlungs- und Lernkompetenz* haben.

Wie wichtig die Handlungskompetenz ist, erfahren Sie beim Lesen
von Stellenanzeigen. In Tabelle 1.3 sind Aufgaben und Anforderungen an Projektingenieure aus Stellenanzeigen zusammengestellt, die
den VDI nachrichten über längere Zeit entnommen wurden.

Tabelle 1.3. Aufgaben und Anforderungen an Projektingenieure

Aufgaben	Anforderungen
• Aufgaben mit analytischem Verstand anpacken und Lösungen systematisch umsetzen • Umfassende Bearbeitung von Anfragen bis hin zur Ausarbeitung detaillierter Angebote, selbständiges Erstellen von Angeboten • Anlagen-Layouts projektieren • Projekte kalkulieren • Mit Kunden und Unterlieferanten verhandeln	• Gute bis sehr gute Englischkenntnisse in Wort und Schrift • PC-Kenntnisse • CAD/EDV - Erfahrung • Anforderungen, aufgabenspezifisch • Berufserfahrung bei der Projektierung z.B. von Anlagen • Technisches Verständnis • Fähigkeiten zur Systemintegration • Überdurchschnittliches Engagement

Tabelle 1.3. (Fortsetzung)

Aufgaben	Anforderungen
• Internationale „Anlagenprojekte" abwickeln • Auftrag abwickeln sowie koordinieren bis zur Inbetriebnahme der Anlagen durch den Kunden • Projekte innerhalb des Hauses und mit Kunden koordinieren	• Flexibilität • Belastbarkeit • Sicheres Auftreten • Gesunde Portion Ehrgeiz • Durchsetzungsvermögen • Kreativität, Ideenreichtum • Teamfähigkeit • Kommunikationsfähigkeit

Kompetent sein, sich als kompetent erleben, tut gut und führt zu positiven Gefühlen (emotionaler Prozess). Sich als kompetent erleben, stärkt das positive Selbstbild. Kompetenz ist nicht angeboren, sie muss erworben, d.h. erlernt und trainiert werden.

Wer sich Kompetenzen aneignen will, muss neugierig sein und „lernen" können:

- Beobachten Sie sich selbst. Treibt Sie die Neugier nicht auch dazu, sich in neue Situationen zu wagen, neues Verhalten und neue Handlungen zu erproben?
- Wie reagieren Sie auf erfolgreiche Handlungen, auf erfolgreiches Lernen? Sie werden beides mit höherer Wahrscheinlichkeit wiederholen und damit motiviert handeln und lernen.
- Auch dies können Sie bewusst wahrnehmen: Je besser eine Kompetenz erlernt ist, desto „automatisierter" sind im Sinne eines konvergenten Verhaltens die einzelnen, grundlegenden Fertigkeiten zu nutzen. Wie müssen Sie in *Notsituationen* reagieren? Bestimmt nicht kopflos oder kreativ. In solchen Situationen müssen Sie „kompetent handeln und lernen"
- Sie sind sich Ihrer eigenen Stärken und Schwächen sowie Ihrer *Potenziale* (Fähigkeit, Vermögen) bewusst. Sie sind in der Lage, Kompetenzen aus Potenzialen zu entwickeln, Stärken weiter zu entwickeln, Schwachstellen zu beseitigen und zu eigenen Grenzen zu stehen.

In Kap. 4 erfahren Sie mehr über den Umgang mit Ihren *Schlüsselqualifikationen*, den verschiedenen Kompetenzen, die Ihr Kompetenz-Profil prägen.

Bereits zu diesem Zeitpunkt:

- Beurteilen Sie sich selbst, erfassen Sie Ihre Potenziale, d.h. Ihre Leistungsfähigkeit und Ihr Leistungsvermögen.
- Vergleichen Sie und erkennen Sie Ihre Stärken und Schwächen.
- Erstellen Sie Ihr *Kompetenz-Profil.*

1.9
Umgang mit kritischen Situationen

Situationen sind immer dann kritisch, wenn ein überraschender Moment die Arbeit über den Haufen wirft und schnell gehandelt, entschieden oder etwas Neues ausgehandelt werden muss. Sehen Sie dies nicht als negativ an. Im Gegenteil – solche Situationen sind Chancen und Herausforderungen, aus denen Sie lernen.

Beachten Sie aber auch, ob Sie eine Situation als kritisch empfinden, hat viel mit Ihrer Wahrnehmung und Einstellung abhängig von Ihrer Tagesform zu tun. So wenig wie Trainingsabläufe exakt einander gleichen, so wenig lässt sich eine einheitliche Vorgehensweise zum Umgang mit kritischen Situationen zeigen.

Sie müssen kritische Situationen bewusst wahrnehmen und in der jeweiligen Situation angepasst handeln und lernen. Im gesamten Buch werden Sie das Kürzel (KS) entdecken und an vielen Stellen Maßnahmen und Tipps erhalten, wie sie damit umgehen.

Die Unterscheidung zwischen „wichtig" und „unwichtig" in Bezug auf ein Zielkriterium oder mehrere Kriterien ist auch der Grundgedanke der „Methode der kritischen Situationen" (KS-Methode nach Badke-Schaub u. Frankenberger (2003)). Diese *KS-Methode* ist ein allgemeiner, methodischer und hilfreicher Ansatz zum Erfassen, Analysieren und Beeinflussen komplexer Realitätsbereiche. Das Grundprinzip besteht darin, dass in einem umfangreichen Problemlöseprozess Ereignisse identifiziert werden, welche für das jeweils interessierende Analysekriterium von positiver oder negativer Bedeutung, also „kritisch" sind.

Beispielsweise wird ein Wirbelsäulenspezialist die Sitzposition am CAD-Arbeitsplatz oder das Heben eines Montageteils aus einer Kiste als kritisch für die Bandscheiben eines Konstrukteurs empfinden.

Das Entdecken eines Konstruktionsfehlers am Bildschirm dürfte für den Arbeitsplatzergonomen uninteressant sein – im Gegensatz zum Konstrukteur.

Der jeweilige Fokus auf die Ereignisse und der dazu gewählte Auflösungsgrad der Beobachtung und Analyse bestimmt damit die Sichtweise auf einen Prozess und die erforderlichen (Arbeits-)Mittel. Aber auch, was in diesem Prozess als wichtig oder kritisch angesehen wird.

Beispiele für das Anwenden der KS-Methode:

- Analysieren des komplexen Arbeitsprozesses beim Entwickeln, Konstruieren und Herstellen (= Fertigen und Montieren) technischer Produkte und ihrer Nutzungsprozesse.
- Analysieren und Ableiten von Trainingsmaßnahmen in verschiedenen Arbeitswelten wie z.B. Brandschutz, Chemieprozesse, Luftfahrt, Katastrophenbekämpfung, Medizin.
- Analysieren der kritischen Situationen beim Ausgestalten eines Vorgehensplans und der Zusammenarbeit von Kunde und Mitarbeitern eines Fertighausherstellers vom Werkvertrag bis zum Bezug eines Fertighauses. Erkennen der wesentlichen Schnittstellenprobleme.

In Abschn. 10.1.1 werden Arbeitsschritte zur „Methode der kritischen Situation" nach Badke-Schaub u. Frankenberger (2003) beschrieben. Wichtig für Sie ist:

> *„Kritisch" ist nichts Negatives. Dies kennzeichnet*
> *eine Situation in der Sie besonders wachsam sein*
> *müssen.*

... und:

> *Was Vrenchen und Hänschen nicht lernen,*
> *lernen Verena und Hans nimmermehr!*

... sollten Sie abwandeln:

> *Was Vrenchen und Hänschen nicht lernen,*
> *lernen Verena und Hans ein Leben lang.*

Literatur

Badke-Schaub P, Frankenberger E (2003) Management von kritischen Situationen. Produktentwicklung erfolgreich gestalten. Springer, Berlin Heidelberg New York

Beelich KH, Schwede HH (1983) Denken, Planen, Handeln. Grundtechniken für zweckmäßiges Lernen und Arbeiten. 3., überarbeitete Aufl. Vogel, Würzburg

Beelich KH, Schwede HH (2002) Die Lernspirale. Erfolgreich lernen mit Methode. Vogel, Würzburg

Dörner D (1987) Problemlösen als Informationsverarbeitung. Kohlhammer, Stuttgart Berlin Köln Mainz

Dörner D (2003) Die Logik des Misslingens. Strategisches Denken in komplexen Situationen. Rowohlt, Reinbek bei Hamburg

Ehrlenspiel K, Rutz A (1987) Konstruieren als gedanklicher Prozess. Konstruktion 39, 10:409-414

Heidemann B (2001) Trennende Verknüpfung – Ein Prozessmodell als Quelle für Produktideen. VDI Fortschritt-Berichte Reihe 1: Konstruktionstechnik/Maschinenelemente, Nr. 351. VDI Verlag, Düsseldorf

Metzig W, Schuster M (2003) Lernen zu lernen. Lernstrategien wirkungsvoll einsetzen. 6., verb. Aufl. Springer, Berlin Heidelberg New York

Miller GA, Galanter E, Pribram KH (1991) Strategien des Handelns. Pläne und Strukturen des Verhaltens. Klett, Stuttgart

Pahl G, Beitz W, Feldhusen J, Grote KH (2003) Konstruktionslehre. Grundlagen erfolgreicher Produktentwicklung. Methoden und Anwendung. 5. Auflage. Springer, Berlin Heidelberg New York

Reinhardt (1972) Psychologische Grundlagen des Lehrens und Lernens. Seminar an der Universität Mainz

Schneider M (2001) Methodeneinsatz in der Produktentwicklungs-Praxis. Empirische Analyse, Modellierung, Optimierung und Erprobung. VDI Fortschritt-Berichte Reihe 1: Konstruktionstechnik/Maschinenelemente, Nr. 346. VDI Verlag, Düsseldorf

Schulz W (1969) Umriss einer didaktischen Theorie der Schule. In: Furck CL (Hrsg.) Zur Theorie der Schule. Beltz, Weinheim Basel

Simons RJ (1992). Lernen selbständig zu lernen. Ein Rahmenmodell. In Mandl H, Friedrich HF (Hrsg.) Lern- und Denkstrategien. Analyse und Erwerb. Hogrefe, Göttingen, S 251-264

Skowronek H (1986) Lernen und Lernfähigkeit. Juventa, München

VDI 2221 (1993) Methodik zum Entwickeln und Konstruieren technischer Systeme und Produkte. Beuth, Berlin Köln

2 Arbeiten und Lernen – ein Verbund

Wer ein Studium, ein Projekt, ein Arbeitspaket oder eine Weiterbildung beginnt, möchte seine Anstrengungen von Erfolg gekrönt sehen. Dieser Erfolg hängt von vielen Faktoren ab wie z.B. von der (Selbst-)Motivation, d.h. von der Stärke des Engagements und des Interesses, das Sie in die Situation investieren. Aber auch von der *Handlungs-* und *Lernfähigkeit* sowie den gewählten Methoden und zugehörigen Techniken, die Sie anwenden und sich aneignen können.

Lernen beim Arbeiten, Arbeiten beim Lernen – bis auf wenige Ausnahmen – stets sind Sie und wir alle im *Verbund* „Leben – Beruf – Persönlichkeitsentwicklung" aktiv. Auch Sie wissen es:

Ohne Lernen keine Zukunft!

... und Lernen ist Eigenhandeln in diesem Verbund.

2.1
Arbeiten und Lernen selbst managen

Bestimmt haben Sie schon folgenden Sachverhalt erlebt:

Sie arbeiten in einer Gruppe mit. Bevor diese Gruppe arbeitsteilig handelt, werden gemeinsam einige Vereinbarungen und Regeln abgesprochen und festgelegt. Dies sind z.B.:
- die Ziele der gemeinsamen Arbeit festlegen. Was soll bis wann erreicht werden?
- erforderliche Arbeitspakete der Mitwirkenden definieren. Welcher Umfang soll mit welcher Qualität bei welchen Kosten und in welcher Zeitspanne bearbeitet werden?
- das arbeitsteilige Handeln, den Arbeitsprozess zum Erreichen der Ziele zeitlich und räumlich abstimmen. Bis wann und wo sollen die definierten Arbeitspakete erledigt werden?

- den Anreiz zum Erbringen des benötigten Leistungsbeitrags festlegen. Was haben die Mitwirkenden davon, wie werden sie motiviert? Wie werden auch Teilerfolge honoriert?
- das Sichern und Verbessern der Ergebnisse der gemeinsamen Arbeit. Wie sichern wir das Ergebnis dieser Gruppenarbeit? Wie verbessern wir den Arbeitsprozess? Welche Methoden und zugehörigen Techniken tragen erheblich zum Erfolg bei?
- der Fall „Das Ziel erreichen ist gefährdet": die kritischen Situationen erkennen und evtl. „nachteilige Auswirkungen" ermitteln. Damit das Gestalten und Lenken überdenken. Handlungsmöglichkeiten prüfen und vereinbaren. Was könnte schief gehen? Welche Varianten sind mit welchem Risiko möglich? Welche Maßnahmen und Entscheidungen sind dann nötig?

Dies sind alles Punkte, die auch bei Ihrer *Ein-Personen-Handlungseinheit* zutreffen. Jung u. Kleine (1993) führen dazu aus:

„Wenngleich das hier referierte Zusammenwirken mehrerer Personen der Regelfall der Betrachtung von Management ist, so kann auch am Extremfall der Ein-Personen-Handlungseinheit die Unterscheidung von Ausführungshandeln und darauf bezogenem Gestaltungs- und Lenkungshandeln festgemacht werden. Die einzelne Person, die ihre Handlungsziele und die zur Zielerreichung erforderlichen Handlungen analysiert und bestimmt, vielleicht einen Zeitplan für die Durchführung von einzelnen Aktivitäten festlegt, möglicherweise auch Selbst-Belohnungen (z.B. Ausgehen) für das Erreichen von Teilzielen oder Bestrafungen im Fall der Zielverfehlung (z.B. nicht Ausgehen, sondern Weiterarbeiten) definiert, betreibt *Selbstmanagement.*"

Beim Selbstmanagement handelt es sich um ein auf ein Ziel gerichtetes Gestalten und Lenken des Handelns und Verhaltens beim Arbeiten und Lernen als Einzelner und in selbst organisierten auf einen Zweck gerichteten Gruppen.

Das englische Verb „to manage" mit den Bedeutungen „handhaben, bewerkstelligen, deichseln, leiten, führen" hat sich in der deutschen Umgangssprache als „managen" mit gleicher Bedeutung durchgesetzt. Jung u. Kleine (1993) nennen vier wesentliche Aspekte des Managements:

- Die *funktionelle* Betrachtungsweise umfasst die Aufgaben des Managements, die zum Zweck des Gestaltens und Lenkens des Arbeitens und Lernens wahrgenommen werden. Die Teilaufgaben, die zweckmäßige Vorgehensweise, mögliche Handlungsvarianten

sowie deren Vor- und Nachteile bzw. Potenziale sind mit einzubeziehen.

- Die *institutionelle* Betrachtungsweise beschreibt das hierarchische
  Gefüge von Managementpositionen. Dieser Aspekt wird im Buch
  nicht weiterverfolgt.
- Unter der *instrumentellen* Betrachtungsweise werden die Arbeitstechniken des Managements zusammengefasst. Instrumente sind
  hierbei Methoden und zugehörige Techniken. Methoden sind für
  den Managementprozess erforderliche Elemente für deren Wirken
  (Arbeits-)Mittel bzw. Techniken benötigt werden. Das Verstehen
  und Anwenden dieser Methoden und zugehörigen Techniken behandelt Kap. 5.
- Die *personelle* Betrachtungsweise befasst sich mit der Persönlichkeit (Bedürfnisse, Einstellungen, Erwartungen, Individualziele,
  Kompetenz, Qualifikation und Werthaltung) und dem Verhalten
  abhängig vom erreichten Zustand im Managementprozess.

Die funktionelle und die personelle Betrachtungsweise verknüpfen
die Autoren im folgenden mit weiteren Faktoren und besonders mit
den Beteiligten – den Menschen.

2.1.1
Die funktionelle Betrachtungsweise

Alle *Funktionen* des Managements dienen dem Gestalten und Lenken (des Betriebes, der Unternehmen) im Hinblick auf das Erreichen
der (gesamtbetrieblichen) Ziele. Sie haben einen Sach- und einen
Personenbezug.

Während der Sachbezug die Operationen: Planen, Entscheiden,
Umsetzen und Kontrollieren umfasst, enthält der Personenbezug:
Personalführung und Außenvertretung. Die Sachaufgaben lassen sich
als Elemente eines sachlogisch ablaufenden Prozesses systematisieren und unterteilen. Dieser *Managementprozess* kann aufgelöst werden in einzelne Prozessstufen. Der Charakter eines Problemlöseprozesses wird dadurch stärker betont:

- Ermitteln der Anforderungen, Bestimmen der Zielsetzungen und
  Modellieren der Problemsituation;
- Entwickeln eines Beurteilungs- und Wertesystems;

- Analysieren der Wirkungsverläufe;
- Erfassen sowie Interpretieren der künftigen Möglichkeiten zum Verändern der momentanen Problemsituation;
- Abklären der Lenkungsmöglichkeiten;
- Planen von Strategien und Maßnahmen;
- Verwirklichen der Problemlösung;
- Sichern der erreichten Situation und Verbessern für künftiges Handeln.

Der Verlauf dieses Prozesses ist zyklisch (iterativ), d.h. es finden Rückkopplungen (Feedback) statt. Dies besagt: Die einzelnen Phasen und Stufen werden mehrfach wiederholt (Abb. 2.1).

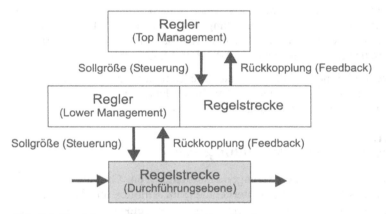

Abb. 2.1. Der Managementprozess als Regelkreis

Zielsetzungen bestimmen jegliche Prozesse, sie sind als Sollgrößen sowohl *Führungs-* als auch *Optimierungsgrößen*. Führungsgrößen, die den Prozess vom Ist- zum Soll-Zustand führen. Optimierungsgrößen, die das ständige Anpassen, Korrigieren und Verbessern des Prozess-Geschehens im Regelkreis (Rückkopplung, Feedback) ermöglichen.

Die Hauptphasen: *Gestalten* und *Lenken* im Selbstmanagement-Prozess (Abb. 2.2) umfassen folgende Teilprozesse:

- *Ziele setzen, Planen*: Situation bzw. Problem analysieren, Ziele formulieren, Stoff bzw. Gegenstand strukturieren, Varianten finden und beurteilen, Strategien zur Vorgehensweise und zum Aufbereiten des Stoffs auswählen, evtl. entwickeln, Zeit planen und einteilen, Ergebnisse vorhersagen (Abschn. 5.2 und 5.3). Die Teilprozesse „Ziele setzen" und „Planen" gehen von der Philosophie und der Politik der Beteiligten aus. Ziele werden durch ihre Umwelt und die Kultur der Bildungseinrichtungen bzw. Firmen geprägt. Mit der Philosophie werden vorrangig die Wertvorstellungen über das Fachgebiet der Bildungseinrichtungen, das Arbeitsklima im Beruf und über die Umwelt (das Milieu, die Gruppe) formuliert. Diese Wertvorstellungen ergeben Anforderungen (= Zielsetzungen) für die folgenden Teilprozesse. Dazu gehören auch die Individualziele (Interessen, Motive), Ziele der Fachgebiete und/oder der Betriebe/Unternehmen. Gestaltungs-Freiräume für die Kompetenz der verschiedenen Bereiche und Funktionen sind enthalten.

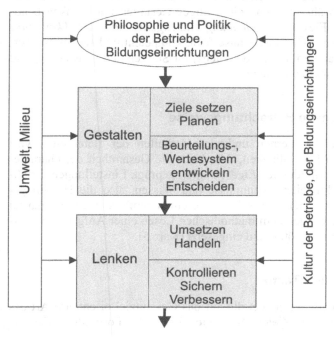

Abb. 2.2. Funktionen und Bedingungen des Selbstmanagement-Prozesses

29

- *Entscheiden*: Entscheidung vorbereiten d.h. Beurteilungs- und Wertesystem entwickeln, Ziele und Maßnahmen festlegen, Entscheidung herbeiführen (Abschn. 5.2, 5.3 und 5.6)
- *Umsetzen*: Maßnahmen in Änderungen der Situation und des Verhaltens umsetzen, Verhaltensregeln und Anweisungen geben, Motivieren, d.h. den Prozess anstoßen (Abschn. 5.4 und 5.7)
- *Kontrollieren, Sichern und Verbessern*: Kontrollprozess mit einem Soll-Ist-Vergleich durchführen, Feedback herbeiführen, erreichten Zustand sichern, Maßnahmen zum Verbessern der Ergebnisse und des Prozesses erarbeiten und festlegen (Abschn. 5.5 und 5.8)

Die unterschiedliche *Komplexität* der Problemsituationen erfordert das Anwenden einer Vorgehensmethodik, die der logischen Charakteristik der betreffenden Problemsituation entspricht. Es gibt jedoch keine in allen Situationen gleichermaßen erfolgreiche Methodik.

So ist ein linearer Ablauf des Prozesses von „oben" nach „unten" nicht durchführbar, wenn ein völliges Gestalten und Lenken beabsichtigt ist. Flexible *Handhabung* und *Eigenverantwortlichkeit* sorgt dafür, dass auf Überraschungseffekte kompetent und schnell reagiert wird. Freiräume für die Kompetenz, für Stärken und Schwächen sind natürlich mit einzubeziehen.

2.1.2
Die personelle Betrachtungsweise

Jedes Handeln, Lernen und/oder Verhalten der Beteiligten wird durch deren Persönlichkeit, d.h. durch die Gesamtheit der charakteristischen, individuellen *Eigenschaften* geprägt. Einstellungen, Erfahrungen, Fähigkeiten, Kenntnisse und Wissen, also die Handlungs- und Lernkompetenz (Abschn. 4.3), einen Stoff oder ein Thema zu bearbeiten, werden zum methodischen Lösen einer Aufgabe bzw. eines Problems benötigt und eingesetzt (Kap. 5).

2.1.3
Strategie und Taktik

Eine *Strategie* bezeichnet die auf das Gesamtziel orientierte Art des Abarbeitens von Zielen. Strategien sind „die Fortbildung des ur-

sprünglich leitenden Gedankens entsprechend den stets sich ändernden Verhältnissen" (von Moltke 1912). Sie bezeichnen
... „Vorgehensweisen in komplexen Problemsituationen, welche die einzelnen Aktionen übergeordnet koordinieren und neue Informationen integrieren (Fricke 1993)."

Bezogen auf den Arbeits- und Lernprozess verkörpern Strategien, wie Sie Ihr Vorgehen und Verhalten gestalten und dies beim Arbeiten und Lernen anwenden. Strategien beschreiben demnach das individuelle, problemspezifische Vorgehen beim Arbeiten und Lernen innerhalb eines Plans (Ablauf- oder Projektmodell). Denn nach dem Duden ist eine Strategie
... „ein genauer Plan des eigenen Vorgehens, der dazu dient, ein Ziel zu erreichen, und in dem man diejenigen Faktoren, die in die eigene Aktion hineinspielen könnten, von vornherein einzukalkulieren versucht."

In der Praxis haben sich Denk- und Handlungsstrategien herausgebildet, die durch *Strategiemerkmale* wie z.B.
– „Aufgliedern in Teilprobleme",
– „Zuerst das Wesentliche, dann das weniger Wesentliche",
– „Informationen in Notizen, Skizzen (ein externes Gedächtnis) auslagern",
– „Pendeln zwischen dem Ganzen und dem Teil" und
– „iterativ im Wechsel zwischen Analyse und Synthese bearbeiten"
genauer beschrieben werden (Fricke 1993, Ehrlenspiel 2002).

Strategiemerkmale lassen sich auch aus den übergeordneten Bedingungen ableiten. Alle Bedingungen und Vorgaben, die nicht unmittelbar den Elementen, Faktoren und Größen des Arbeits- und Lernsystems (Abb. 2.3) zugeordnet werden können, gelten als übergeordnet (Abschn. 10.4.5).

Solche aus übergeordneten Bedingungen und Vorgaben abgeleiteten Strategiemerkmale lassen sich auch unmittelbar auf das Arbeiten und Lernen bezogen formulieren wie z.B.:

• Die kleinen Schritte mit Erfolgserlebnissen sind es, die Ihnen weiterhelfen.
• Handlungs- und Lernkompetenz führen gemeinsam zum Erfolg.
• Verhalten und Vorgehen erfolgreich wahrnehmen, erhöht die Neigung zum Wiederholen und Beibehalten.

Taktiken bezeichnen die Handlungsweisen, mit denen Ziele im einzelnen (Teilziele) verfolgt werden, also wie die aktuellen Handlungen gelenkt und kontrolliert werden. Beispiel aus Fricke (1993):

> Hat sich ein Konstrukteur zwischen zwei Antriebsvarianten zu entscheiden (konstruktionsspezifisches Unterziel), kann er die Taktik einer formalen Bewertung wählen oder aus seiner Erfahrung beurteilen. Diese Wahl wird durch seine Kenntnis über Bewertungsmethoden, seine Sachkenntnis und seine Kompetenz beeinflusst.

Eine Taktik umfasst mehrere Handlungen, die nur mittelbar dem Teilziel/Unterziel dienen.

> Hat sich der Konstrukteur für die Taktik einer fundierten Bewertung entschieden, muss er z.B. Wirkungsgrad, Verschleiß und Raumbedarf beurteilen. Ebenso könnte die Beanspruchung der Verbindungen zwischen Antriebswelle und Nabe analysiert werden.
> Die Handlung „rechnerische Auslegung der Flächenpressung" ist eine bekannte Abfolge konstruktionsspezifischer Routinen.

Ihnen ist bewusst: Zum Erfolg gibt es keinen Lift, Sie müssen die Treppe benutzen, Abb. 2.3.

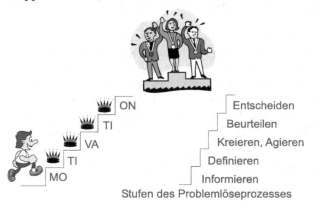

Stufen des Problemlöseprozesses

Abb. 2.3. Die Stufen zum Erfolg

Denn: Das Lösen von Teilproblemen bedeutet das Erreichen von Teilzielen. Durch *Erfolgserlebnisse* ersteigen Sie das (Lern-)Ziel durch Freude am Arbeiten und Lernen. Sie sind motiviert (Beelich u. Schwede 2002).

2.1.4
Modelle

Modelle sind Abbilder der erkannten Wirklichkeit, aber auch Abbilder von geistigen Vorstellungen und von Objekten. Sie werden mit unterschiedlichen Absichten entwickelt und realisiert, z.B.:

- durch die Vorgehensweise insgesamt als Projekt-Modell bzw. Ablauf-Modell;
- durch das wissenschaftstheoretische Ausrichten der Forschung als Forschungs-Modell;
- durch die zu erfassenden Elemente, Faktoren und Größen mit ihrem Wirkungszusammenhang als Struktur-Modell;
- durch das zeitliche Strukturieren des Geschehens als Verlaufs-Modell;
- durch das strukturierte Aufbereiten von Lernstoff zum assoziativen Behalten als Lern-Modell;
- durch ... – Ihr Vorgehens-Modell nach individuellem Handlungsstil.

Ein Modell stellt eine *Visualisierungshilfe* dar. Eine derartige schematische Übersicht ist z.B. das zusammenhängende und überschaubare Wiedergeben des komplexeren Sachverhalts „Prozess: Arbeiten und Lernen selbst managen – ein System". Um dieses *Beschreibungsmodell* zu verstehen, wird es stufenweise „von innen nach außen" entwickelt (Abb. 2.4).

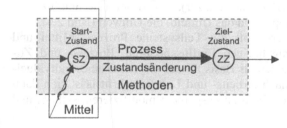

Abb. 2.4. Zustandsänderung „Methoden unter Mitteleinsatz anwenden"

Grundlage für dieses Modell sind *Netzpläne*. Sie beginnen an Startknoten und enden in Zielknoten. Beide Knoten beschreiben die Zustände zum jeweiligen Zeitpunkt. Zwischen den Zuständen: Start und

Ziel findet beim Arbeiten und Lernen ein Verändern unter Anwenden von Methoden statt, die durch Mittel unterstützt werden.

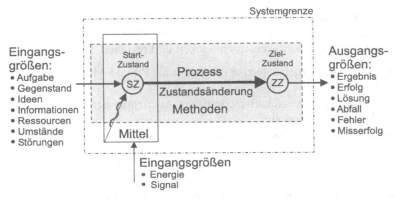

Abb. 2.5. Erweitertes Modell nach Abb.2.4

Um Prozesse mit ihrem definierten Anfang und Ende in einem System zu beschreiben, werden im Modell die *Systemgrenze* festgelegt und über diese Grenze tretende Eingangs- und Ausgangsgrößen dargestellt (Abb. 2.5).

Sie erfahren mehr über die *Eingangsgrößen* in Abschn. 2.3 und die *Ausgangsgrößen* in Abschn. 2.2.

Aus systemtechnischer Betrachtung sind in dieses Modell weitere Faktoren und Größen einzubauen. Dies sind: der Mensch als Entwickler, *Anwender* (Bediener, Nutzer), das Milieu (die unmittelbare Umgebung, die Gruppe) und das Umfeld, die Umwelt (Bild 2.6).

Dieses Modell verknüpft die Teilsysteme Prozess, Mittel und Mensch mit den zugehörigen Einflussfaktoren, Prozess- und Zustandsgrößen. Sie dienen als Basis für das Gestalten eines individuellen Vorgehens. Je nach Arbeits- und Lernfortschritt lässt sich dann dieses Vorgehensmodell situationsgerecht modifizieren, sichern und verbessern.

Modellarbeit ist Lernhandeln

Ehrlenspiel (2002) schlägt vor, die Begriffe „Lösung" oder „Maßnahme" im Vorgehenszyklus (Abb. 1.3) durch den Begriff „Modell" zu ersetzen. So erhalten Sie eine *Handlungsanweisung* (ein Programm) für das Finden einer zutreffenden Modellvorstellung und deren Modelldarstellung. Wenden Sie es an.

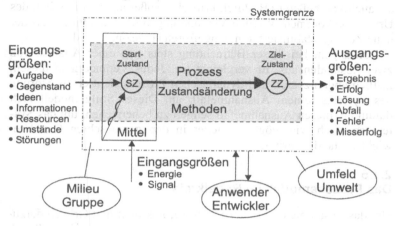

Abb. 2.6. Prozess-Modell

... und ein Beispiel: „*Drei-Stufen-Modell* von Lewin (1938)"

Das Drei-Stufen-Modell (Abb. 2.7) von Lewin (1938) basiert auf den drei Stufen: Auftauen (unfreezing) – Verändern (changing) – Festlegen bzw. Stabilisieren (refreezing).

Jeder Veränderungsprozess nach diesem Modell erfordert ein Auflösen des vorhandenen Gleichgewichtszustands.

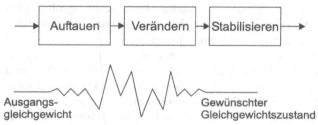

Abb. 2.7. Das Änderungsgesetz von Lewin – ein Phasenmodell

Dies geschieht in einer Auftauphase (Unfreezing). In ihr muss das System seinen Gleichgewichtszustand aufgeben. Es ist zum Verändern bereit. Der Anstoß für diese Auftauphase kann sowohl von innen (z.B. durch Unzufriedenheit mit dem Arbeits- und Lernprozess) als auch von außen (z.b. durch kritische Äußerungen von Seiten des Umfeldes) kommen. Werden Veränderungen durchgeführt, muss der neue Zustand stabilisiert, d.h. eingefroren (Freezing) werden.

Lewin geht bei dieser Betrachtung stets von einer Analyse von zwei Zuständen aus. Er vergleicht sie. Jedes Verändern in diesem zeitlich abgrenzbaren und dynamischen Prozess sieht er als Störung des Systems, einem Ausnahmefall, an. Dieses Stufenmodell zielt darauf ab, diesen Ausnahmefall schnell zu beherrschen, um das System so rasch wie möglich wieder in den gewünschten Gleichgewichtszustand zu bringen.

2.1.5
Das Prozessmodell im Regelkreis

Um das Zusammenspiel aller Einflüsse, Faktoren und Größen darzustellen, erweitern die Autoren das *Prozessmodell* um einen *Regelkreis* (Abb. 2.8). Dieses Modell ist zunächst kompliziert, aber für den Gesamtzusammenhang in dieser Darstellungsform erforderlich.

Der Prozess (5) bewirkt das Verändern von Zuständen bzw. des Verhaltens. Um das gesetzte Ziel ((1), Soll) zu erreichen, müssen Sie (Mensch (9), Regler) im Sinne des Selbstmanagements aktiv den Prozess ((5), Regelstrecke) über die Stellgröße (6) lenken. Dazu benötigen Sie ständig Informationen über die Zwischenzustände (momentaner Ist-Zustand, momentanes Ist-Verhalten), die Sie als Regelgröße mit der Führungs- und/oder Optimierungsgröße (10) vergleichen. Abweichungen identifizieren Sie aus dem Soll-Ist-Vergleich und beurteilen das weitere Geschehen.

Sie entwickeln Maßnahmen oder entnehmen Maßnahmen aus einer bereits durch Erfahrung entstandenen individuellen Mittel- und Methodenbank ((7), (5)). Über die Stellgröße (6) korrigieren bzw. passen Sie Ihren Prozess (5) an die veränderte Situation an. Mit der Korrektur minimieren Sie außerdem auftretende Störungen (3), berücksichtigen Sie veränderte Einflüsse des Umfelds (unmittelbare Umgebung) bzw. des Milieus (12, auch der Gruppe) und des Umgebungssystems (13) sowie ein Verändern der Zielsetzung (10).

Machen Sie sich mit dem Prozessmodell bekannt.

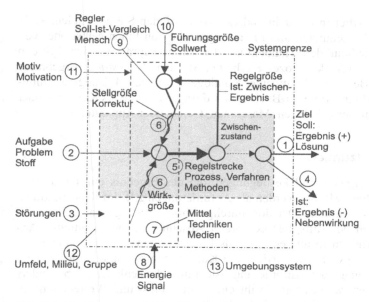

Abb. 2.8. Das Prozessmodell im Regelkreis

Lenken durch Kontrollieren und Umsetzen ergibt für Sie:

- ständige Informationen über den Arbeits- und Lern-Fortschritt,
- einen effektiven und effizienten *Aufwand*, da stets richtige Methoden und zugehörige Techniken zum richtigen Zeitpunkt eingesetzt werden (Gestalten) und
- ein Ergänzen, Erweitern und Modifizieren des individuellen Methoden- und Mittelpools und der Handlungs- und Lernkompetenz. So sichern und verbessern Sie Ihr Arbeiten, Handeln und Lernen.

2.2
Den Zielzustand beschreiben

Ziele oder *Zielsetzungen* sind eine

„Bezeichnung für das vorgestellte erstrebenswerte Ergebnis einer Tätigkeit, die als Bezugspunkt für das Ausrichten des Handelns dient (Grüner 1974).“

Jedes Arbeiten/Handeln und Lernen verbinden Sie mit Zielen. Ziele sind Vorstellungen und Erwartungen, die von Ihnen selbst oder von anderer Seite dem Handeln und Lernen aufgeprägt werden. Mit den Ergebnissen der Prozesse erhalten Sie den *Zielzustand*. Ergebnisse sind: Berichte, Dokumente, Kataloge, Lösungen, Lösungssammlungen, Manuskripte für Buch oder Vortrag, Produkte als Konzepte oder als realisierte Anlagen, Maschinen, Geräte oder Apparate.

2.2.1
Zielsetzungen

Zielsetzungen sind Festlegungen, die das Ergebnis eines Prozesses enthalten soll. Sie werden als Anforderungen z.B. im Konstruktionsprozess ermittelt. Der dort durchgeführte Vorgang oder Teilprozess „Klären der Aufgabe" beschreibt Abschn. 5.2. Die ermittelten Anforderungen formulieren Sie als Eigenschaften, die Sie in einer *Anforderungsliste* (*Arbeitsliste* der Konstrukteure) dokumentieren. Diese so genannte Anforderungsliste (auch Lastenheft) ist besonders wirksam, wenn in Sie in ihr ein Beurteilungs- und Wertesystem integrieren (Beelich u. Schiefer 1999).

Setzen Sie die Zielsetzungen als Führungs- und Optimierungsgrößen im Prozessmodell ein. Dies ist eine effiziente und effektive methodische Arbeits- und Vorgehensweise.

Eine wesentliche Zielsetzung für die zweite Auflage dieses Buches ist: Die Inhalte so umzusetzen und zu erweitern, dass dies der Zielgruppe „Ingenieur" gerecht wird. Aber auch alle anderen profitieren davon.

Die sich daraus ergebenden Zielsetzungen für die Autoren sind z.B.:

- Abbildungen vom Einfachen zum Besonderen entwickeln.
- Beispiele einfügen, die die Arbeits- und Vorgehensweise der Ingenieure wiedergeben. Sie sind allgemeinverständlich zu gestalten.
- Das Lernen beim Arbeiten und das Arbeiten beim Lernen als Verbund darstellen. Prozesse und Produkte sind systemtechnisch zu verbinden. Produkte dienen als Mittel zum Zweck.
- Strategie, Taktik, Arbeiten/Handeln und Lernen als wesentliche Merkmale der Vorgehens- und Ablaufpläne herausarbeiten.
- Anwendungen erweitern und verallgemeinern.
- Neben der Zielgruppe „Ingenieure" sind auch diejenigen anzusprechen, die das Modell des selbst gemanagten Lernens auch für ihren individuellen Arbeits- und Lernstil nutzen.

2.2.2
Lösungen, Ergebnisse

Am *Zielzustand* eines Prozesses erhalten Sie Lösungen oder Ergebnisse also Produkte, die durch die Zielsetzungen geprägt sind.

Produkt ist alles, was einem Markt zu Aufmerksamkeit, Erwerb, Gebrauch oder Konsum angeboten wird und der Befriedigung eines Wunsches oder eines Bedürfnisses dient.

„Demnach handelt es sich bei einem Produkt um Zahnpasta, um einen LKW, um Energie oder auch um einen Telefonanschluß, ein Faxgerät, eine Datenübertragung oder einen Sachbericht (Kotler 1982)."

Arbeiten, Handeln und Lernen sind vom *Beobachten* und *Wahrnehmen* abhängig. Was nicht beobachtet und wahrgenommen wird, kann auch nicht in die Wissensbasis überführt werden.

Aus psychologischer Sicht ist Lernen ein Phänomen, das nicht unmittelbar beobachtbar ist, sondern erschlossen werden muss. Daher kann lediglich das *Verhalten* eines Menschen vor und nach bestimmten Ereignissen (z.B. Aktivitäten wie Erproben, Experimentieren, Üben) festgestellt werden, dessen Prozess als Lernen bezeichnet werden kann (Staehle 1994).

Tabelle 2.1. Prozesse und ihre Ergebnisse oder Lösungen

Fachgebiet	Prozess-Operation	Ergebnis
Mathematik	Addieren	Summe
Konstruktion	Konzipieren, Entwerfen	Produktkonzept
Fertigung	Bohren	Lochplatte
Pädagogik	Lernen	Änderung des Verhaltens

2.2.3
Nebenwirkungen

Wie oft hören Sie in der Werbung
„Zu Risiken und Nebenwirkungen ... fragen Sie Ihren Arzt oder Apotheker."

Nebenwirkungen: Eine Maßnahme erfüllt oft nicht nur den angestrebten Zweck, sondern beeinflusst daneben auch andere wichtige Größen im Prozess, im (Arbeits-)Mittel, im Umfeld unter Umständen in sehr negativer Art und Weise.

Fernwirkungen: Manchmal erfüllen Maßnahmen kurzfristig den angestrebten Zweck, haben langfristig eher gegenteilige Konsequenzen.

Personenbezogene Nebenwirkungen

... wie z.b. falsches Wissen, Fehler, Fehlverhalten, Fehlentwicklungen wie z.b. Umweltproblematik, in politischen Entwicklungen, im internationalen Börsengeschehen, Misserfolge größerer Organisations- und Management-Projekte.

Auch Lernmethoden können schädigende Nebenwirkungen auslösen: Wer wenig liest, braucht keine Selektiv-Lese-Methode! Oder: Eine im Prinzip gute Methode wird zu einer schlechten, wenn ihr Erlernen mehr Zeit beansprucht, als ihre Anwendung erspart. Und vieles im Leben lernen Sie eben zufällig und durch (meist negative) Erfahrung besser als mit Hilfe durchdachter Methoden.

Sachbezogene Nebenwirkungen

... erklären Ihnen das Beispiel „Abfälle", Tabelle 2.2

Tabelle 2.2. Abfallarten in Anlehnung an Rodenacker (1991)

Allgem.	Abfallart	Beispiele
Stoff	Feste Stoff	Schrott, Späne, Staub
	Flüssige Stoffe	Chemisch belastete Abwässer
	Gasförmige	Abgase von „Motoren"
	Stoffe	Ausdünstungen „Klebstoffe, Lacke, Lösungsmittel"
Energie	(Ab-)Wärme	Bremsen, Glühbirnen, Kühl- und Klima-Anlagen, Motoren
	Schwingungen	Erschütterung, Geräusche, Lärm,
	Elektrische und magnetische Felder	Elektrosmog durch Bahnstrom-Netz (15 kV, 162/3 Hz), Elektrizitätsversorgungsnetze,
	Strahlung	Radioaktive Brennelemente
Information	Datenträger	Unbrauchbare CDs, Disketten, Magnetbänder
	Funkwellen	Elektrosmog durch Fernseh-, Mobilfunk-Sende-, Radio-, Radaranlagen

Nebenwirkungen entstehen bereits bei der geplanten und voraus gedachten Nutzung technischer Produkte im dazugehörigen Prozess, ohne dass besondere Störfälle vorliegen müssen. Es sind generell *Auswirkungen* der Prozesse auf die Umwelt.

Nebenwirkungen sind wegen des ungewollten Charakters zu vermeiden, ihre Wirkungen auf Mensch und Umgebung sind zu mildern bzw. zu beseitigen.

In der Welt der Technik gibt es bereits viele Anwendungen, die diese Nebenwirkungen nutzen. So sorgen Kühlanlagen in bestimmten Prozessen dafür, dass z.B. Verlustwärme am Entstehungsort aufgenommen und nicht an die Umgebung abgegeben wird.

Entwicklungs- und Konstruktionsingenieure überlegen, ob sie diese Wirkungen nicht in ihren Entwicklungssystemen nutzen können.

2.3
Startzustand

Sie sind sportlich. Der *Ist-Zustand* ist im Prozessmodell der *Startzustand*. Bevor Sie anfangen, müssen Sie einige Voraussetzungen und Bedingungen erfassen und klären.

2.3.1
Die Aufgabe oder das Problem

Aufgaben- oder Problemstellungen, deren Lösung nicht erkennbar ist und auch nicht mit bekannten Mitteln angegeben werden kann (Pahl et al. 2003). Zu unterscheiden sind:

1. Probleme mit Lücke
Probleme, die sich daraus ergeben, dass unser Bild der Wirklichkeit oder unsere Handlungspläne Lücken aufweisen.
- Was Ihnen zur Verfügung steht, kennen Sie in der Regel, und auch das Ziel.
- Das Problem ist die Lücke, die zwischen den verfügbaren Methoden, Mitteln und dem Ziel klafft.
  - Welche Methoden und/oder Mittel setzen Sie ein?
  - Wie setzen Sie die Methoden und/oder Mittel ein?

– Welche Schritte müssen Sie unbedingt ausführen?

Vorgehen: Lösungsgedanken aus dem Erfahrungs- und Wissensrepertoire entnehmen und umstrukturieren.

- Frage: Wie strukturieren Sie eine schiefe Sicht der Situation um?
- Antwort: Sie brauchen „Ideen". Diese Ideen stammen aus Ihrem Gedanken- und *Erfahrungsschatz*, aus Ihrem „kognitiven Repertoire".

2. Probleme mit Widerspruch

Probleme, die daraus entstehen, dass sich unsere Aussagen über die Wirklichkeit oder unsere Handlungsabsichten gegenseitig widersprechen.

- Sie tauchen dort auf, wo zwischen verschiedenen Aussagen über den gleichen Tatbestand eine logische Unvereinbarkeit besteht.
- Klassisches Beispiel: Der *Widerspruch* von These und Antithese findet seine Lösung in der Synthese. Den Dreiklang These, Antithese und Synthese entwickelte Hegel als Grundraster seiner Dialektik (Müller-Merbach 1991).

Widersprüche zwischen Handlungsabsichten

- ... gibt es z.B. als Kampf in der Seele eines Einzelnen.
- Manchmal wird der Gegensatz durch gegnerische Lager oder Gruppen vertreten; aber auch hier gibt es Lösungen, die beide Parteien zufrieden stellen.
- Vorteil: Sie dringen tief in das Wesen der Problematik ein.
- Anwendung: Widerspruchsorientierte Innovationsstrategie WOIS[1]

3. Probleme mit unnötiger Komplikation

Probleme, die die Tatsache widerspiegeln, dass unsere Sicht der Wirklichkeit, unsere Handlungen und Handlungspläne unnötig kompliziert sind. Diese Problemgruppe ist bis heute am wenigsten untersucht. Dazu gehören z.B.:

- Zusammenfassen von Texten: Sie arbeiten den Kern heraus, indem Sie unwichtige Elemente weglassen.
- Korrektur von Text. Die Arbeit am Text hat hier Problemlösecharakter. Sie suchen die wesentliche, knappe und prägnante Aussage.

---

[1] http://www.wois-innovation.de –Linde u. Mohr, FH Coburg.

Wie unterscheiden Sie Wesentliches von Unwesentlichem?

- Das Wesentliche einer Sache hängt vom Interesse des jeweiligen Betrachters ab (Abschn. 10.3.1)
- Überlegen Sie zuerst, was der Leser z.B. in einem Text sucht und welche Botschaft er für sich herausarbeiten will.

2.3.2
Ihre Motive und die Motivation

Echtes Interesse am Gegenstand haben, bedeutet: Sie sind zum Arbeiten und Lernen motiviert. *Motive* und *Motivation* sind bestimmend für die Dauer, die Stärke der Bereitschaft (Abschn. 2.7.1) und das Erfolgserlebnis beim Arbeiten und Lernen.

Was sind die Quellen für Motive und Motivation?

Derartige Quellen entstehen aus dem Inhalt selbst. Oder: Sie sind selbst motiviert, denn Arbeiten und Lernen macht *Spaß*. Sie lernen von sich aus, weil Sie es gerne tun. Sie begeistern sich für die Inhalte, das Problem und die Situation. Arbeiten und Lernen soll ohne äußere Anreize Freude machen und erfolgreich sein. „Intrinsische" Motivation besteht.

Intrinsische *Motivation* liegt vor, wenn Sie eine Handlung um ihrer selbst Willen, wegen der ihr innewohnenden Anreize ausführen (Csikszentmihalyi u. Schiefele 1993).

Kommt der Antrieb für das Arbeiten und Lernen von außen, liegt extrinsische *Motivation* vor, d.h.:

„... wenn eine Handlung hauptsächlich wegen bestimmter mit ihr verbundener Konsequenzen, die zu der Handlung selbst in keinem direkten Verhältnis stehen, geschieht (Csikszentmihalyi u. Schiefele 1993)."

Was ist zu tun, wenn das Interesse am Arbeiten/Handeln und Lernen nicht vorhanden ist?

In diesem Fall müssen Sie sich selbst helfen. Beobachten Sie sich selbst (Abschn. 5.1.1). Finden Sie durch Hinterfragen „intrinsische Motivatoren".

Reflektieren Sie auf die eigene Situation. Fragen Sie sich dabei: „Unter welchen Bedingungen und wann bin ich motiviert?" und „Weshalb lohnt es sich gerade jetzt für mich zu handeln?" Sie finden bestimmt die Motive.

Weitere Fragen zum *Selbstmotivieren* sind:

- Warum nützt Ihnen dieser Inhalt beim Ausüben Ihrer jetzigen und späteren beruflichen Tätigkeit?
- Weshalb erhöht gerade dieser Inhalt Ihre Kenntnisse, Fertigkeiten und Fähigkeiten?
- Weshalb bringt dies Ansehen und Anerkennung?
- Wie lässt sich der Stoff in Teileinheiten gliedern, damit Sie erforderliche und auch Sie interessierende Teilgebiete erhalten?
- Welche bisher gelernten Inhalte (Bekanntes) lassen sich mit dem neuen Stoff (Unbekanntes) verknüpfen?

Die Antworten auf solche oder ähnliche Fragen entwickeln eine Beziehung, sich mit den Aufgaben und deren Zielsetzung zu identifizieren.

Wer mit dem Prinzip „Sich Selbstmotivieren" nicht weiter kommt, sollte unbedingt das (Experten-)Gespräch suchen. Über diesen Weg lassen sich „manche" positiv coachen. Der damit verbundene Erfolg wirkt verstärkend und nimmt einen erfolgreichen Einfluss auf die Motivation. Viele Sportarten machen es vor: „*motivierendes Coachen*".

(Der) „Flow" im Ohr

Im Zusammenhang mit der Motivation sei auch die so genannte „*Flow-Theorie*" von Csikszentmihalyi genannt. Csikszentmihalyi u. Schiefele (1993) sehen die Entdeckung des „*Flow-Erlebens*" als Erlebnisweise, die typisch für intrinsisch motivierte Tätigkeiten zu sein scheint. Der Zustand des Flow-Erlebens lässt sich folgendermaßen beschreiben:

Alle Gedanken und Empfindungen sind im Einklang und auf eine Handlung gerichtet. Störende Einflüsse werden hierbei ausgeblendet. Dadurch erreicht der Einzelne ein höchstes Leistungsniveau. Bedingung hierfür ist, dass sich die Handlungsmöglichkeiten bzw. die Fähigkeiten und die Anforderungen in einem Gleichgewicht befinden.

Jeder Mensch braucht ein gewisses *Stimulieren* von Körper und Geist. Fehlt ihm dies, so empfindet er Langeweile und wird des Lebens müde. Csikszentmihalyi (2000) schlägt vor:

„Gegen Angst und Langeweile – im Tun aufgehen".

Mit wachsendem Stimulieren steigt das Wohlbefinden bis zu einem optimalen Punkt an und sinkt bei weiterem Anwachsen wieder ab bis zum *Angstempfinden*. Das individuelle optimale *Erregungsniveau* hängt von der biologischen Beschaffenheit (zum Beispiel dem Hormonhaushalt) ab und bestimmt damit den unterschiedlichen Bedarf an Stimulieren.

Menschen mit einem sehr hohen optimalen Erregungsniveau werden „*Sensation Seeker*" genannt. Sie haben ein starkes Verlangen nach Stimulieren aller Sinne. Sie suchen ungewöhnliche Empfindungen wie den freien Fall beim Bungeejumping, das Entdecken neuer Länder oder Musikstile, tendieren zu enthemmten Aktivitäten, zu exzessiven Parties und haben eine Abneigung gegen Repetition und Monotonie.

Der Mensch toleriert ein höheres *Risiko*, wenn er darauf einen gewissen Einfluss nehmen oder über das „Sich-darauf-Einlassen" entscheiden kann. So nimmt er Risiken wie Atomkraftwerke oder Kriminalität, welche die gesamte Gesellschaft betreffen, als unkontrollierbarer und schrecklicher wahr als individuelle Risiken, die meist nur den verursachenden Menschen in Gefahr bringen. Durch entsprechendes Verhalten kann der Mensch diese individuellen Risiken beeinflussen, steht aber im Gegensatz dazu vielen Gefahren machtlos gegenüber, welche die Gesellschaft bedrohen.

Eine weitere Erklärung für das Ausüben von *Risikosportarten* könnte somit sein, dass gerade Risikoaktivitäten einen Ausgleich zum unbefriedigten Bedürfnis nach Beherrschen der Bedrohungen im Alltag schaffen.

Was bedeuten diese Ausführungen für Sie? Wie können Sie erreichen, dass ein *Flow-Zustand* beim Handeln hilfreich ist? Wann haben Sie Freude am Tun? Und wie gelangen Sie in einen Flow-Zustand? Wenn

- Sie ein sofortiges eindeutiges Feedback über Ihre Handlungen erhalten. Wenn Sie es selbst nicht wahrnehmen, lassen Sie sich konstruktiv beurteilen.

- Sie sich kompetent fühlen und Kontrolle haben. Diese Kontrolle erleben Sie bestimmt in manchen Situationen beim Autofahren. Sie wollen Macht über die Ursachen von Ereignissen haben, die Sie selbst verursachen.

- Ihre Fähigkeiten mit den Anforderungen aus einer Problemstellung zusammenpassen. Sie haben bestimmt schon Situationen des Unterforderns (Langeweile) oder Überforderns (Angstgefühle) erlebt.
- Ihre *Aufmerksamkeit* voll auf die Handlungssituation gerichtet ist. Sie befinden sich kurz vor dem Lösen eines schon seit Tagen bearbeiteten Problems. Andere Umweltreize bleiben außen vor.

2.3.3
Störungen wirken auf das System

Störungen sind Abweichungen von einem definierten Sollzustand. Sie wirken sowohl auf den Prozess als auch auf die Arbeitsmittel und den Menschen als Bediener/Nutzer ein.

Prozesse sollen stabil und reproduzierbar ablaufen, Arbeitsmittel sollen funktionieren. Deshalb sind einwirkende Störungen zu identifizieren und hinsichtlich ihrer Einflüsse zu analysieren. Sind solche Störungen nicht zu vermeiden, müssen Anforderungen formuliert werden, um sie bei der Entwicklung zu beachten, zu vermeiden oder evtl. für den Prozess zu nutzen. Störungen sind:

1. bedingt durch fehlerhafte *Einwirkungen* von Personen: bewusst oder unbewusst. Bewusste Einwirkungen, die bis zu Zerstörungen führen. Unbewusst, die sich z.B. aus dem Zustand und/oder Verhalten des Bedienpersonals ergeben.
2. Bestimmte Eigenschaften der gewollten Eingangsgrößen, die den gewollten Zustand am Ziel ungewollt beeinflussen könnten. Durch eine genaue Zustandsbeschreibung werden solche Störungen erkannt.
3. *Einwirkungen* aus der Umgebung stofflicher, energetischer und/oder informationeller Art. Sie werden mit Eigenschaften beschrieben. So wird z.B. die Umgebungsluft (Stoff) durch Angaben zu Druck, Feuchtigkeit, Schadstoffanteil, Staubgehalt, Temperatur charakterisiert.

Beispiele, die Sie bestimmt schon betroffen haben oder die Sie sofort nachempfinden können, entnehmen Sie Tabelle 2.3.

Führen Sie diese Tabelle mit Beispielen aus dem eigenen Bereich fort.

Tabelle 2.3. Beispiele für Störungen

Prozess	Störungen auf Prozess und Arbeitsmittel	Auswirkungen auf das Ergebnis
Kaffee zubereiten	Kalkgehalt – Wasserhärte	• Kaffeegeschmack beeinträchtigt • Verkalkte Wärmeübergangsflächen verlängern die Prozesszeit.
Wäsche säubern	• Fremdkörper in der Wäsche wie z.B. Kleingeld, Nägel, Papiertaschentücher, Schlüssel • Haken, Knöpfe und Ösen an Kleidungsstücken	• Waschtrommel, Dichtungen und/oder Wäsche werden beschädigt • Beschädigte Waschtrommel verursacht Beschädigungen an der Wäsche
Bericht schreiben	• Schmierender Kugelschreiber • Ungewollte Telefonate	• unsaubere Berichtseiten • unkonzentriertes Arbeiten des Schreibers • erneuter Einstieg bereitet Schwierigkeiten

Den Einfluss von *Störungen* vermeiden heißt:

1. Störungen ausschalten, so dass sie nicht in den Prozess und/oder das (Arbeits-)Mittel gelangen.
2. Prozess und/oder (Arbeits-)Mittel so gestalten, dass tatsächlich auftretende Störungen keine Schäden verursachen können und somit das Zusammenspiel von Prozess und (Arbeits-)Mittel nicht beeinträchtigen.

Einige Beispiele:

• Benzin- und Luftfilter im Teilsystem „Verbrennungsmotor" beseitigen bzw. verringern Verunreinigungen in den Eingangsgrößen Benzin und Luft.
• Gegenstände auf einem Rollfeld werden mit einem speziellen Arbeitsmittel „fahrender Staubsauger" routinemäßig entfernt.
• Gebläseschaufeln in einem Düsentrieb am Triebwerkseingang mit erhöhter Festigkeit auslegen, um Folgen von Störungen zu mindern.

2.4
Teilsystem Prozess

Die gegenwärtige *Didaktik* betont stärker den *Prozess* als das *Produkt*, die Qualität anstelle der Quantität des Lernens. Nicht universales Wissen ist das Ziel, sondern elementare Grundbegriffe und Strukturen sollen vermittelt werden. Strategien des Problemlösens und der Informationsverarbeitung sind wichtiger als Automatismen, die in neuen Situationen versagen.

2.4.1
Methode, Methodik

Eine *Methode* ist ein auf einem Regelsystem aufbauendes Verfahren zum Erlangen von wissenschaftlichen Erkenntnissen oder praktischen Ergebnissen (Duden).

„Eine Methode umfasst eine Menge von Vorschriften, deren Ausführung den Vollzug einer als zweckmäßig erachteten Operationsfolge unter gegebenen Bedingungen hinreichend sicherstellt (Müller 1990)."

Die Absicht einer Methode ist präskriptiv (vorschreibend) und nicht deskriptiv (beschreibend). Die Existenzform der einzelnen Vorschrift ist die Aufforderung um das gegebene (Teil-)Ziel zu erreichen: es ist erforderlich ... zu tun. Ihre sprachliche Form ist der Aufforderungssatz: ... um etwas Bestimmtes zu tun (Hoberg 1988).

Eine Methode legt den Prozess fest, der zu vollziehen ist, um ein angestrebtes (Teil-)Ziel zu erreichen, gleichzeitig werden mit ihr Bedingungen angegeben, denen ein Prozess genügen muss, wenn sein Ergebnis akzeptierbar sein soll.

Mehr über Methoden erfahren Sie in den einzelnen Kapiteln und besonders in Kap. 10. Auch hier gilt: Lesen allein reicht nicht aus, Sie müssen Methoden und zugehörige Techniken anwenden.

2.4.2
Verfahren, technologische Funktion

Verfahren ...

„... das Ausführen von Arbeitsabläufen, Stufen von Vorgängen oder Operationsfolgen und Tätigkeiten (Rodenacker 1991)." „Art und Weise der Durch-, Ausführung von etwas (Duden)"

48

Blaß (1989) führt zur *Verfahrenstechnik* aus:

Diese gezielt physikalisch technischen, chemischen und biologischen Wirkungsabläufe, die zur Rohstoffveredlung genutzt werden, nennt man in ihrer Gesamtheit einen Prozess oder synonym ein Verfahren.

... und an anderer Stelle:

Es ist die die Gesamtfunktion eines verfahrenstechnischen Prozesses, ..., aus vorgegebenen Eingangsgrößen bestimmte Ausgangsgrößen zu erzeugen.

Für das konkrete Realisieren von Prozessen werden Verfahren entwickelt und verwendet. Beispiel:

- *Prozess*: mit geometrisch bestimmte Schneide spanen
- *Fertigungsverfahren*: Bohren, Drehen, Fräsen, Hobeln, Räumen, Sägen

2.5
Teilsystem Mittel

Schon durch ihren Namen werden Produkte dem Begriff „*Mittel*" zugeordnet. Gestaltlose Mittel sind z.B. Haarpflege-, Körperpflege-, Kühl-, Lösungs-, Reinigungs- und Schmiermittel.

Prozess „Wäsche waschen" von Hand

Mittel zum Ändern der Zustände: Schmutzwäsche – gereinigte Wäsche:

- Reinigungsmittel wirken mit ihren chemischen Eigenschaften;
- Wasser wirkt Schmutz lösend aufgrund seiner chemischen Eigenschaften;
- mit manuellen Einwirkungen (von Hand gewaschen).

Nebenwirkungen beachten: gesundheitsschädliche, gasförmige Ausdünstungen oder Reizungen der Haut

Wird der Prozess mittels Haushaltswaschmaschine verwirklicht, ist das Wasser gleichzeitig Medium, um die Wirkgröße „Wärme" in die Wäsche einzuleiten.

2.5.1
Mittel – Technik!

„... etwas, was zur Erreichung eines Ziels dient, was dazu geeignet ist, etwas Bestimmtes zu erreichen (Duden)."

Produkte sind Platzhalter dieser Mittel, die *Wirkgrößen* mittels technischer Funktionen erzeugen (Abb. 2.8). Eine Wirkgröße greift in den Prozess ein, aktiviert und unterstützt die technologische Funktion „Zustand ändern". Beispiel:

- Bohrmaschine = (Arbeits-)Mittel
- Technische Funktion einer Bohrmaschine: „Wirkgröße erzeugen".
- Wirkelement und Teil des Arbeitsmittels „Bohrmaschine" ist der Wendelbohrer. Er realisiert Funktionen wie
  - Wirkgröße von der Bohrmaschine übernehmen,
  - Wirkgröße in die zu bohrende Wand einleiten.

Wirkgrößen sind gewollte Ausgangsgrößen der (Arbeits-)mittel (Produkte).

In einem Transportprozess (Tabelle 2.4) erfährt der Mensch das „Ort ändern" als Zweck des Gebrauchsnutzens. Eine Vielzahl Produkte realisieren dies. Menschen wirken dabei unterschiedlich ein.

Tabelle 2.4. Der Mensch im Transportprozess (Heidemann 2001)

(Arbeits-)Mittel	Einwirkung Mensch	Beispiel
Kein	(Muskel-)Kraft und Bewegung direkt	gehen, klettern, schwimmen
Fahrrad, Roller	(Muskel-)Kraft und Bewegung als Energie und Signal ins (Arbeits-)Mittel	pedalieren, abstoßen, lenken
Automobil, Motorrad, Zug, Flugzeug	Fahrer: Chauffeur, Pilot: (Muskel-)Kraft und Bewegung primär als Signal ins (Arbeits-)Mittel Passagiere: in der Regel keine Einwirkung	lenken, Gas geben, kuppeln, schalten, bremsen

Ingenieuren, die Produkte entwickeln, ist bewusst, dass diese Produkte im *Nutzungsprozess* als (Arbeits-)Mittel verwendet werden.

- Betrachten Sie Produkte stets aus der Sicht ihres Gebrauchs.
- Trennen Sie Gebrauchsfunktionen bzw. Kundenfunktionen von den Produktfunktionen, die das Produkt und den Produktaufbau bestimmen.

2.5.2
Medien

Neue *Medien* ermöglichen ein bisher ungekanntes Maß an eigen-verantwortlicher Gestaltung von Bildung und Ausbildung. Neue Medien einzusetzen heißt: allen freien Zugang zum Internet ermöglichen, dafür ein ausgewogenes Finanzierungssystem entwickeln, Medienkompetenz vermitteln, Wissen in den Netzen anwenderfreundlich strukturieren und die Informationstechnologien zur Entlastung nutzen.

2.6
Menschen im Prozessmodell

Betrachten Sie nochmals den Menschen und seine Stellung, seine Rolle im *Prozessmodell*:
– Welche Mittel/Materialien/Werkzeuge/Instrumente brauchen Sie?
– Wie greifen diese Mittel/Materialien/Werkzeuge/Instrumente in Ihren Alltag ein?
– Welches sind deren Defizite, Schwächen und Stärken?
– Wie lässt sich Ihr Arbeiten, Handeln und Lernen aus der Sicht des Alltags optimieren zumindest verbessern?
– Was müssen Sie lernen, um optimaler und effektiver zu handeln und dies in der Spanne zwischen Routine und Kreativität?

2.6.1
Einstellung, Fähigkeit, Bereitschaft

Erinnern Sie sich: Lernen – ein natürlicher Vorgang – Sie werden durch Erlebnisse, Erfahrungen und Erkenntnisse dazu gebracht, Ihre *Einstellung*, Ihr Wissen und Ihr Handeln zu verändern.

Im Laufe der Zeit entwickeln Sie bestimmte Einstellungen, Gewohnheiten und Verhaltensweisen, bis Sie schließlich auf Strukturen festgelegt sind. Solange diese „Vor-Fixierung" Sie entscheidend prägt zu einem aufgeschlossenen-neugierigen und engagiert, ausdauernden Arbeiten, Handeln und Lernen, dürfen Sie sehr zufrieden sein. Wenn aber Konzentrationsschwächen, Lustlosigkeit und sogar

51

Ängste Ihre Begleiter sind, gilt es über Ursachen-Analysen diesen Problemen beizukommen. Sie stellen es selbst fest: die Hauptverursacher sind negative (Vor-)Fixierungen. Wenn Sie nun wissen, wie Sie solche negativen Einstellungen und Überzeugungen bilden, ist es merklich einfacher, sie zu neutralisieren und in positive umzuwandeln.

Wichtig: Auch eine andere, ganz neue Methode oder Technik liefert nicht das erhoffte Wunder, wenn die innere Einstellung gleich und eher defensiv bleibt. Wir alle – auch Sie – müssen immer wieder eine positive Einstellung zum Arbeiten, Handeln und Lernen gewinnen. Integrieren Sie dies bewusst und konsequent in Ihr tägliches Handeln und Lernen.

Lernen ist Veränderung, ist eine geistige Leistung als Ergebnis dreier Faktoren:

- dem intellektuellen *Potenzial* (Erbanlagen, Motivation, Erfahrungen, Einstellung, Leistungsfähigkeit, Leistungsvermögen);
- den *Fähigkeiten* (analytisch, methodisch, organisatorisch);
- der *Bereitschaft* (Grund, Motiv, Wille, Gefühl, Stimmung).

Diese drei Faktoren benötigen Sie zum Arbeiten, Handeln und Lernen. Welche Potenziale haben Sie?

Potenziale sind fünf Feldern zugeordnet:

- Sie (Sie wollen, Sie können – Sie kennen sich),
- Sie und Ihr Umfeld (Leben, Schule, Beruf - Gesellschaft),
- die Methoden,
- die Prozesse und
- die Ressourcen zum Optimieren.

Kompetenzentwicklung und den Einsatz eines Beurteilungs- und Wertesystem enthält Kap. 4 „Kompetent handeln und lernen".

2.6.2
Lernen des Lernens

Arbeiten und *Lernen* ist im weitesten Sinne ein Vorgang, der durch Vorwissen und Erfahrungen ausgelöst und geprägt wird. Ein natürlicher Vorgang, der Sie dazu bringt, Ihre Einstellung, Ihr Wissen und Ihr Handeln zu verändern.

1. Lernen umfasst relativ dauerhafte Veränderungen des Denkens, Wissens, Fühlens und Verhaltens, die durch Erfahrung und Übung zustande kommen.
2. Lernen im Sinne des Wissenserwerbs und Erkennens entwickelt sich nicht durch bloßes Abbilden der Wirklichkeit, sondern durch eine geistige Rekonstruktion der Wirklichkeit.
3. Lernen geschieht beim Kind wie beim Erwachsenen durch eigenes Tun und Handeln.
4. Lernen verlangt den Dialog mit Sachen und Personen.
5. Lernen geschieht durch Durcharbeiten und Wiederholen einer einmal erworbenen Einsicht oder Handlung.
6. Lernen integriert auch Kopf, Herz und Hand.
7. Der Prozess des Aneignens neuer Inhalte und Fähigkeiten vollzieht sich je nach der bisherigen Lernbiografie individuell unterschiedlich.
8. Das Aneignen neuer Inhalte und Fähigkeiten ist kein linearer, additiver Prozess in kleinen Schritten, sondern ein vernetzter Vorgang, der das ganze Denk- und Handlungssystem betrifft.

Lernen heißt also sich verändern, weiterentwickeln im Sinne von: das eigene Wissen vertiefen oder erweitern, sich ein differenzierteres Verständnis von Phänomenen aneignen, mehr Sicherheit in der Handhabung von Fertigkeiten gewinnen, neue *„Problemlösefähig-keiten"* entwickeln.

> Bauen Sie sich Ihr Wissensnetz selbst auf. Stellen Sie Beziehungen her. Verknüpfen Sie das Neue, Unbekannte mit Bekanntem. Führen Sie Phänomene und Handlungen auf elementare Prinzipien zurück. Suchen Sie das Gemeinsame in der Vielfalt, das Grundprinzip in den einzelnen Algorithmen und Formeln.

2.6.3
Lernbiografie

Ziel der *Lernbiografie*: Reflektieren Sie die entscheidenden Erfahrungen beim Arbeiten und Lernen bewusst. Erkennen Sie damit im Zusammenhang stehende Verhaltensmuster.

Jede *Biografie* ist eine Lernbiografie in der neues Wissen mit vorhandenem Wissen verglichen, aufgrund früherer Erfahrungen ausgewählt und uminterpretiert wird.

Welche Personen, Ereignisse, Orte und Bildungseinrichtungen prägen Sie?

Jeder Mensch konstruiert für sich seine eigene Wirklichkeit, bedingt durch Werte und Deutungen in seiner Lernbiografie. Durch Reflexion der eigenen Biografie erhalten Sie Einsichten in Ihr Verhalten. Entwickeln Sie daraus Perspektiven für die Zukunft.

Die wichtigste Veränderung betrifft Ihre Einstellung zum Arbeiten und Lernen. Entwickeln Sie sich weg vom passiven Konsumenten von Bildungsangeboten und Bildungskarrieren hin zum aktiven Gestalter Ihrer Lernbiographien. Nutzen Sie die vielfältigen Lern- und Unterstützungsmöglichkeiten.

Ihre „Lernbiografie" enthält:

- Ihre *persönliche Geschichte* des Lernens. Beschreiben Sie diese Geschichte in einer knappen, stichwortartigen chronologischen Übersicht mit den wichtigsten Daten und Informationen. Dies dient für die Präsentation zu bestimmten Gelegenheiten und für bestimmte Adressaten.
- Checklisten mit *Selbsteinschätzung* zu Fähigkeiten und Fertigkeiten. Schätzen Sie sich selbst ein. Beurteilen Sie Ihre momentanen Kenntnisse. Haken Sie die erreichten Ziele ab.
- Informationen über Ihre *Erfahrungen* beim Arbeiten und Lernen. Informieren Sie über Ihre „Lern-"Kontakte. Beschreiben Sie reale Situationen, in denen Sie das Gelernte gebraucht haben oder regelmäßig brauchen.
- Informationen über die *Lernziele* und *Lernprogramme* von besuchten Bildungseinrichtungen. Besorgen Sie sich diese Informationen von den Bildungseinrichtungen. Ist dies nicht möglich, stellen Sie sich die wesentlichen Angaben selbst zusammen.
- Angaben zu den Zielen und Plänen für Ihr weiteres Lernen. Gestalten Sie den Zukunftsaspekt in Ihrer Lernbiografie. Werten Sie Ihre bisherigen Erfahrungen und Ihr Selbsteinschätzen aus.

Beachten Sie stets, dass

- der Umgang mit der Lernbiografie ist evtl. ungewohnt ist. Im Internet finden Sie zu diesem Suchbegriff weitere Informationen.
- diese Unterlagen müssen von Zeit zu Zeit den wandelnden Bedürfnissen und Situationen angepasst und erneuert werden.

2.6.4
Mensch trifft Maschine

- Der *Mensch* ist eine *Fehlerquelle* – gib ihm möglichst wenig Gelegenheit, an den technischen Gebilden „herumzuspielen".
  Einer Verletzung geht stets ein unerwünschtes Zusammentreffen des Menschen mit einer *Gefahrenstelle* voraus. Gefahrenstellen sind: Zusammenstellungen von Maschinenelementen, die sich Gefahr bringend ohne feste Bahnen bewegen.
- Fehler passieren – wichtig ist jedoch, wie Menschen damit umgehen. Menschen machen Fehler. Sie sind aber auch zum Beheben der Folgen unverzichtbar.
- Fehler macht „einer", sie werden durch viele „Faktoren und Fakten" verursacht. Versuchen Sie, diese Verursacher bzw. Auslöser auf allen Ebenen zu beeinflussen und/oder zu verhindern. Befolgen Sie das Grundprinzip: „Von sich aus sicher". Die effektivste Methode ist die *unmittelbare Sicherheitstechnik*:

  - Vermeiden Sie die Zugänglichkeit bzw. Erreichbarkeit von Gefahrenstellen durch Einhalten von Sicherheitsabständen.
  - Stellen Sie dies durch genormte Sicherheitsabstände sicher.
  - Berücksichtigen Sie die von Natur aus gegebenen biomechanischen Eigenschaften des Menschen.

- Versuchen Sie nicht nur Fehler zu verhindern, sondern schaffen Sie die Möglichkeit kompetenten Handelns.
  Vermeiden Sie z.B. lichte Weiten, die den Abmessungen des menschlichen Körpers bzw. seiner Gliedmaßen widersprechen.

2.7
Prozessmodell – unvollständig

Das *Prozessmodell* zeigt Ihnen bereits das Zusammenspiel in technischen Systemen im Verbund zum Arbeiten und Lernen. Weitere Elemente im Prozessmodell sind z.B. die Gestaltung des Arbeitsplatzes, der Einfluss von Gruppen und die Zusammenarbeit, die Kosten wie z.B. Herstellkosten, Betriebskosten und Wartungskosten, die „lernende" Organisation und der Umgang mit der Zeit.

Literatur

Beelich KH, Schiefer E (1999) Erhöhter Planungsaufwand reduziert Entwicklungszeiten. Anforderungsliste mit integriertem Beurteilungssystem. Konstruktion 9:25-29

Beelich KH, Schwede HH (2002) Die Lernspirale. Erfolgreich lernen mit Methode. Vogel, Würzburg

Blaß E (1989) Entwicklung verfahrenstechnischer Prozesse. Otto Saalle, Frankfurt am Main

Csikszentmihalyi M, Schiefele U (1993) Die Qualität des Erlebens und der Prozess des Lernens. In: Zeitschrift für Pädagogik 39, 2, 207-221

Csikszentmihalyi M, (2000) Flow. Gegen Angst und Langeweile – im Tun aufgehen. 8. Auflage. Klett-Cotta, Stuttgart

Ehrlenspiel K (2002) Integrierte Produktentwicklung. Methoden für Prozessorganisation, Produkterstellung und Konstruktion. Hanser, München Wien

Fricke G (1993) Konstruieren als flexibler Problemlöseprozess – Empirische Untersuchung über erfolgreiche Strategien und methodische Vorgehensweisen beim Konstruieren. Reihe 1: Konstruktionstechnik/ Maschinenelemente. Nr. 227. VDI, Düsseldorf

Grüner G, Kahl O, Georg W (1974) Kleines berufspädagogisches Lexikon. Bertelsmann, Bielefeld

Heidemann B (2000) Trennende Verknüpfung – Ein Prozessmodell als Quelle für Produktideen. VDI Fortschritt-Berichte Reihe 1: Konstruktionstechnik/Maschinenelemente, Nr. 351. VDI-Verlag, Düsseldorf

Jung RH, Kleine M (1993) Management, Personen – Strukturen. Funktionen – Instrumente. Hanser, München Wien

Lewin K (1938) Conceptual Representation and Measurement of Psychological Forces. Durham, NC: Duke University Press

Moltke H von (1912) Moltkes Militärische Werke IV. Kriegslehren. 3. Teil: Die Schlacht. Königliche Hofbuchhandlung, Berlin

Müller J (1990) Arbeitsmethoden der Technikwissenschaften. Systematik, Heuristik, Kreativität. Springer, Berlin Heidelberg New York

Müller-Merbach H (1991) Philosophie-Splitter für das Management. 16 praktische Handreichungen für Führungskräfte. DIE, Bad Homburg

Rodenacker WG (1991) Methodisches Konstruieren. 4. Aufl. Springer, Berlin Heidelberg New York

Staehle W (1994) Management. 7. Auflage. Vahlen, München

3 Methodisches Arbeiten und Lernen

3.1
Allgemeine Arbeitsmethodik

Die Teil-Prozesse des methodischen Arbeitens lassen sich in Anlehnung an eine allgemeine *Arbeitsmethodik* (Pahl et al. 2003) beschreiben. Auf diese Art und Weise erstellte Vorgehens- bzw. Arbeitspläne (Abb. 3.1) basieren auf *TOTE-Einheiten* (Abschn. 1.6.3, Abb. 1.2) und bilden eine Folge

- von Denk- und Handlungsoperationen wie Informieren, Definieren, Kreieren und Agieren sowie
- Prüfoperationen wie Beurteilen (Auswählen, Bewerten) und Entscheiden.

Jede Aufgaben- oder Problemstellung bewirkt bei den Beteiligten zunächst eine *Konfrontation*, ein Gegenüberstellen von möglichen Problemen und bekannten oder (noch) nicht bekannten Realisierungsmöglichkeiten. Die Stärke dieser Konfrontation hängt vom Wissen, der Erfahrung des Bearbeiters und seinem Tätigkeitsumfeld ab.

Ein *Informieren* (Abschn. 5.2) über z.B. übergeordnete Bedingungen, Einflussfaktoren (Eingangsgrößen zum Lern- und Arbeitssystem, Abb. 2.8), Faktoren und Größen der Prozesse, Elemente, Relationen und Zustände schwächt diese Konfrontation ab und macht das gestellte Problem deutlicher.

Durch *Definieren* (Abschn. 5.3) werden die Zielsetzungen (Anforderungen) aufgelistet und die geklärte Gesamtaufgabe über *Abstrahieren* erhalten. Teil- und *Kernaufgaben* werden festgelegt. Denkbare *Lösungswege* lassen sich mit intuitiv und/oder diskursiv betonten Methoden wählen. Auch der Einsatz der personellen und zeitlichen *Ressourcen* (*Projektmanagement*) ist zu planen.

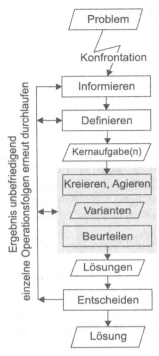

Abb. 3.1. Arbeits-, Vorgehensplan in Anlehnung an Pahl et al. (2003)

Im mehr schöpferischen Teilprozess *Kreieren* und/oder *Agieren*, dem *Handeln* (Abschn. 5.4) werden Varianten entwickelt, variiert und kombiniert. Ein damit verbundenes ganzheitliches *Beurteilen* als *Auswählen* mit K.O.-Kriterien scheidet ungeeignete Varianten aus, stellt sie bei Informationsmangel zurück oder erfordert ein Prüfen der Anforderungen (Abschn. 5.5).

Geeignete Varianten (= Lösungen) werden konkretisiert (= auf gleichen Informationsstand gebracht) und gemeinsam mit dem Auftraggeber bewertet. Dieses *Punktbewerten* (Abschn. 5.5) bringt die Lösungen in eine Rangfolge und schafft die Unterlagen zum begründeten *Entscheiden* (Abschn. 5.6) für die günstigste Lösung. Bei unbefriedigendem Ergebnis werden erforderliche Teilprozesse erneut auf höherem Informationsstand iterativ durchlaufen.

3.2
Individuelles Arbeiten und Lernen

Fragen wir uns zunächst: Nehmen Lehrende die Lernenden als unterschiedliche Menschen mit einer jeweils eigenen Geschichte, unterschiedlichen Vorkenntnissen, Erfahrungen und Persönlichkeitseigenschaften wahr? Dieser Sachverhalt mag zwar für das jeweilige Fach keine Rolle spielen, ist aber für den individuellen *Arbeitsstil* sehr wichtig.

Was wollen z.b. Professoren mit dem Sachverhalt ihrer Vorlesung eigentlich vermitteln? Vorrangig bieten sie Fach- und Methodenwissen an. Sie zeigen ein Verständnis für ihre eigene Art und Weise, einen Sachverhalt zu verstehen und zu gliedern. Ihr *Vortragsstil* ist in vielen Fällen so überzeugend, dass Zuhörer nach der Vorlesung meinen, sie hätten alles verstanden. In der anschließenden Übung erkennen die Teilnehmer jedoch erste Schwierigkeiten beim Anwenden des Gehörten bzw. des vermeintlich Verstandenen.

Aber nochmals zur *Vorlesung*: Professoren der Technik-Fachbereiche vermitteln mit ihrem Fachgebiet auch ein Verständnis für:

* das methodische *Vorgehen* beim Planen, Entwickeln, Konstruieren und Herstellen von Produkten und Prozessen;
* die dazu erforderlichen *Methoden* und zugehörige *Techniken*;
* die allgemeinen *Regeln* und Prinzipien;
* die Welt der *Begriffe* und deren Zusammenwirken wie z.B. Funktionsweise, Leistung, Qualität, Kosten, Termine.

Und dieses Fach- und Methodenwissen fragen sie in den *Prüfungen* ab. Wie bereiten sich Studierende darauf vor? Trotz aller Mühe zum Verständnis werden in vielen Fällen die technischen Sachverhalte auswendig gelernt. Hierzu ein Gedankenspiel:

> Achtjährige Schüler können das Wort „*Produktdokumentation*" fehlerfrei lesen und sich merken. Vorstellbar ist sogar, dass sie eine Richtlinie wie z.B. die Richtlinie VDI 2221 (1993) „Methodik zum Entwickeln und Konstruieren technischer Systeme und Produkte" auswendig lernen und bei Befragen wiedergeben können. Sie haben zweifellos gelernt. Sie sind offensichtlich noch keine guten Produkt- und Prozessentwickler.

Auswendiglernen ist nicht die Art, mit komplizierten Sachverhalten umzugehen. Ziel ist doch, dass ausgebildete Ingenieure in der Praxis fähig sind, ihr Vorgehen beim Planen, Entwickeln, Konstruieren und Herstellen zu managen (d.h. zu gestalten und zu lenken), individuell und flexibel anzuwenden (*Ausführungshandeln*).

Die Strategie „Auswendiglernen" sichert zunächst eine „gute" Note, in der Praxis ist sie beim „*Rollen lernen*" vorherrschend.

3.3
Individuelles Arbeiten und Lernen selbst managen

Beim individuellen Arbeiten im Modell „Arbeiten und Lernen selbst managen" wählen Beteiligte selbst ihren Lernstoff, ihre Lernziele, d.h. ihre Strategien und Taktiken.

Gestalten und *Lenken* sind Phasen des Managementprozesses. Sie sind während des Arbeitens und Lernens kontinuierlich durchzuführen. Im Sinne der Grundeinheit „TOTE" werden beim *Beurteilen* (Kontrollieren) die Abweichungen zwischen gewolltem und erreichtem Teilziel (Etappenziel, Meilenstein) verglichen und ein auf den Zweck gerichtetes Lenken, ein Einwirken auf die folgenden Teilprozesse bewirkt (Abb. 3.1 u. 2.8). Alle *Einflussfaktoren*, Prozess- und Zustandsgrößen des Lern- bzw. Arbeitssystems sind zu managen.

Abweichungsanalyse und *Maßnahmensynthese* lassen gleichzeitig *Potenziale* erkennen, um das persönliche Arbeits- und *Lernverhalten* zu modifizieren, die individuelle Mittel- und *Methodenbank* zu ändern und zu erweitern.

> *Diejenigen, die ihr eigenes Arbeiten und Lernen selbst managen, reagieren flexibler auf und in unterschiedliche(n) Situationen.*

Folgende Abschnitte beschreiben einige dieser *Faktoren* und *Größen* im Zusammenhang mit dem *Managen*: dem Gestalten und Lenken. Bereits mit dieser Auswahl erhalten Sie ein Verständnis und Rüstzeug, um diese Arbeits- und Vorgehensweise auch umfassend zu behandeln.

> *Beginnen Sie und setzen Sie dies um.*

3.3.1
Managen des Ziels, des positiven Ergebnisses

Lernende, die es verstehen *Ordnung* in ihr Handeln hineinzubringen, arbeiten und lernen *systematisch*. Wer systematischer arbeitet und lernt, setzt sich Ziele und entwickelt einen *Plan* (Strohschneider u. von der Weth 2002). *Ziele* sagen, was erreicht werden soll. Der Plan bildet ab, wie vorzugehen ist. Er zeigt den Weg zum Ziel nach Teilabschnitten (Etappenzielen) geordnet. Mit diesen Teilzielen lassen sich Zwischenentscheidungen fällen und Maßnahmen ableiten, durch die das Handeln auf das Ziel ausgerichtet wird (Abb. 2.8).

Lernziele beschreiben ein beabsichtigtes (End-)*Verhalten*, einen bestimmten Inhalt, auf den sich das Verhalten bezieht, sowie eine spezifische Situation, welche die äußeren Gegebenheiten für das gewünschte Verhalten konkretisiert. Das Ermitteln von Zielvorstellungen und das Setzen von Zielen hinsichtlich der konkreten Ergebnisse des Arbeitens und Lernens geschieht in Anlehnung an die *Problemlösungsstrategie* nach der Richtlinie VDI 2221 (1993) als

- *Problemanalyse* durch *Strukturieren* der Gesamtaufgabe, Ermitteln der Bedingungen, Formulieren des Gesamtziels und der Zielsetzungen;
- *Problemformulierung* durch *Präzisieren* der Teilaufgaben und Ableiten von Teilzielen, *Ordnen* der Teilziele nach Wichtigkeit, Bestimmen der Kernaufgaben, *Planen* der Projekte und *Festlegen* des Projektprogramms.

Wie formulieren Sie Ziele? Benutzen Sie die *Fragetechnik* (Abschn. 10.1.1), die *Checkliste* (Tabelle 3.1), und beantworten Sie folgende Fragen unmittelbar.

1. Wie umschreiben Sie das *Ergebnis*? Was streben Sie mit der Erfüllung der Gesamtaufgabe bzw. der Teilaufgaben an? Welche Eigenschaften (Wissen, Fähigkeiten, Fertigkeiten, Verhalten) und Kompetenzen müssen bzw. sollen erreicht werden?
2. Wie formulieren Sie die *Zielmerkmale* konkret und überprüfbar?
3. Wenn eine quantitative *Zielformulierung* unmöglich ist: Welche aussagefähige qualitative Umschreibung geben Sie?
4. Sind Ihre formulierten Ziele flexibel und anpassungsfähig? Welches wären die „Wenn-dann"-Varianten?

Tabelle 3.1. Checkliste zum Formulieren von Zielen

Merkmal	Fragen
Zielinhalt	Was soll erreicht werden?
Zielumfang, Quantität	Für welches Fach bzw. welchen Bereich? Wie viel?
Güte der Eigenschaften, Qualität	Wie gut? Welche Merkmale und Merkmalsausprägungen liegen vor?
Termin, Zeitspanne	Bis wann? In welcher Zeitspanne?
Mittel, Personen, Kosten	Mit welchen Mitteln? Mit welchen Personen? Mit welchen Kosten?

5. Sind Ihre formulierten Ziele:
   - realistisch und erreichbar?
   - motivierend und herausfordernd?
6. Wodurch belegen Sie, dass die formulierten Ziele mit denjenigen anderer Stellen koordiniert und mit anderen Plänen, Verfahren usw. abgestimmt sind?

Beispiel für eine Zielformulierung:

> Innerhalb einer Woche den Kolloquiumsvortrag zur Studienarbeit „Entwicklung und Implementierung einer Wissenserwerbskomponente für ein wissensbasiertes System zur Erholungszeitermittlung" vorbereiten.
> - Dauer des Vortrags: 20 Minuten.
> - Overhead-Folien: maximal fünf.
> - Zuhörer: ... sind vertraut mit den Begriffen und Kenntnissen der Arbeitswissenschaft.

Prüfen Sie das Ziel: Holen Sie sich ein *Feedback* in einem Probekolloquium während der wöchentlichen Sprechstunde. Teilnehmer dieses Probekolloquiums beurteilen nach den *Kriterien* wie z.B.: Inhalt, Verständlichkeit, Zeitlimit, Sprechdynamik, Sicherheit, Überzeugungskraft, Selbstvertrauen, Mitteleinsatz.

> *Solche Etappenziele müssen erreichbar, lohnend und erstrebenswert sein.*

Allgemeine *Schlüsselziele* eines *Zielsystems* sind nach Specht u. Beckmann (1996):
- *Effektivität*: „Die richtigen Dinge tun" und
- *Effizienz*: „Die Dinge, die getan werden, richtig tun".

Neben dem Gestalten umfasst das *Lenkungshandeln*

- das Einwirken auf die *Geschwindigkeit*: Managen der Lerngeschwindigkeit im Prozess (5) und
- das Einhalten der *Richtung* der Teilziele, der Teilziele selbst und somit des Gesamtziels.

3.3.2
Managen des Auftrags, der Aufgabe, des Problems

Betrachten Sie Auftrag, Aufgabe oder Problem (1) nicht als fest vorgeben. *Analysieren* Sie stets. Weichen Sie durch dieses Auseinandersetzen in die Problematik ein. Machen Sie sich ein Bild vor Ort. *Visualisieren* Sie und gehen Sie den Weg zum Wesentlichen.

Befassen Sie sich mit der *Kartentechnik* (Abschn. 10.2.2) und der *KJ-Methodik* (Abschn. 10.3.4). Beide helfen Ihnen bestimmt dabei.

Dazu gehört auch der Umgang mit dem (Lern-)Stoff, d.h.

- Gliedern Sie den (Lern-)Stoff nach den Teilzielen und bilden Sie *Arbeitspakete*.
- Unterscheiden Sie die Arbeitspakete nach *Wichtigkeit* und *Dringlichkeit* sowie nach Routinearbeit und solchen Handlungen, die für die Teilziele und das Gesamtziel Bedingungen und Ergebnisse Richtung weisend festlegen.
- Halten Sie eine sinnvolle Reihenfolge beim Abarbeiten der Arbeitspakete ein. Die ist eine Reihenfolge, in der (Lern-)Stoff aufgenommen, verarbeitet und wiedergegeben wird.

Bereiten Sie so Handlungen vor, die nach Routine und „Richtung weisend" zu unterscheiden sind.

3.3.3
Managen von Störungen und Nebenwirkungen

Vermeiden Sie von außen einwirkende *Störungen* (3) wie z.B. Hitze, Geräusche, Lärm, Staub oder grenzen Sie dies ein. Hinterfragen Sie:

- Unter welchen Störeinflüssen wird der Prozess verlaufen?
- Welche Störungen sind zu erwarten bzw. vorhanden?
- Welche Forderungen sind zu stellen, um die Wirkung der Störungen zu beseitigen oder zumindest zu minimieren?

Da *Nebenwirkungen* (4) der Teilprozesse Auswirkungen auf Mensch und Umgebung haben sowie zu Störeinflüssen der nachfolgenden Teilprozesse werden können, klären Sie:

- Welche Nebenwirkungen wie z.B. Abfälle (Tabelle 2.2) werden auftreten?
- Welche Anforderungen (Forderungen, Wünsche) sind zum Minimieren bzw. Nutzen dieser Nebenwirkungen zu stellen?

Gerade das Nutzen von Nebengrößen ist in technischen Prozessen ein Ziel. Ein Beispiel hierfür ist die Abgasrückgewinnung.

3.3.4
Managen der Handlungen, der Zeit

Erreichen Sie ein methodisches Vorgehen durch ein logisches *Verknüpfen* der Operationen bzw. Teilprozesse. Hierzu gehört auch: Entscheiden Sie sich für die richtigen Methoden bzw. Verfahren zu den einzelnen Operationen (Abb. 2.8). *Strukturieren* Sie die Vorgehensweise beim Arbeiten und Lernen komplexer Sachverhalte.

Umgang mit der Zeit

Gestalten und lenken Sie die *Zeit* beim Umsetzen der Operationen „Arbeiten und Lernen" (Kapitel 5). Beeinflussen Sie dies durch den richtigen Einsatz der Methoden bzw. der Verfahren und der Mittel. Dies betrifft sowohl die Wahl und das Anwenden der Methoden und der Mittel als auch den *Wechsel* von Methoden und Mittel zum richtigen Zeitpunkt.

3.3.5
Managen der Intensität der Wirkungen

Im *Prozessmodell* (Abb. 2.8) ist die *Wirkgröße* (6) für den Prozessablauf wesentlich. Weder natürliche noch technische Prozesse laufen „von sich aus" ohne weiteres Zutun ab.

Kaltes Wasser wird niemals selbstständig den Zustand „heißes Wasser" erreichen. Erst das Zuführen einer Wärmemenge als Wirkgröße wird die Wassertemperatur ändern. Das Erreichen der gewünschten Wassertemperatur hängt außerdem vom Umgebungsdruck ab.

Wirkgrößen sind die gewollten Ausgangsgrößen der (Arbeits-)Mittel. Gewollte Eingangsgrößen der (Arbeits-)Mittel erzeugen sie und leiten sie mittels *Wirkelemente* oder *Wirkmedien* in den Prozess ein.

Das Wirkelement „Wendelbohrer" übernimmt die von der Handbohrmaschine erzeugte Wirkgröße „Rotationsenergie" und leitet sie unter Vorschubbewegung (vom Anwender bewirkte Wirkgröße) in das zu bohrende Werkstück ein. Diese Wirkgrößen werden zu unterschiedlichen Zeiten und mit unterschiedlicher Intensität bereitgestellt.

Betrachten Sie beim Managen der *Intensität* drei Möglichkeiten:
1. Einflussnahme über die *Häufigkeit* /(9)→(6)/, mit der ein bestimmtes Arbeitspaket des (Lern-)Stoffs bearbeitet wird.
2. Einfluss der *Dauer* (2)→(1) des Prozesses auf das Ergebnis.
3. Einfluss des *Lenkens* (Steuerns): Während des Prozesses (5) lassen sich Strategie (Gesamtziel) und Taktik (Teilziele) oder die Sicht auf den Inhalt[1] ändern, um so die Intensität beim Arbeiten und Lernen zu lenken (regulieren).

3.3.6
Managen des Mittel- und Medieneinsatzes

Der *Mitteleinsatz* (7) wird erforderlich, wenn die Wirkungen (6) nicht unmittelbar aus dem Prozess und/oder durch Nutzer (9) verursacht bzw. erzeugt werden. Prozesse fordern aufgrund der Prozessparameter solche Wirkungen an. Die Wahl und Zuordnung der Mittel ist vom Einsatz der Methoden (5) bzw. Verfahren abhängig. Die Wahl der Mittel erfordert weitere Eingangsgrößen (8).

Aus elektrischer Energie (8) wird vom Mittel (7) eine definierte Rotationsbewegung mit einer bestimmten Drehzahl und einem bestimmten Drehmoment als Wirkgröße (6) erzeugt. Der Nutzer (9) ist bei diesem Geschehen erforderlich. Er betätigt z.B. den Ein-Aus-Schalter.

3.3.7
Managen der Kapazität

Treffen Sie zum Managen der *Kapazität* zwei grundlegende Entscheidungen:

---

[1] ursachenorientiert = diagnostisch, lösungsorientiert = therapeutisch.

1. Zunächst entscheiden Sie über das Ausmaß an Bemühungen und *Aufmerksamkeit*, das Sie in einer bestimmten Situation des Arbeitens und Lernens dem (Lern-)Stoff entgegenbringen möchten.
2. In einem zweiten Entscheidungsschritt versuchen Sie ihre Aufmerksamkeit auf die relevanten *Informationen* des (Lern-)Stoffs zu richten. Dies ist notwendig, da die menschliche Kapazität zum Aufnehmen, Verarbeiten, Weiter- bzw. Wiedergeben von Informationen begrenzt ist. Die Aufmerksamkeit ist somit auf bestimmte Informationen zu verteilen. Die Konzentration auf relevante Informationseinheiten wird auch als selektive Aufmerksamkeit bezeichnet. Offensichtlich liegt die Schwierigkeit in diesem Fall darin, Informationen als relevant zu erkennen.

Ein Managen der Kapazität geschieht optimal, wenn Sie Entscheidungsschritte in den Prozess sinnvoll integrieren.

3.3.8
Managen von Umgebung, Umfeld, Milieu

Wesentlich ist vor allem das Auffinden der für die Beteiligten notwendigen Strukturen oder das Anpassen an vorgegebene Strukturen, so dass der Arbeits- und Lernprozess erfolgreich verlaufen kann. Unterschieden Sie die Strukturen nach objektiv und subjektiv.

* Objektive *Strukturen* werden allen Beteiligten gleichermaßen vorgegeben. Dazu zählen etwa die verschiedenen Formen und das Durchführen des Lehr-, Arbeits- und Lernangebots.
* Subjektive Strukturen sind die individuellen Voraussetzungen, die Sie zu Beginn einbringen. Hierzu zählen nicht nur Erfahrung und Vorwissen, sondern auch die Änderungsgeschwindigkeit und die sozialen Einflüsse (*Milieu*).

Nicht alle Strukturen können nach objektiv und subjektiv kategorisiert werden. So z. B. das Merkmal „Ort":

* Orte aus der Sicht „objektive Strukturen" sind Räumlichkeiten und deren Ausstattungen, die von den Bildungseinrichtungen vorgegeben werden.
* Orte aus der Sicht „subjektive Strukturen": das Angebot der Bildungseinrichtungen wird nicht wahrnehmen – aus welchen Gründen auch immer. Vielmehr wird die häusliche Umgebung zum Ar-

beiten und Lernen genutzt. Das Arbeiten am Computer verstärkt diese Arbeitsweise.

Machen Sie sich Ihre *Ressourcen* bewusst. Sie können nur managen, was Ihnen bewusst wird. Und nur was Sie managen, bleibt Ihnen erhalten. Was Sie nicht warten, pflegen, üben oder wiederholen, geht meistens verloren. Jedem Sportler ist dies bewusst.

3.4
Kritische Situationen beim Arbeiten und Lernen

In jedem Prozess
... gibt es Phasen, in denen reibungslose Routinearbeit vorherrscht, die wiederum von Situationen unterbrochen werden, in denen für das Ergebnis oder den weiteren Prozessverlauf "Richtung weisende" Festlegungen getroffen werden, oder in denen die Möglichkeit dazu besteht (Frankenberger 1997)

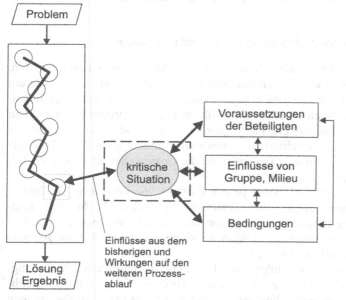

Abb. 3.2. Kritische Situationen im Arbeits- und Lernprozess in Anlehnung an Badke-Schaub u. Frankenberger (2003)

Je nach Problem bzw. Aufgabe umfasst der Arbeits- und Lern-Prozess (Abb. 2.8) Handlungen, die *Routinearbeiten* darstellen, und solche Handlungen, die für die Etappenziele (Zwischenzustände) und das Endziel (Zielzustand) Richtung weisend sind.

Ausgehend von den empirischen Untersuchungen werden somit die Prozesse in interessante Abschnitte (= kritische Situationen) und weniger interessante Abschnitte unterteilt (Abb. 3.2).

Für die *kritischen Situationen* sind die Ursachen in den Einfluss-faktoren, Prozess-, Zustands- und Zielgrößen enthalten.

Folgenden Empfehlungen bzw. Maßnahmen sind aus der Erfahrung und dem Beobachten während der Betreuung von Übungen sowie Studien- und Diplomarbeiten zusammengestellt worden. Sie werden in der Reihenfolge der eingekreisten Nummern (Abb. 2.8) im folgenden wiedergegeben. Sie erhalten hieraus Anregungen, um kritische Situationen bei Ihrem Arbeiten/Handeln und Lernen zu erkennen und zu managen. Eine Vollständigkeit ist nicht möglich, da jeder Arbeits- oder Lernprozess je nach Situation abläuft.

3.4.1
Unsicherheit, Ängstlichkeit in der Situation

Besteht eine geringe Vertrautheit mit Arbeits- und Lernprozessen, nimmt die *Unsicherheit* deutlich zu. Gerade jene Menschen, die ein negatives auf Leistung bezogenes Selbstbild zeigen, reagieren in solchen Prozessen unsicher. Sie befürchten, den Anforderungen nicht zu genügen. Die höhere Fehlerquote in Lern- und Gedächtnistests ist nicht nur durch fehlerhafte Antworten, sondern auch durch fehlende Antworten bedingt. Dies weist auf die Unsicherheit und *Ängstlichkeit* in solchen Testsituationen hin.

Als weiteres Merkmal ist der Einfluss *übergeordneter Bedingungen* einzubeziehen. Solche Bedingungen werden z.B. durch die Leitbilder der Bildungseinrichtungen und Betriebe vorgegeben. Machen Sie sich mit diesen Leitbildern (Visionen) vertraut. Welche Auswirkungen ergeben sich daraus?

Problem- bzw. Aufgabenstellungen umfassen oft ein sehr umfangreiches Themengebiet und lassen in der ersten Fassung unterschiedliche Bearbeitungsrichtungen zu. Beim „*Klären der Aufgabe*" werden

Auftraggeber und Betreuer nicht ausreichend mit einbezogen, so dass die Bearbeiter nur vage Kernaufgaben formulieren.

3.4.2
Transparenz: überschaubar, strukturiert

Fehlende *Ordnung* und *Struktur* des Materials führen zu schlechteren Ergebnissen. Gliedern Sie das Material übersichtlich, um ein schnelleres Verständnis und ein zeitsparendes Bearbeiten zu erreichen.

Fachzeitschriften und auch die Vorlesungsskripte sind Quellen für Gliederungen und Ordnungen. Hilfreich erweist sich ebenso die *Wortschatz-Methode* oder auch *Glossars*, die Sie im Internet finden.

3.4.3
Vertrautheit

Vielen Fachgebiete bieten (Lern-)Material, das unbekannt ist. Ein hohes Maß an Transferleistung wird gefordert. Strukturieren und gliedern Sie dieses Material situationsgerecht. Knüpfen Sie an das Vorwissen an. Dosierte Abweichungen fordern das kognitive System optimal. Zu starke Abweichungen neuer Informationen vom bisher Gelernten werden hingegen nicht mehr angemessen verarbeitet.

3.4.4
Zeitdruck

Unter *Zeitdruck* wird in vielen Situationen schlechter gelernt. Bestimmen Lernende ihr Lerntempo selbst, so nehmen sie meist mehr Zeit in Anspruch, lernen oder arbeiten dann aber auch genauer.

Bei kontinuierlichem *Training* werden die Aufmerksamkeitsleistungen sowie die Flexibilität der Lernstrategien erheblich gefördert. Schlechtere Lernleistungen sind oftmals auch auf ein *Praxisdefizit* zurückzuführen. Wird es ausgeglichen, so wirkt sich dies positiv auf die Lern- und *Gedächtnisleistungen* aus.

3.4.5
Störungen

Während der Übungsphasen eingeschaltete *Pausen* führen häufig zum Verbessern der Lernleistung. Ist das Lernmaterial zusätzlich so angeordnet, dass es den Lernenden ermöglicht, sich auf eine Aufgabe zu konzentrieren, so nehmen die Leistungen erheblich zu.

Wie verhält sich dies beim Lösen von Problemen? Über den Umgang mit Komplexität lesen Sie Kapitel 5.

3.4.6
Selbst

Mit dem „*Selbst*" werden einige Aspekte angesprochen, die den im Prozessmodell beteiligten Menschen betreffen. Die intellektuelle Potenziale, Fähigkeit und Bereitschaft bestimmen Ihre *Leistung*.

Der *biologische Rhythmus* zwischen Aktivität und Ruhe, zwischen Tag und Nacht verändert die Leistungsbereitschaft während des Tagesablaufs. Aufstehen und „Ins Bett gehen", Hunger und Essenseinnahme und viele andere Dinge mehr wiederholen sich während eines Tages im 24-Stunden-Rhythmus. Dieser *Tagesrhythmus* ist selbst nur wenig beeinflussbar, beeinflusst aber physiologische und psychische Funktionen – wie z.B. Konzentrations- und Reaktionsleistungen. Dieser Tagesrhythmus ist offensichtlich von der jeweiligen Tageszeit und den Lebensgewohnheiten abhängig.

Ermüden ist nichts anderes als das Herabsetzen der Funktionsfähigkeit und des Leistungsvermögens des menschlichen Organismus durch eine Beanspruchung. Entsprechende *Erholung* hebt eine Ermüdung auf. Diese zeitlichen Vorgänge stehen in einem bestimmten Verhältnis zueinander. Betrachten Sie Ermüdungserscheinungen näher. Sie stellen fest, dass

- auch ein „Nichtarbeiter" am Abend müde ist (*biologische* Müdigkeit),
- ein Nachlassen des menschlichen Antriebs, der Leistungsbereitschaft eintritt (*Motivationsermüdung*) und
- angestrengtes geistiges Tätigsein ebenfalls ermüdet (Arbeitsermüdung).

Machen Sie *Pausen* bereits dann, wenn Sie noch lernfähig sind:

- Aufwärmeffekt: Zehn Minuten sind im Allgemeinen notwendig, um bei Arbeitsbeginn die eigene Trägheit zu überwinden.
- Pausen dürfen nicht zu kurz sein: Sonst geschieht ein gegenseitiges Stören der Lern-Prozesse. Ebenso ist das „Ermüdungs-Erholungs-

Gleichgewicht" gestört.

- Pausen dürfen nicht zu lang sein: Die Lust zum Lernen ist weg, Sie vergessen zu viel. Die neue „Aufwärmphase" ist zeitraubend.
- Tun Sie in den Pausen wirklich etwas anderes wie z.B. Ablenken, Entspannen, Bewegen, Routinearbeiten.
- Genießen Sie die eigenen Erfolge, bevor Sie sich neuen Herausforderungen stellen.
- Maximale Lern-Zeit: Planen Sie nicht mehr als sechs bis sieben Stunden reine Lern-Zeit ein.
- Lachen Sie auch mal ... auch über sich selbst.

3.5
Wie finden Sie die Lösung, das Ergebnis?

Polya (1995) stellt bereits auf dem Umschlag seines Buches die Frage: „Wie sucht man die *Lösung*?" und nennt vier Schritte seines Vorgehensmodells, das wir etwas verändert wiedergeben.

1. Sie müssen die Aufgabe verstehen.
2. Suchen Sie den Zusammenhang zwischen den Daten und der Unbekannten. Betrachten Sie vielleicht Hilfsaufgaben, wenn ein unmittelbarer Zusammenhang nicht gefunden werden kann. Sie müssen schließlich einen Plan der Lösung erhalten.
3. Führen Sie Ihren Plan aus.
4. Prüfen Sie die erhaltene Lösung.

3.5.1
Verstehen der Aufgabe

- Was ist bekannt? Was ist gegeben? Wie lautet die Bedingung?
- Ist es möglich, die Bedingung zu erfüllen? Ist die Bedingung ausreichend, um die Unbekannte zu bestimmen? Oder ist sie unzureichend? Oder überbestimmt? Oder kontradiktorisch?
- Visualisieren Sie die Aufgabe. Zeichnen Sie eine Figur. Führen Sie eine passende Bezeichnung ein.
- Trennen Sie die verschiedenen Teile der Bedingung. Können Sie diese Teile hinschreiben?

3.5.2
Ausdenken eines Plans

- Haben Sie die Aufgabe schon früher gesehen? Oder haben Sie dieselbe Aufgabe in einer ähnlichen Form gesehen?
- Kennen Sie eine verwandte Aufgabe? Kennen Sie einen Lehrsatz, der förderlich sein könnte?
- Betrachten Sie die Unbekannte(n). Besinnen Sie sich auf eine bekannte Aufgabe, die dieselbe oder ähnliche Unbekannte hat.
- Hier ist eine Aufgabe, die der Ihren verwandt und schon gelöst ist. Können Sie diese Aufgabe gebrauchen? Können Sie ihr Resultat verwenden? Können Sie ihre Methode verwenden?
- Können Sie die Aufgabe anders ausdrücken? Gehen Sie auf die Definition zurück.
- Die vorliegende Aufgabe kann nicht bearbeitet werden. Lösen Sie zuerst eine verwandte Aufgabe. Eine verallgemeinerte Aufgabe? Eine speziellere Aufgabe? Eine analoge Aufgabe? Lösen Sie einen Teil der Aufgabe. Behalten Sie nur einen Teil der Bedingung bei, lassen Sie den anderen fort. Wie weit ist die Unbekannte dann bestimmt, wie verändern Sie diese Unbekannte? Leiten Sie etwas Förderliches aus den Daten ab. Denken Sie sich andere geeignete Daten, um die Unbekannte zu bestimmen. Ändern Sie die Unbekannte oder die Daten, so dass die neue Unbekannte und die neuen Daten einander näher sind.
- Haben Sie alle Daten benutzt? Haben Sie alle Bedingungen berücksichtigt? Haben Sie alle wesentlichen Begriffe beachtet, die in der Aufgabe enthalten sind?

3.5.3
Ausführen des Plans

- Wenn Sie Ihren Plan der Lösung durchführen, kontrollieren Sie jeden Schritt. Beweisen Sie, dass er richtig ist.

3.5.4
Sichern und Verbessern

- Können Sie das Ergebnis kontrollieren? Können Sie den Beweis kontrollieren?
- Können Sie das Ergebnis auf verschiedene Weise ableiten? Können Sie es auf den ersten Blick sehen?
- Können Sie das Ergebnis oder die Methode für irgend eine andere Aufgabe benutzen?

- Haben Sie Ihr Verhalten beim Bearbeiten der Aufgabe beobachtet? Können Sie dies auf andere Aufgaben übertragen?

3.6
Arbeiten und Lernen im Projekt

3.6.1
Was sind nun die Merkmale eines Projekts?

Jedes *Projekt* soll zu einem Ergebnis führen, und zwar nicht zu einem unbestimmten (z.B.: Wir haben viel Erfahrung gewonnen!), sondern zu einem konkreten Ergebnis, zu einem *Produkt*.

Das kann in der Wirtschaft eine Ware sein, aber auch ein Forschungsergebnis, ein Buch oder in der Schule eine Theateraufführung bzw. ein Bericht über ein gemeinsam erarbeitetes Thema.

Unterscheiden Sie drei *Hauptmerkmale*:
- vorgegebenes Ziel,
- begrenzte Ressourcen und
- definierter Endtermin.

Beschließen Sie diese Hauptmerkmale mit allen Beteiligten gemeinsam. Ändern Sie nur in Notfällen unter vorher festgelegten Bedingungen. Die Nebenmerkmale sind Dynamik, Einmaligkeit, Interdisziplinarität, Komplexität und Risikoreichtum

Während jedes Projekt die Hauptmerkmale aufweisen muss, um in jedem Fall als Projekt zu gelten, können die Nebenmerkmale in verschiedenen Kombinationen zutreffen. Wird ein Projekt in ein allzu starres Korsett eingezwängt, wäre es keine besondere Kunst, es zu leiten. Die Schwierigkeit besteht jedoch darin, dass die Einflüsse nicht genau festgelegt und eingehalten werden können, dass aber die Eckwerte *Termin*, *Funktion* und *Kosten* eingehalten werden müssen. Dies auch dann, wenn sich während des Projekts fast alle Einzelwerte verändern. Entsprechende Strukturen und *Planungsmethoden* helfen. Bei schwierigen und großen Projekten, insbesondere in der Forschung und Entwicklung gilt:
- Der *Lösungsweg* ist erst im Laufe des Projekts vollständig klar.
- Hoher *Innovationsgrad* und hohe *Änderungsintensität* bestehen.

- Der *Termindruck* wächst während des Projekts.
- Verschiedene Disziplinen müssen zusammen arbeiten.
- Kreativer Freiraum muss erhalten bleiben.

Gerade der letzte Punkt ist besonders wichtig. Ein Projekt soll nicht „militärisch streng" geführt werden und jede *Kreativität* und Freude verhindern. Die Teilnehmer müssen möglichst großen Freiraum und Gestaltungsmöglichkeiten haben, ohne dass dabei die Eckwerte gefährdet werden. Auch bei Projekten verändern sich im Laufe der Zeit die Anforderungen an das Ergebnis und damit auch an das Projekt an sich.

Die *Komplexität* wird im allgemeinen steigen, die Neuartigkeit birgt viele Unsicherheiten und die Qualitätsanforderungen steigen ständig. Trotzdem müssen die Eckwerte Termin und Kosten eingehalten werden

3.6.2
Wie geschieht die Projektabwicklung?

Die *Projektabwicklung* hat als Ziel:
- zuverlässige Aussagen über den *Projektfortgang* ermöglichen
- das *Projektziel* erreichen,
- die *Durchlaufzeit* verkürzen,
- die geforderte *Qualität* erreichen,
- die *Risiken* einengen,
- die laufende *Transparenz* während des gesamten Projekts sichern,
- die *wirtschaftliche Abwicklung* gewährleisten.

Diese Ziele werden durch Einrichten eines *Projektmanagements* erreicht. Diesem wiederum stehen Methoden zur Verfügung, wie Organisationsformen, Meilenstein-Trendanalyse, Netzplantechnik und Strukturpläne. Wichtig ist, dass alle Methoden sorgfältig aufeinander abgestimmt sind, ineinander greifen und schlüssig sind..

Das Projektmanagement ist für die Zeit vom Start bis zum Abschluss für das Projekt zuständig. Alle Instrumente des Projektmanagements haben das gleiche Ziel. Sie sollen sicherstellen, dass die drei Eckpunkte *Aufwand, Termin* und Ergebnis nicht von der anfänglichen Planung abweichen.

Ein einheitliches Verständnis von Projektmanagement ist vor allem wichtig, wenn große Projekte von unterschiedlichen Partnern durchgeführt werden. Wenn sich die Beteiligten erst über prinzipielle Strukturen und Terminologien einigen müssen, dann verlieren sie viel Zeit. Zeit ist jedoch einer der kritischsten Faktoren bei und in jedem Projekt.

Wichtig ist auch, dass alle Beteiligten von Anfang an voll eingebunden sind, dass allen die *Projektdaten* transparent gemacht werden und dass alle die Ziele, Änderungen und Abläufe mitbestimmen, mittragen und mitgestalten können. Gemeinsame *Verantwortung*, Arbeiten im Team und soziales Verhalten sind im Projekt besonders wichtig.

3.6.3
Überleben im Projekt

Unerkannte *Projektfallen* sind der Tod vieler mit großem Engagement in Angriff genommener Projekte. *Folgen*: Zeitverschleiß, Missstimmigkeiten im Betrieb und überdurchschnittliche Fluktuation (Tumuscheit 2000).

Projektmanager zu sein ist alles andere als lustig. Wie werden Sie Projektmanager? Der Boss ruft an und sagt: „Ich habe ein Problem. Sie sind die richtige Person dafür. Machen Sie mal!"

Sie fragen sich: „Was hat der Boss eben alles erzählt und gemeint?" Je länger Sie nachdenken, desto unklarer wird Ihnen Ihr Auftrag, seine Ziele und der Spielraum, den Sie haben. Mit jeder Minute Nachdenkens wird der Frust größer. Und das hat Gründe. Sie als Projektmanager müssen es klären und mildern.

Die ewigen Projektfallen

Es gibt Dinge, die passieren Ihnen nur einmal im Leben. Dann gibt es Pannen, die passieren immer wieder. Jede Stadt hat beispielsweise ihre unfallträchtige Kreuzung. Auch Projekte haben Killerkreuzungen, an denen es immer wieder kracht. Tumuscheit (2000) skizziert kurz die zehn häufigsten Fallen.

1. Die *Optimismusfalle*: Warum gehen gerade die innovativsten, ehrgeizigsten und Bahn brechenden Projekte so oft baden? Je ehrgeiziger ein Projekt, desto blauäugiger sind viele Beteiligte.

2. Die *Entscheidungs-Arthrose*: Viele Projekte werden einfach an oberster Stelle vertrödelt. Wenn es brennt und Sie brauchen eine schnelle Entscheidung, dann ist kein Mensch erreichbar, der sich eine Entscheidung zutraut.
3. Die *Tyrannosaurus-Falle*: Einige Projekte werden buchstäblich tot geritten. Irgendein Topmanager will mitten im Projekt eine Extrawurst. Plötzlich soll noch dies oder jenes dazu genommen werden. Ohne jede Rücksicht aufs Projekt werden Leute abgezogen.
4. Die *Sozialkompetenz-Falle*: Nicht die Technik ist der Engpassfaktor im Projekt, sondern der Mensch. Fast immer reicht die Sozialkompetenz des Projektmanagers nicht aus, um die auftauchenden Konflikte in vertretbarer Zeit zu klären und viele Experten endlich in dieselbe Richtung ziehen zu lassen
5. Die *Parkplatzfalle*: Sie planen 60 Tage für ein Arbeitspaket ein. Sie erhalten jedoch einen Neuling oder einen Frustrierten. So „parkt" die Linie ihre unbequemen Mitarbeiter. Die Verfügbaren werden abgestellt. Die Besten braucht die Linie selbst.
6. Die *Fachexpertenfalle*: Projektmanager treten als Fachexperte im Team auf. Das Team fragt sich: „Wozu braucht er uns, wenn er alles besser kann?" Das Projekt versinkt in allgemeiner *Demotivation*.
7. Die *Quertreiberfalle*: Ein Bereichsleiter treibt quer. Ihm ist die Jacke näher als die Hose. Das Tagesgeschäft hat Priorität.
8. Die *Werkzeugfalle*: Je größer das Problem, desto teurer das Werkzeug, das eingekauft wird. Merke: Teuere Tools können nur diejenigen Probleme lösen, die Sie lösen wollen.
9. *Sinnlose Sitzungen*: Jeder will seine Meinung durchsetzen. Es geht ums Rechthaben und nicht ums Problemlösen. Dem Moderator muss es gelingen, Regeln zu vereinbaren und durchzusetzen. Befolgen Sie:
   – Erst alles auf den Tisch. Erst Vorschläge, dann Diskussion.
   – Jeder liefert seinen Vorschlag zum Beschreiben des Problems. Diskussion: Auf welche Problemschreibungen einigen wir uns?
   – Jeder macht seinen Vorschlag zum Beschreiben des Ziels. Diskussion: Auf welche Zielbeschreibung einigen wir uns?
   – Jeder macht seinen Vorschlag zur Zielerreichung. Diskussion: Auf welche Wege zur Zielerreichung einigen wir uns.

Die *Ressourcenfalle*: Sie stellen fest: Das Projekt können Sie sich nicht leisten. Planen Sie mit realen Gegebenheiten. Zeigen Sie Konsequenzen für die vier Stellschrauben Ziele, Termine, Kosten, Kapazitäten.

3.6.4
Erfolgreiche Projektingenieure...

Tabelle 3.2. Erfolgreiche *Projektingenieure* ...

... beachten	... vermeiden	... befolgen bzw. erzielen
Faktoren	schwammige Aufgaben Aufträge, Zeitdruck, Wettbewerbsdruck, Hierarchiedruck, gestörtes Gruppenklima	Handlungsempfehlungen zum methodischen Vorgehen und Arbeiten
Fakten	Aufgabendelegation unter Stress, Missverständnisse, Kompromisse	Kundenorientierung, Aufgabenklärung, Beurteilungssystem, Konsens
Folgen	Wartezeit, Nacharbeit, Unzufriedenheit, gestörte Beziehungen, Demotivation, Konflikte, d.h. kritische Situationen, Schritt zum Flop	Projekt- und Produkterfolg, Mitarbeitermotivation, Kundenzufriedenheit
Fazit	... alles, was den Projekt- und damit Produkterfolg verhindert.	Konsens vor weiterem Handeln: Projekt- und Produkterfolg

... und fragen den Auftraggeber vor dem weiteren Handeln, ob die Aufgabe oder der Auftrag richtig verstanden wurde.

Starten Sie zum Projekt- und Produkterfolg.

3.7
Verhalten und Leistungen sichern und verbessern

In jedem Projekt werden Erfahrungen gemacht, die für das weitere Vorgehen im Projekt selbst Richtung weisend und für das Zielerreichen anderer Projekte hilfreich sind.

Dies erfordert:

- *Prozessbeobachtung* (Monitoring, Selbstreflexion): Beschreiben Sie die Prozesse und Regeln, durch die das Beobachten der Arbeits- und Lernprozesse, das Erfassen und Auswerten der Ergebnisse im Projekt und Projektmanagement sichergestellt werden.
- *Prozessdokumentation*: Befassen Sie sich mit der Vertragsgestaltung, der Ablaufgestaltung, der Aufgaben und der Projektführung. Beschreiben Sie besonders: Stärken, Schwächen, Teilprobleme, Unsicherheit, Kompetenz.
- *Bewusstheit* zu Ihrem Handeln: Schaffen Sie sich stets *Transparenz*, *Sicherheit* und *Zukunft*.

  Die besten Reformer, welche die Welt je gesehen hat,
  sind die, die bei sich selbst anfangen!

Literatur

Badke-Schaub P, Frankenberger E (2003) Management von kritischen Situationen. Produktentwicklung erfolgreich gestalten. Springer, Berlin Heidelberg New York

Frankenberger E (1997) Arbeitsteilige Produktentwicklung. Empirische Untersuchung und Empfehlungen zur Gruppenarbeit in der Konstruktion. Reihe 1: Konstruktionstechnik/Maschinenelemente. Nr. 291. VDI, Düsseldorf

Pahl G, Beitz W, Feldhusen J, Grote KH (2003) Konstruktionslehre. Grundlagen erfolgreicher Produktentwicklung. Methoden und Anwendung. 5. Auflage. Springer, Berlin Heidelberg New York

Polya G (1995) Schule des Denkens. Vom Lösen mathematischer Probleme. Sammlung Dalp Band 36. Francke, Bern München

Specht G, Beckmann C (1996) F&E-Management. Schöffer-Poeschel, Stuttgart

Strohschneider S, von der Weth R (2002) Ja, mach nur einen Plan. Pannen und Fehlschläge – Ursachen, Beispiele, Lösungen. Huber, Bern Göttingen Toronto Seattle

Tumuscheit KD (2000) Überleben im Projekt: 10 Projektfallen und wie man sie umschifft. Orell Füssli, Zürich

VDI 2221 (1993) Methodik zum Entwickeln und Konstruieren technischer Systeme und Produkte. Beuth, Berlin

4 Kompetent handeln und lernen

Kompetenz ist nicht angeboren, sie muss erworben, d.h. erlernt und trainiert werden. Wer sich Kompetenzen aneignen will, muss neugierig sein und lernen können:

- *Beobachten* Sie sich selbst. Treibt Sie die Neugierde nicht auch dazu, sich in neue Situationen zu wagen und neues Verhalten, neue Handlungen auszuprobieren.
- Wie reagieren Sie auf erfolgreiche Handlungen? Sie werden diese Handlungen mit höherer Wahrscheinlichkeit wiederholen und damit erlernen.
- Auch dies können Sie bewusst wahrnehmen: Je besser eine Kompetenz erlernt ist, desto „automatisierter" sind im Sinne eines konvergenten Verhaltens die einzelnen, grundlegenden Fertigkeiten zu nutzen. Wie müssen wir in *Notsituationen* reagieren? Bestimmt nicht kopflos oder kreativ. In solchen Situationen müssen Sie kompetent handeln.

4.1
Selbstreflexion

Der Mensch steht in einem reflexiven Austausch mit seiner Umwelt. Er wählt aufgrund individuell reflektierter Erfahrungen, Erwartungen und Überzeugungen Verhaltensweisen aus und schafft somit seine eigene Umwelt. Arbeiten und Lernen sind individuelle Prozesse des Auseinandersetzens mit der Umwelt auf der Grundlage bereits erworbener kognitiver Strukturen. Sie sind zugleich Möglichkeitsstrukturen weiteren Arbeitens und Lernens.

Menschen besitzen die Fähigkeit zur *Selbstreflexion*. Sie können den Sinn ihres Handelns immer wieder neu festlegen bzw. aushandeln. Die Selbstreflexion ist eine herausragende Fähigkeit des Menschen, mit deren Hilfe er in der Lage ist, sein kognitives System, seine heuristischen Verfahren, seine Verfahren des Planens und des Entscheidens selbstständig, fast beliebig zu verändern. Die Selbstreflexion dient dazu, Anforderungen zu berücksichtigen, die über die unmittelbaren Ziele des Handelns hinaus gehen. Selbstreflexion ist notwendigerweise die Grundlage für verantwortliches Handeln.

Die *Fähigkeit* zur Selbstreflexion ermöglicht, über unser Denken, Ziele setzen, Planen, Handeln, Beurteilen und Entscheiden nachzudenken. Nutzen Sie die vielfältigen Chancen zum Optimieren Ihres Vorgehens, Ihres Handelns.

Einleuchtend ist: besonders bei *Misserfolgen* untersuchen Menschen das eigene Handeln kritisch. Bei Erfolg scheint die Selbstreflexion vielen Menschen unnötig. Aus diesem Grund ist Erfolg so gefährlich und trägt oftmals die Wurzel künftigen Misserfolges in sich. Erfolg macht konservativ. Es geht doch alles bestens! Warum sollen Sie denn unter diesen Umständen das eigene Handeln kritisch analysieren?

Auf diese Weise schleicht sich *Methodismus*[1] ein (Dörner 2003). Aus einer Methode des Problemlösens, die unter bestimmten Umständen erfolgreich ist, wird in der Vorstellung des Handelnden ein Allheilmittel: „Ich kann es immer und überall anwenden!"

Verfallen Sie nicht dem typischen *Fehler*: keine Kontrollen und keine Selbstreflexion. So beobachten Sie nicht die hervorgerufenen Effekte, hinterfragen Sie nicht die Strategien und Taktiken des Vorgehens, des Handelns.

Beobachten Sie und ziehen Sie Schlussfolgerungen daraus. Fragen Sie sich, ob Ihr Verhalten, Ihre Strategien und Taktiken und Ihr Handeln, Arbeiten und Lernen erfolgreich waren.

4.2
Kompetenz, was und warum?

Kompetenz entwickeln beginnt mit dem Teilprozess „*Selbstreflexion ausbauen*", d.h. Sie richten den kritischen Blick auf sich selbst, erkennen Fehler bei sich selbst und ziehen daraus Schlussfolgerungen für das zukünftige Handeln. Was läuft gut und was ist zu verbessern?

---

[1] Methodismus = Tendenz zum Handeln in vorgeprägten Ritualen.

Ziele der *Kompetenzentwicklung* sind:
- Sichern Sie sich die berufliche *Handlungsfähigkeit* aus der Sicht des Einzelnen.
- Verbinden Sie eng damit *soziales Eingliedern*, den Platz und das Ansehen in der Gesellschaft.
- Entwickeln Sie Kompetenzen, um die *Wettbewerbsfähigkeit* zu erhöhen und den Fortbestand zu sichern.

Kompetenzentwicklung heißt für Sie, die individuellen beruflichen Handlungsvoraussetzungen in einem lebenslangen Arbeits- und Lernprozess zu entwickeln und ständig an neue Erfordernisse anzupassen. Dabei steht die Handlungsfähigkeit im wirtschaftlichen Prozess im Mittelpunkt.

Selbstständiges Handeln ist notwendig, nicht allein das Anhäufen von Fachwissen. Selbstständiges Handeln ist untrennbar mit Leistungsmotivation und -verhalten verbunden, die wiederum von der soziokulturellen Vorprägung abhängen. *Handlungs- und Lernkompetenz* schließt unter den Bedingungen rasanter Veränderungen in Wirtschaft und Gesellschaft die Fähigkeit zur selbständigen Lebensplanung und zur eigenverantwortlichen Entscheidung in unterschiedlichen Situationen ein.

Alle ökonomisch handelnden Personen benötigen gleichartige Kompetenzen, aber auf unterschiedlichem Niveau:
- *Fachkompetenz*: Aufgaben fachgerecht bearbeiten und bewerten;
- *Lernkompetenz*: Analyse von Problemen, Anwenden geeigneter Lösungsverfahren, Einsatz angepasster Bewertungsverfahren;
- *Methodenkompetenz*: Fähigkeit mit Methoden zu planen, zu organisieren, zu realisieren, zu bewerten und zu entscheiden;
- *Selbstkompetenz*: Kreativität, Selbstwertgefühl, Toleranz;
- *Sozialkompetenz*: Team- u. Kritikfähigkeit; Verringern und Vermeiden gefährdender Einflüsse in der Gemeinschaft.

Kompetenzentwicklung braucht Zeit! Entwickeln Sie Kompetenzen aus Ihren *Potenzialen* (aus Fähigkeit und Vermögen) gemeinsam mit den täglichen Problemen, die von Natur aus komplex sind.

Benutzen Sie Ihre „Berufs- und/oder Stellenbeschreibung" und entwickeln Sie daraus Ihr Beurteilungs- und Wertesystem (Abschn. 5.2 u. 5.5). Beurteilen Sie sich. Welchen momentanen Zustand (Wert) haben Sie und welchen wollen Sie erreichen?

4.3
Handlungs- und Lernkompetenz – ein Verbund

Sie erkennen beim Reflektieren der bisherigen Ausführungen, dass Arbeits- und Lernprozesse von der Handlungs- und Lernfähigkeit geprägt werden. Sie besitzen, heißt *Handlungs- und Lernkompetenz* haben.

Dies ist die Fähigkeit und Bereitschaft, alle im Zusammenhang mit Arbeiten und Lernen stehenden Prozesse durch auf das Ziel gerichtete Maßnahmen vorzubereiten, zu organisieren, abzuschließen und insgesamt effektive Abläufe sicherzustellen.

Handlungs- und Lernkompetenz liegt in Anlehnung an Lanfer (1992) vor, wenn

„... ein Mensch in gesellschaftlichen, beruflichen und privaten Situationen sach- und fachgerecht, persönlich durchdacht und zugleich in gesellschaftlicher Verantwortung anstehende Probleme bzw. Situationen selbstständig anzugehen vermag, Lösungen herbeiführt, bewertet, sie umsetzt und so in einem lebenslangen Prozess Lebensbewältigung und Lebenserfüllung erfährt bzw. erfahren kann."

4.3.1
Zuordnung und Übersicht

Handlungs- und Lernkompetenz umfassen zueinander *vernetzte* Kompetenzen, die gemeinsam Zielsetzungen von Bildung umschreiben, die als Schlüsselqualifikationen für alle anzustreben sind.

- Beherrschen Sie elementare Lern- und Arbeitstechniken wie z.B. Darstellen, Exzerpieren, Gestalten, Lesen, Markieren, Rechnen, Schreiben, Strukturieren, Zeichnen;
- Beherrschen Sie Fach-, Handlungs-, Problemlösungs- und Strukturwissen;
- Entwickeln Sie Fähigkeiten zur überzeugenden Kommunikation, Argumentation und Vortragsgestaltung;
- Entwickeln Sie die Fähigkeit und Bereitschaft zur konstruktiven Zusammenarbeit in Gruppen- und Partnerarbeitsphasen;
- Bauen Sie spezifische Persönlichkeitsmerkmale auf wie Selbstvertrauen, Selbstwertgefühl, Eigeninitiative und Durchhaltevermögen.

Sie erkennen bereits an sich selbst, dass nicht alle *Schlüsselqualifikationen* gleich gewichtet vorherrschen. Je nach Situation werden sich deren Ausprägungen verändern, so dass unterschiedliche Gewichtungen und Profile entstehen und vorliegen.

Jede konkrete Handlung eines Menschen umfasst in irgendeiner starken oder schwachen Ausprägung sowohl Methoden-, Selbst- als auch Sozialkompetenz als Teilkompetenzen der Handlungs- und Lernkompetenz (Abschn. 4.4 u. 4.5). Bezogen auf das jeweilige Fachgebiet schließt dies auch die Fachkompetenz ein (Abschn. 4.5.2)

4.3.2
Methodenkompetenz

Methodenkompetenz beschreibt die Fähigkeit und Bereitschaft, Strategien und Methoden zu entwickeln, unterschiedliche Methoden, Verfahren und Mittel bzw. Techniken sachbezogen, situationsgerecht und flexibel einzusetzen. *Methodenlernen* fordert von Ihnen:

- Üben Sie elementare Arbeits-, Kommunikations- und Kooperationstechniken ein. Egal, ob Sie
  - Collagen, Diagramme, Gedankenbilder, Plakate, Tabellen oder Wandzeitungen erstellen,
  - einen Arbeits- und/oder Lernprozess planen,
  - die Zeit sinnvoll einteilen,
  - in einer Informationsdatei zügig recherchieren,
  - einen Vortrag halten,
  - ein Interview führen,
  - nach Stichworten argumentieren,
  - ein Gespräch leiten oder
  - Regel gebunden in Gruppen zusammenarbeiten,
  stets müssen sie mit den betreffenden Methoden vertraut sein.

Das aber setzt intensives Üben, Reflektieren und auch Routinebilden voraus.

Methodenkompetenz umfasst nicht nur die Kenntnis von den umfangreichen Methodensammlungen, wie z.B. vom Methodenkatalog der 3000 Problemlösemethoden von Hürlimann (1981), sondern auch die Fähigkeit, sie effizient anzuwenden.

Führen Sie nicht einfach ein „Brainstorming" nach Zuruf durch. Befassen Sie sich mit der jeweiligen Methode und den zugehörigen Techniken. Sie werden „Brainstorming" und seine Varianten bewusster und für die richtige Anwendung nutzen. Eine der vielen anderen Kreativitäts-Methoden und -Techniken verwenden bzw. im Methoden-Mix einsetzen.

Schließen Sie bei diesem Einsatz auch die Sozialkompetenz ein. Dies ist äußerst wichtig, wie es die Arbeiten der Bamberger Psychologen um Professor Dörner (1983) zeigen.

4.3.3
Selbstkompetenz

Selbstkompetenz ist die Fähigkeit und Bereitschaft des Menschen, aufgrund seiner bisherigen Entwicklung zu entscheiden, welche Lebensziele Bedeutung besitzen und wie zum Erreichen dieser Ziele in den Handlungssituationen agiert werden muss. Dazu gehören die Fähigkeit und Bereitschaft:

- zur Selbstreflexion, Selbsteinschätzung und Selbstständigkeit,
- das Arbeiten und Lernen selbst zu bestimmen, zu motivieren, zu regulieren und zu verantworten.

Unter Bezug auf Tabelle 1.3 umfasst Selbstkompetenzen noch:

- Zuverlässigkeit als Grundbedingung für erfolgreiches Zusammenarbeiten, d.h. die übertragenen Aufgaben wahrnehmen, auch unter widrigen Umständen und/oder unter dauernder Überwachung und Kontrolle.
- Ausdauer, Durchhaltevermögen, Belastbarkeit, d.h. nicht bei jedem Misserfolgserlebnis oder Ausbleiben des Erfolgs aufgeben.
- Konzentrationsfähigkeit, d.h. sich auf bestimmte Aufgaben konzentrieren und diese Konzentration über längere Zeit aufrechterhalten.
- Verantwortungsbereitschaft, Selbstständigkeit, d.h. etwas anerkennen, auch wenn es einmal misslingt. Unangenehmes, Lästiges und Verantwortung nicht auf andere abschieben.
- Fähigkeit zur Kritik und Selbstkritik, d.h. Wichtiges von Unwichtigem unterscheiden; Dinge aus der Natur der Sache heraus ablehnen oder befürworten; Fehler und Fehlverhalten einstehen und zu Korrekturen bereit sein; aus Misserfolgen lernen.

- Kreativität und Flexibilität, d.h. eigene Ideen entwickeln und in Aufgabenbereiche einarbeiten; sachgerecht handeln.
- Kooperationsbereitschaft und Teamfähigkeit, d.h. nicht Eigenbrötler, auch nicht einsame Tüftler sind gefragt, sondern Mitarbeiter, die Informationen, Erfahrungen und Verbesserungsvorschläge austauschen.
- Konfliktfähigkeit, d.h. Differenzen bei unterschiedlichen Meinungen und Haltungen friedlich und konstruktiv verarbeiten, dies ohne offene und versteckte Aggressionen.
- Toleranz, d.h. nur intolerant gegen Aggressivität, Verletzung humaner Grundwerte, Störungen des Friedens in der Gesellschaft.

4.3.4
Sozialkompetenz

Sozialkompetenz umfasst die Fähigkeit und Bereitschaft

- zur Selbstreflexion des kooperativen und integrativen Sozialverhaltens auf der Basis der Achtung aller Mitmenschen und der Bereitschaft zur Partnerschaft.
- zur Verantwortung, die Sie auch für andere übernehmen, und zum solidarischen Handeln.
- zum Umgang mit Konflikten, sie auszuhalten und Konsens herzustellen.

Sozialkompetenz in Verbindung mit Lernkompetenz ermöglicht:

- miteinander arbeiten und lernen mit Fairness, Toleranz und Sensibilität.
- am Wissen anderer teilnehmen, es im Dialog direkt aufnehmen und abfragen. Sozialkompetenz ist daher der wichtigste Weg für Wissenstransfer und dazugehöriger Kommunikation.

Hinsichtlich Methoden- und Sozialkompetenz lässt sich nennen:

- Beschaffen Sie zum Lösen eines Problems auf den Zweck bezogene Informationen und bereiten Sie diese Informationen auf.
- Setzen Sie die gewonnenen Informationen methodisch zum Lösen eines Problems ein.
- Arbeiten Sie in einer Gruppe aktiv mit.

- Besitzen Sie auch dies: zur Kritik an der eigenen Arbeit fähig sein, eigene Kritik und die Kritik anderer Gruppen zu neuem Handeln und neuen Erkenntnissen nutzen.

4.4
Lernkompetenz

Passen Sie Ihr Handeln selbständig und effektiv den Lernbedingungen an. Setzen Sie flexibles Verhalten, aufs Wissen bezogene und operative *Lernkompetenz* voraus. Gliedern Sie diese Lernkompetenz bezogen auf Ihre Person in Lerntätigkeit und in Lerninhalte auf.

Handeln Sie im Veränderungsprozess „Lernen" ganzheitlich[2] auf das Ziel gerichtet. Lernkompetenz umfasst die Merkmale:
- Einstellung und Wille;
- Wissen und Können;
- Fähigkeiten und Fertigkeiten.

Bereits bei der Ausbildung wird zunehmend die *Fähigkeit* beansprucht,
- sich Lerninhalte selbstständig anzueignen und
- den eigenen Lernprozess selbstverantwortlich zu gestalten und zu lenken.

Damit wird deutlich, dass die Kompetenz zum selbstständigen Lernen in allen gesellschaftlichen Bereichen benötigt und gefordert wird. Mehr und mehr Menschen sind mit ihrem persönlichen Lern- und Leistungsvermögen, Ihrem *Potenzial* konfrontiert. Vielen wird dabei bewusst, dass sie ihre persönlichen (Weiterbildungs-)Ziele durch den Ausbau ihrer Selbst-*Lernkompetenz* leichter und schneller erreichen.

Lernkompetenz, Lernleistung, Leistungsfähigkeit und Leistungsvermögen sind nicht nur Voraussetzung für das Lernen, sondern auch deren Ergebnis (Beelich u. Schwede 2002).

Frühere Erfahrungen, bestimmte Abläufe in Arbeits- und Lernprozessen und Bedingungen der Lernumgebung sind entscheidende Einflussfaktoren für die und auf die Lernkompetenz.

---

[2] „Ganzheitlich" meint die Gesamtheit des menschlichen Individuums.

4.5
Technische Handlungskompetenz

Technische Handlungskompetenz hat sich zu erweisen beim Konzipieren technischer Prozesse zum Umsetzen von Stoff, Energie und Information(en). Auch im Realisieren dieser Prozesse in Apparaten, Maschinen und Geräten, im Gebrauchen und auch im Entsorgen dieser Systeme. Hierbei schließt technische Handlungskompetenz auch die Verantwortung für sozial- und umweltverträgliche Technikgestaltung ein.

4.5.1
Technische Handlungskompetenz entwickeln

- Orientieren Sie sich an fachbezogenen Zielsetzungen.
- Erlernen Sie Strukturen und Funktionen technischer Prozesse und Produkte sowie deren Bedeutung und Folgen.
- Setzen Sie sich mit der Komplexität der Technik methodisch und kritisch auseinander.
- Orientieren Sie sich im öffentlichen, beruflichen und privaten Umfeld in einer komplexer werdenden Welt.
- Bewältigen Sie Anforderungen der Technik im privaten, beruflichen und öffentlichen Bereich.
- Gestalten Sie gegenwärtig und zukünftig durch Technik bestimmte Lebenssituationen mit.
- Orientieren Sie sich in einer durch Technik geprägten Berufswelt.

4.5.2
Fachkompetenz

Handlungskompetenz umfasst aus fachlicher Sicht auch die *Fachkompetenz* im engeren Sinne wie Fach-, Struktur-, Handlungs- und Problemlösungswissen besitzen und anwenden.

Fachkompetenz veraltet am schnellsten und zwar so schnell, dass Sie es heute nicht mehr schaffen, über ein Literaturstudium Ihr Fachwissen aktuell zu halten. Die Fachkompetenz verändern besagt: Sie müssen Ziel orientiert an das Erwerben von Fachwissen, an das Beeinflussen von Fähigkeiten und Fertigkeiten herangehen. Erarbeiten Sie sich angepasst formulierte Ziele wie z.b.:

- Qualität, Kosten, Termine als wesentliche Faktoren beim „Entwickeln von Produkten und/oder Prozessen" erkennen, in der Praxis anwenden und in Prüfungen erklären.
- die Komplexität der Beurteilungskriterien eines Beurteilungs- und Wertesystems mit Hilfe der Struktur eines Zielsystems erklären.
- Ergebnisse Ihrer Arbeit und der Gruppen fachlich beurteilen.
- Entscheidungen herbeiführen und begründen.
- Klima in der Arbeitsgruppe sachlich gestalten und lenken.

4.5.3
Technische Handlungskompetenz erweitern

- Integrieren Sie Fachkompetenz und Methodenkompetenz: Lernen Sie Methoden nie losgelöst vom Fachinhalt.
- Ergänzen Sie traditionelle Methoden durch komplexe Methoden. Zeigen Sie die Methodenvielfalt und den ursprünglich vorgesehenen Einsatz. Entwickeln Sie sich Ihre Methoden.
- Wählen Sie aus und strukturieren Sie Lerninhalte. Werden Sie nicht der „Wissensprotz", sondern Anwender des Gelernten. Betrachten Sie Arbeiten und Lernen als einen Verbund.
- Schaffen Sie Realitätsbezug. Betrachten Sie ein technisches Produkt als Ergebnis des Entwicklungs-, Konstruktions- und Fertigungsprozesses. Gebrauchen und Entsorgen gehören dazu.
- Beziehen Sie ein gedankliches Handeln ein. Vollziehen Sie naturwissenschaftliche Experimente und wirtschaftliche Mechanismen nach. Betreiben Sie Erfahrungslernen.

4.5.4
Die Kompetenz-Anforderungsliste

- Erstellen Sie sich eine *Anforderungsliste* „Meine Handlungs- und Lernkompetenz" oder einen *Zielkatalog*. Nutzen Sie die Beschreibungen der Kompetenzen. Wählen Sie zutreffende aus. Und/oder: Analysieren Sie Ihre „Berufs- und/oder Stellenbeschreibung".
- Entwickeln Sie dazu das erforderliche Beurteilungs- und Wertesystem. Lassen Sie sich in Abschn. 5.2 und 5.5 anregen.

Ein mögliches *Bewertungsraster* zeigt Tabelle 4.1.

Tabelle 4.1. Bewertungsraster „Umgang und Verhalten: Mein Fahrrad ...“

... und sein Fahrverhalten bei Slalomfahrt zwischen 10-15 km/h								
schlecht			mittel			gut		
sehr	recht	etwas	geringer	noch	besser	etwas	recht	sehr
1	2	3	4	5	6	7	8	9

- Wählen Sie eine der Ausprägungen schlecht, mittel oder gut.
- Verfeinern Sie Ihr Urteil, legen Sie den Wert auf der Skala fest.
- Führen Sie so eine umfassende *Potenzial-Beurteilung* durch. Welchen momentanen Zustand (Wert) haben Sie und welchen wollen Sie erreichen? Beurteilen Sie Ihre Eigenschaften, Ihr Handeln.

4.6
Kompetenz aus Potenzialen entwickeln

Wie entwickeln Sie Kompetenz aus Ihren Potenzialen und dies im Gesamtverbund? Wie mobilisieren Sie Ihre Ressourcen?

4.6.1
Ihre Kompetenz entwickeln

Kompetenzentwicklung ist das Entwickeln und Weiterentwickeln individueller Handlungs- und Lernfähigkeiten in einem lebenslangen Arbeits- und Lernprozess. Wie ermitteln Sie Ihre Kompetenz?

Gruppieren Sie die allgemeinen Beschreibungen der Kompetenzen:

Gruppe 1: *Probleme, Fehler und Fehlverhalten*

- Welches sind die wesentlichen Probleme und Fehler, die allgemein beim Arbeiten und Lernen vorherrschen?
- Was beschreibt das *Fehlverhalten*?

Ihre Antworten sind:
1. Antriebsschwächen, fehlende Einstellung, Distanzieren vom Gegenstand, Zwänge, Prüfungs-Ängste;

2. Mangel in der Aufmerksamkeit, Konzentration und Belastbarkeit;
3. Schwächen in der Selbst-Organisation von Prozessen;
4. Nichtbeachten wesentlicher Fakten, Faktoren und Einflussgrößen beim Start und während der Arbeits- und Lernprozesse;
5. Lücken in der Kenntnis beim Einsatz von Methoden und Mitteln;
6. Blockaden beim Freisetzen von Kreativität;
7. Unlust durch häufige Misserfolge;
8. Vorherrschen von Nicht-Wollen, Nicht-Kennen und Nicht-Können.

Gruppe 2: *Arbeiten und Lernen im Prozessmodell*

- Charakterisieren Sie das „Selbst" unter Einschluss Ihrer Bereitschaft, Ihrer Fähigkeiten und Fertigkeiten.
- Beschreiben Sie Ihre Motive und Ihre Motivation.
- Organisieren Sie Prozesse, Methoden, Verfahren; wählen Sie aus.
- Wählen Sie Mittel und Techniken aus und setzen Sie diese ein.
- Koordinieren, kontrollieren, sichern und verbessern Sie Abläufe und Vorgänge.

Fügen Sie diese beiden Gruppen folgenden fünf *Potenzialfeldern* zu.

1. *Ich*, das Selbst, meine positive Einstellung: Reflektieren Sie sich selbst und schätzen Sie sich selbst ein.
2. *Ich und das Umfeld*: Beschreiben Sie Motive und Motivation sachbezogen und selbstkritisch einschließlich des partnerschaftlich sozialen Verhaltens.
3. *Methoden*: Prüfen Sie die Kenntnis und den flexiblen Einsatz in Arbeits- und Lernprozessen, zusätzlich auch den Umgang mit zugehörigen Mitteln und Techniken.
4. *Prozesse*: Analysieren und strukturieren Sie Prozesse im Verbund mit den erforderlichen Mitteln. Organisieren Sie Prozesse selbst.
5. *Arbeiten und lernen* Sie ganzheitlich und menschengerecht. *Optimieren* Sie dies unter Nutzung Ihrer Reserven und Ressourcen.

4.7
Das Kompetenzprofil

Wie überzeugend wirken Sie in der Gruppe? Was fordert Sie? Schätzen Sie Menschen richtig ein? Jeder kann diese und weitere wichtige Persönlichkeitsfaktoren ermitteln und die charakterlichen Eigenschaften, gegliedert nach hoher, mittlerer und niedriger Ausprägung auswerten. Somit entsteht ein *Kompetenzprofil*, das zum Erfolg im Berufsleben beiträgt und bei der künftigen Wahl des richtigen Jobs hilft.

- Beurteilen Sie am Beispiel Sprachenkompetenz „Fremdsprachen" das Beherrschen von „Lesen und Schreiben", Tabelle 4.2.

4.7.1
Kompetenz-Raster nutzen

Der folgende Ausschnitt eines *Kompetenz-Rasters* zum Selbstbeurteilen dient Ihnen als Orientierungshilfe, Tabelle 4.2.

Tabelle 4.2. Definition von Sprachniveaus – Europäisches Sprachenportfolio (Ausschnitt)

Sprachniveau	Basis-Stufe A1	Basis-Stufe A2
Kenntnisse	keine Vorkenntnisse	im wesentlichen die Ziele von A1 erreicht
Ziele	Das möchte ich lernen	Das möchte ich lernen
Lesen	... einzelne vertraute Namen und ganz einfache Sätze verstehen, die sich auf mich selbst , meine Familie oder auf konkrete Dinge um mich herum beziehen, vorausgesetzt es wird langsam und deutlich gesprochen	... ganz kurze, einfache Texte lesen. ... in einfachen Alltagstexten (z.B. Anzeigen, Prospekten, Speisekarten oder Fahrplänen) konkrete, vorhersehbare Informationen auffinden und kurze, einfache persönliche Briefe verstehen.

Tabelle 4.2. (Fortsetzung)

Sprachniveau	Basis-Stufe A1	Basis-Stufe A2
Kenntnisse	keine Vorkenntnisse	im wesentlichen die Ziele von A1 erreicht
Ziele	Das möchte ich lernen	Das möchte ich lernen
Schreiben	... eine kurze einfache Postkarte schreiben, z.B. Feriengrüße. ... auf Formularen, z.B. in Hotels – Namen, Adresse, Nationalität usw. eintragen.	... kurze, einfache Notizen und Mitteilungen schreiben. ... einen ganz einfachen persönlichen Brief schreiben, z.B. um mich für etwas zu bedanken.

Das vollständige Beurteilungssystem können Sie im Internet herunterladen[3].

4.7.2
Kompetenz-Vergleich durchführen

Machen Sie sich mit Kompetenzbeschreibungen und Skalen vertraut:
Schneiden Sie die Skalen des vollständigen Bewertungssystems in Streifen und sortieren sie nach den Niveaus (= Stufen A1, A2, ...).

Schätzen Sie sich selbst ein:

- Beginnen Sie mit dem, was Sie zuletzt gelernt haben oder dem, was Sie am wenigsten können wie z.B. „keine Vorkenntnisse".
- Lesen Sie die Kompetenzbeschreibungen in den Rasterfeldern ausgehend vom untersten Niveau A1.
- Überprüfen Sie Ihre erste Einschätzung anhand der detaillierten Checkliste für das entsprechende Niveau.
- Wenn Sie feststellen, dass Sie sich zu hoch oder zu tief eingestuft haben, wählen Sie das dazu tiefere oder höhere Niveau.

---

[3] http://www.sprachenportfolio.ch

4.7.3
Vergleich auswerten

Vergleichen Sie die Auswertung und die Interpretationen: Vergleichen Sie gemeinsam mit Partnern der gleichen Stufe die interpretier-
ten Niveaubeschreibungen. Welches Niveau entspricht den Kenntnissen, mit denen Sie sich nach Ihrer Erfahrung in Ihrer Stufe
eintragen? Welches Niveau können oder sollen Sie nach einem Ar-
beits- und Lernprozess erreichen?

Kommen Sie zu unterschiedlichen Einschätzungen? Kontrollieren
Sie Ihre Interpretation anhand der detaillierten Beschreibungen in
den entsprechenden Checklisten. Stimmen die Einschätzungen überein?

Überlegen und planen Sie gemeinsam mit Partnern, wie Sie Ihre
Einschätzung künftig überprüfen.

- Führen Sie Beobachtungsprotokolle oder machen Sie Videoauf-
  zeichnungen.
- Planen Sie die Arbeiten für die Dokumentation.
- Vergleichen Sie typische Arbeiten wieder gemeinsam.

Verwenden Sie Videoaufzeichnungen: Sehen Sie sich gemeinsam mit
Partnern Ihre Videoaufzeichnungen an. Verwenden Sie die Kompetenzbeschreibungen der Raster-Tabelle, um die beobachteten Leistungen zu beschreiben. Bestimmen Sie das Niveau.

4.7.4
Sichern und verbessern

Notieren Sie Ihre Erfahrungen: Dokumentieren Sie, welche Erfah-
rungen Sie bei Ihrem Einstieg in die Raster-Tabelle und beim ersten
Verwenden gemacht haben. Notieren Sie Ihre Empfehlungen und
Tipps.

Übertragen Sie Ihre Erfahrungen auf andere Anwendungen: Nutzen
Sie diese Vorgehens- und Arbeitsweise auch bei der Analyse anderer
Situationen und dem Lösen individueller Probleme. Entwickeln Sie
ein Übungs- und Verbesserungsprogramm.

Erkennen Sie auch die Einflüsse auf Ihr Potenzial:

1. *Störer* üben einen negativen Einfluss auf Ihre Leistungsfähigkeit, Ihr Leistungsvermögen aus. Ihr Interesse an der Aufgabe, an dem Problem ist äußerst gering. Ihre Antriebskräfte sind sehr gering. Das Anfangen fällt schwer, Ihre Unlust wächst. Der Erfolg ist gefährdet.
2. Störer üben negativen Einfluss auf Ihren Handlungs- und Lernprozess aus. Dies blockiert Teile Ihres Potenzials. Ihr Ärger wächst, Resignation und Anfängerverhalten stellen sich ein. Denkblockaden verstärken sich. Der Handlungs- und Lernerfolg ist gefährdet.
3. Der mit Zielsetzungen angestrebte Handlungs- und Lernerfolg ist bleibt aus. Die Aufgabe oder das Problem bleiben ungelöst. Das ärgert Sie maßlos: Unlustgefühle, Verdrängung. Offiziell heißt es: Die Aufgabe ist zu schwer und das Lernen überhaupt.
4. Auch das Wissen um diese Punkte reduziert Ihr intellektuelles Potenzial. Aus dieser Sicht bringen Sie Ihre negative Erfahrung ein: Handeln und Lernen ist ziemlich schwierig und das Bewältigen solcher Aufgaben und Probleme erst recht.

Streben Sie als *Verhalten* an:

Sie können mit Konflikten und Störungen umgehen.

Literatur

... (2000) Eine Wende in Richtung Kernkompetenzen. CEDEFOP Info 1, Niederlande

Beelich KH, Schwede HH (2002) Die Lernspirale. Erfolgreich lernen mit Methode. Vogel, Würzburg

Dörner D, Kreuzig HW, Reither F, Stäudel T (1983) Lohhausen: vom Umgang mit Unbestimmtheit und Komplexität. Huber, Bern Stuttgart Wien

Dörner D (2003) Die Logik des Misslingens. Strategisches Denken in komplexen Situationen. Rowohlt Taschenbuch, Reinbek bei Hamburg

Hürlimann W (1981) Methodenkatalog: ein systematisches Inventar von über 3000 Problemlösungsmethoden. Lang, Bern Frankfurt am Main Las Vegas

Lanfer H (1992) Gleichstellung der Berufsausbildung mit dem Abitur gefordert. Die berufsbildende Schule 44, 5:296-305

5 Der Prozess des Problemlösens

5.1
Welt der Objekte – unsere Produkte

Unsere visuelle Welt besteht aus Objekten, die u.a. das grundlegende Merkmal: „die *Form*" kennzeichnet (Tjalve 1985; Seeger 1992).

Betrachten Sie am Frühstückstisch die Tasse und die Untertasse.
- Sie sind rotationssymmetrisch. So sind sie auf der Töpferscheibe herstellbar. Werden beide gegossen (eine andere Art der Herstellung), bleiben sie aus Tradition rotationssymmetrisch.
- Die Tasse ist zylindrisch. Sie soll trinkgerecht sein, ein großes Volumen bei geringer Oberfläche haben. Aber auch das Aussehen soll ansprechen.
- Mit dem Fuß der Tasse hat der Designer an das Stapeln der Tassen gedacht, oder war es wieder das Aussehen.
- Die Form des Henkels erfüllt Anforderungen des Gebrauchs. Der Griff soll gut zu greifen sein und darf nicht zu heiß werden.

5.1.1
Produkte und Prozesse

Das Beispiel zeigt bereits, dass *Objekte* durch *Eigenschaften*[1] beschrieben werden. Die meisten Objekte sind uns als *Produkte* durch ihren Gebrauch in der *Nutzungsphase* bekannt und, wenn sie nicht mehr gebraucht werden, von dem Sachverhalt, dass sie weggeworfen oder recycelt werden.

Beim *Gebrauch* bewirken die Objekte ein Überführen, *Umsetzen* oder Wandeln eines Zustands in einen anderen. Ein *Prozess* läuft ab. Das Bedürfnis nach *Gebrauchsfunktionen*, die der Mensch benötigt, ist die Ursache für das Entstehen derartiger Objekte – unserer *Produkte*. Einige Nutzungsprozesse und Gebrauchsfunktionen mit den

---

[1] = Merkmale + Werte aus einer Wertemenge oder einem Wertebereich.

dazu einsetzbaren *Mitteln* (auch Arbeitsmittel und wiederum unsere Produkte) enthält Tabelle 5.1.

Tabelle 5.1. Gebrauchsfunktionen und Mitteleinsatz – einige Anwendungen

Ändern des Zustands	(Arbeits-)Mittel
Fläche mit Unebenheiten zur glatten Oberfläche mit einer festgelegten Rautiefe umformen	Feile, Hobel, Schleifmaschine
Kunststoffgranulat in ein Kunststoffprofil mit vorgegebenem Querschnitt überführen	Extruder
Kaffeepulver in Trinkflüssigkeit wandeln	Kaffeemaschine
Elektrische Energie in Wärmeenergie wandeln	Heizspirale, Tauchsieder

Um Lösungen bzw. Produkte zum Erfüllen von Bedürfnissen zu erhalten, müssen von Ingenieuren folgende Tätigkeiten (Operationen, Funktionen) ausgeführt werden: Produkte erdenken, konzipieren, entwerfen, gestalten, fertigen, montieren und verkaufen. Beim Gebrauchen in der Nutzungsphase erfüllt die Lösung – das Produkt – den eigentlichen *Zweck*. Das Produkt ist Mittel zum Zweck.

Manchmal wird eine Lösung zweckentfremdet verwendet. Ein typisches Beispiel:

> ... die *Büroklammer*. Beobachten Sie sich selbst. Haben Sie die Büroklammer immer für ihren Zweck eingesetzt? Nein!

So entstehen manchmal neue Ideen – später Objekte – unsere Produkte.

Zum Erzeugen der Objekte (Produkte, (Arbeits-)Mittel) für ihren Gebrauch in der Nutzungsphase vollziehen *Konstruktionsingenieure* den Entwicklungs- und Konstruktionsprozess. An sie werden Aufgaben- bzw. Problemstellungen vom Auftraggeber (Kunden, „Unzulänglichkeiten" nennt der Service oder Reklamationen) herangetragen, die sie lösen. Fertigungs-, Qualitäts- und *Verkaufsingenieure* sind verantwortlich dafür, dass die Produkte auf den Markt kommen. Sie alle sind daran beteiligt, dass Probleme und Aufgaben gelöst werden und die an sie gestellten Anforderungen erfüllen.

Dieses *Problemlösen* geschieht immer mehr methodisch und läuft nach der Methode der vollständigen Handlungen ab. Dieses vollständige konstruktionsmethodische Handeln beschreiben Konstruktionsbücher wie z.B. das Buch von Pahl et al. (2003).

5.1.2
Problemlösen

Von *Problemlösen* spricht Dörner et al. (1983),

„... wenn ein unerwünschter Ausgangszustand („Startzustand") in einen erwünschten Endzustand („Zielzustand") transformiert werden soll, die Transformation jedoch durch eine Barriere behindert wird."

Dörner (1987) nennt *Barrieren* verschiedener Art, die dieses Überführen des Startzustands (Problem- oder Aufgabenstellung) in den Zielzustand (Lösung, Produkt) im Moment verhindern:

- Die Mittel zum Überführen sind nicht bekannt. Beispiel: Alchimistenproblem, „Wie wird aus Blei Gold gemacht?"
- Die Mittel sind bekannt, ihre Zahl ist jedoch zu groß. Ein praktisches Durchprobieren ist nicht möglich. Beispiel: „Wie setzen Sie Ihren Gegner im Schachspiel matt?"
- Der Zielzustand ist unbekannt oder nur vage bekannt. Beispiel: Unbehagen mit der Situation. Wie eine wünschenswerte Lösung aussehen könnte, wird nur vermutet.

Neben der Art der Barriere ist auch die Art des Realitätsbereichs – dem das Problem angehört – wichtig.

> *Komplexität, Vorhandensein verborgener Eigenschaften, Eigendynamik und Unsicherheit der Wirkung von Handlungen sind Merkmale in diesen Bereichen ... (Dörner 1987).*

5.1.3
Ein Beispiel aus der Konstruktion

Zunächst eine Problem- bzw. eine Aufgabenstellung aus der *Projektarbeit*, Abb. 5.1.

In einer Produktionsanlage für Spanplatten ist der vertikal fließende Streugutstrom in zwei unterschiedlich dosierte Teilströme zu teilen. Durch eine Klappenverstelleinheit wird die Verteilerklappe in unterschiedliche Positionen bewegt. Zwischen Klappenverstelleinheit und Verteilerklappe befindet sich ein Hebel, der die Teilfunktion „Betrag und Richtung der Verstellkraft ändern" zu erfüllen hat. In Abb. 5.1 ist Teil C die Koppelstelle zur Verteilerklappe, Teil B die Koppelstelle zur Klappenverstelleinheit. Teil A ist die Lagerstelle des noch zu gestaltenden Hebels. Dieser Hebel ist nicht eingezeichnet.

Aufgabe: Entwickeln Sie einen Hebel, der möglichst leicht (kleines Gewicht) und möglichst Kosten minimiert (geringe Kosten) gestaltet ist.

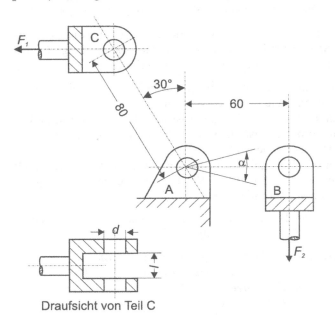

Draufsicht von Teil C

Abb. 5.1. Vorgaben zu „Ändern des Betrags und der Richtung einer Kraft"

Solch einen unvollständigen *Auftrag* erhalten Konstruktionsingenieure oft. Auch Sie sind gefordert: Wie sieht Ihre Lösung aus?

- Reagieren Sie spontan. Notieren oder skizzieren Sie Ihre Lösung.
- Vergleichen Sie diese Lösung mit derjenigen, die Sie nach dem Durcharbeiten der folgenden Ausführungen erhalten werden.

Dieses Beispiel wird nur in Teilen behandelt. Mehr lesen Sie im Fachbuch „Konstruktionslehre" von Pahl et al. (2003). Es ist das Standardwerk zum „Methodischen Konstruieren".

5.1.4
Methodisches Bearbeiten von Problemen – ein Programm

Das Lösen von Problemen läuft nach den in der Denkpsychologie erkannten Denk- und Handlungseinheiten ab: Verändern eines Zustands und Prüfen des Ergebnisses (Abb. 1.2). Dabei wird in der Regel mit dem Strategiemerkmal „Vom Qualitativen immer konkreter werdend zum Quantitativen" vorgegangen.

Die Richtlinie VDI 2221 (1993) schlägt ein *Vorgehensmodell* (Abb. 5.2) zum erfolgreichen Lösen von Problemen vor, das dem jeweiligen Problem anzupassen ist. In diesem Vorgehensmodell – eine *Vorgehenstrilogie* – sind die Schritte des Arbeitsplans nach Abb. 3.1 eingetragen. Die Vorgehenstrilogie (Beelich et al. 1997) umfasst drei Phasen:

1. *Produktdefinition*: Erstellen Sie *Arbeitslisten* (Abschn. 5.2.1) ausgehend von der Problemstellung über eine Problemanalyse (Abschn. 5.2) und Problemformulierung (Abschn. 5.3). Formulieren Sie die *Kernaufgabe(n)*. Definieren Sie das zu entwickelnde Produkt zunächst lösungsneutral.

Wie auch Kramer (1994) bemerkt, erfordert die
„... Produktentwicklung eine weitgehend exakte Definition des Kundenproblems. Dies bewirkt die nahezu vollständige Vermeidung von Änderungen („redesign") mit evtl. hohen Mehrkosten."

Entwicklungs- und Konstruktionsingenieuren ist bewusst, dass sie oft unvollständige Aufgaben erhalten. Dies erfordert ein umfangreiches und intensives Klären der Problemstellung, um die Entwicklungszeiten (*Projektzeiten*) in den folgenden Phasen zu verkürzen (Beelich u. Schiefer 1999).

2. *Problemlösen*: Entwickeln Sie ausgehend von der Kernaufgabe oder den Kernaufgaben über eine Systemsynthese und Systemanalyse alle möglichen Varianten (Abschn. 5.4). Wenden Sie für das Kreieren bzw. Agieren zeitsparend die *Methodik der alternierenden Variation mit Lösungsauswahl* (Abschn. 10.1.1) an.

Entscheiden Sie sich für Lösungen (= geeignete Varianten) mittels K.O.-Kriterien im *Auswahlverfahren* (Abschn. 5.5.1). Aus der Vielzahl möglicher Lösungen liegen nunmehr brauchbare, geeignete Lösungen vor. Verfolgen Sie diese Lösungen weiter.

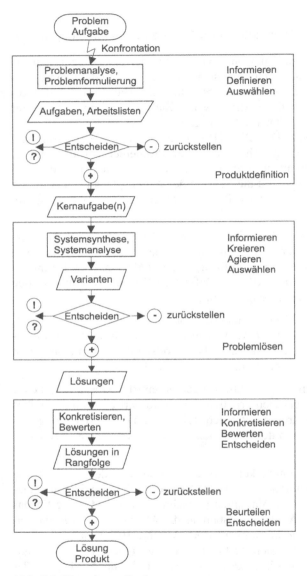

Abb. 5.2. Vorgehenstrilogie
? = Informationsmangel, ! = Anforderungen prüfen

3. *Beurteilen, Entscheiden*: *Konkretisieren* Sie diese Lösungen (Abschn. 5.5.2). Bringen Sie diese Lösungen für das folgende Bewerten auf gleichen Informationsstand. Ziehen Sie zum Konkretisieren die Bewertungskriterien aus der *Arbeitsliste „Bewerten"* heran. Bewerten Sie durch Punktvergabe (Abschn. 5.5.3) und ordnen Sie die bewerteten Lösungen in einer Rangfolge. Beachten Sie: Nicht die in der Rangfolge beste Lösung ist immer das herzustellende Produkt. Vielmehr schließt ein *Entscheiden* an.

Kriterien für das Entscheiden sind im wesentlichen übergeordnete Bedingungen, die Nutzen und Risiken beim Hersteller und Nutzer bzw. Anwender betreffen (Abschn. 10.4.5). Entscheiden Sie gemeinsam mit den Auftraggebern (Abschn. 5.6). Beachten Sie: Auch Sie selbst können Ihr eigener Auftraggeber sein.

Beurteilen und entscheiden Sie objektiv.

5.2
Informationsmanagement

„Problemlösen als Informationsverarbeitung" ist der Titel des Buches von Dörner (1987). Die mehr oder weniger starke *Konfrontation* mit einem Problem bzw. einer Aufgabe wird durch einen Informationsumsatz abgebaut. Dies mit der Operations- bzw. Tätigkeitsfolge: Beschaffen, Aufnehmen, Verarbeiten und Wiedergeben.

5.2.1
Informationen beschaffen und aufnehmen

Zielgerichtetes Beschaffen und Aufnehmen von Informationen beschäftigt sich mit dem Klären der *Problemsituation*, der Analyse der Bedingungen bzw. Eigenschaften und somit der Anforderungen an das zu entwickelnde Produkt. Anforderungen sind Solleigenschaften dieses Produkts, d.h. Zielvorstellungen bzw. Erwartungen des Auftraggebers. Ingenieure formulieren sie in ihrer Sprache zu *Zielsetzungen* um, ergänzen sie bedingt durch Erfahrungen, Gesetze, Richtlinien und Vorschriften und dokumentieren dies in einer Arbeitsliste, der *Anforderungsliste*.

Das Beschaffen und Aufnehmen von Informationen umfasst Suchen, Ordnen und Speichern.

Suchen geschieht mit der *Methode des gezielten Fragens* (Abschn. 10.1.1). Ein weiteres hilfreiches Mittel sind die „Heuristischen Suchprinzipien" nach Osborn (1957), die er nach Gesetzmäßigkeiten und neun Basisfragen gliederte (Abschn. 10.4.3).

Ordnen ist ein Sortieren der Informationen nach bestimmten Kriterien. Wählen Sie hierbei Ordnungskriterien oder legen Sie diese Kriterien fest, z.B. geordnet nach Hauptmerkmalen der Leitlinie (Abschn. 10.4.5) oder nach den Elementen einer Baustruktur.

Speichern ist ein langfristiges Aufbewahren von geordneten Informationen. Eine Anwendung zeigen wiederum die *Arbeitslisten* (der Konstruktionsingenieure). Sie enthalten:

- die *Anforderungen* (Forderungen (Muss) und Wünsche (Kann)) an das zu entwickelnde Produkt (dokumentiert in der *Anforderungsliste*),
- die *Auswahlkriterien* – auch K.O.-Kriterien genannt – für das Entscheiden über die Eignung der Varianten (dokumentiert in der *Auswahlliste*). Sie fragen: „Ist die Variante geeignet oder nicht?";
- die *Bewertungskriterien* zum Bewerten der konkretisierten Lösungen (dokumentiert in der *Bewertungsliste*). Sie fragen: „Wie gut ist die jeweilige Lösung?";
- die *Entscheidungskriterien* zum Entscheiden für das Produkt vorwiegend nach übergeordneten Kriterien (dokumentiert in der *Entscheidungsliste*).

Scheibler (1976) nennt weitere *Erfassungsmethoden* mit der Zielsetzung, etwas Ungenaues oder sogar (noch) Unbekanntes ins Bekannte und ins Bewusste zu übertragen. Das Erfassen von Informationen geschieht durch Beobachten, Befragen, Beschreiben und Lesen.

Beobachten ist eine gezielte und bewusst visuell-geistige Methode zum Erfassen von Informationen. Zuschauen, hinsehen, verfolgen und vergleichen sind die Operationen (Atteslander 2003):

- Beobachten Sie wirksam und unwirksam Arbeitende z.B. in den Übungen. Reflektieren Sie dies auf das eigene Handeln.
- Beobachten Sie als inneres Nachahmen oder Nachmachen, um eigene Arbeitsabläufe und Vorgehensweisen zu überprüfen und evtl. zu verbessern.

... und hierzu die Erfahrung aus Anwendungen der Autoren:

Während des Betreuens von Studien- und Diplomarbeiten forderten wir Studierende zu einem *Selbstbeobachten* auf.

Für das methodische Bearbeiten erhielten sie eine Problemstellung, die einige von ihnen in etwa 6 Stunden lösten, andere jedoch dazu bis zu 27 Stunden benötigten.

Die nach einem Kategoriensystem nach Fricke (1993) beurteilten Ergebnisse lassen sich abhängig von der protokollierten *Arbeitsweise* der an der Untersuchung Beteiligten unterscheiden:

- *Lösungsneutrale Arbeitsweise*: Die Bearbeiter sehen die übergebene Problemstellung als vermeintlich vollständig an. So stellen sie während des Bearbeitungsprozesses kaum Fragen. Erste Lösungsideen werden verdrängt, strikt unterdrückt. Die endgültigen Lösungen sind mäßig.

- *Lösungsbehaftete Arbeitsweise*: Die bildhafte Lösungsvorstellung bleibt weitgehend erhalten. Die Bearbeiter betrachten die Problemstellung als ungenau bzw. unscharf. Sie fragen viel und ermitteln aktiv die Anforderungen. Erste Lösungsideen bilden ein vermeintlich sicheres Gerüst. Die endgültigen Lösungen sind mäßig.

- *Flexible lösungsbezogene Arbeitsweise*: Die Bearbeiter wechseln zwischen den bildhaften Lösungsvorstellungen und der lösungsneutralen Problemformulierung. Die Arbeitsweise ist unabhängig von der Vollständigkeit der Problemstellung. Mit der ersten Lösungsidee formulieren sie weitere Anforderungen stets lösungsneutral, so dass nacheinander die Lösungseigenschaften anwachsen. Die endgültigen Lösungen sind gut.

Die Voraussetzung für den Erfolg eines Selbstbeobachtens liegt – neben der Motivation – im Vorbereiten der Beteiligten auf das zielgerichtete Bearbeiten und Dokumentieren ihrer eigenen Teilergebnisse.

Aus der Beobachtung lernen heißt: Aus dem
Ergebnis beobachteter Handlungen lernen.

Befragen ist eine auf das Subjekt bezogene Methode zum Erfassen von Informationen (Abschn. 10.1.1). Nutzen Sie hierzu Fragetechniken. Eine sinnvoll gewählte Fragenfolge hilft Ihnen das Zielproblem – die richtige Antwort – zu erhalten. Üben Sie den Umgang mit Fragen bewusst. Bereiten Sie sich auf diesen Umgang gezielt vor. Beginnen Sie mit einem kleinen Frage-Antwort-Paket.

Beschreiben ist eine weitere Methode, die sich des gesprochenen oder geschriebenen Wortes bedient. Hilfreich ist hierbei nach der TOIS-Folge[2] vorzugehen (Abschnitt 7.2).

Lesen ist ein geistiges Durchdringen, Erfassen und Verständlichmachen geschriebener Texte und Bilder mit Hilfe von Lese- und *Visualisierungstechniken*. Dies geschieht z.b. nach der *Methode des Systematisierens* (Abschn. 10.1.1) und den Techniken des studierenden Lesens

- nach alternierender Variation mit Lösungsauswahl oder
- mit vollständiger Variation.

Erfassen Sie die Anforderungen an das zu entwickelnde Produkt:

Anforderungen sind *Solleigenschaften*[3] unterschiedlicher Priorität, die das zu entwickelnde Produkt erfüllen soll, Tabelle 5.2.

Tabelle 5.2. Einteilung der Anforderungen

Art, Priorität	Erläuterung der Anforderung	Beispiel Kaffeetasse
Festforderung Priorität 1	Sie muss immer eingehalten werden, sonst Ausscheiden der Variante.	Nur Porzellan, kein Steingut
Bereichsforderung – Priorität 2	Sie gibt den geforderten Wertebereich an.	Preis 6-9 EURO
Zielforderung Priorität 2	Sie kennzeichnet den optimalen Wert. Abweichungen möglich.	Optimales Verhältnis: Volumen zur Oberfläche
Wunsch Priorität 3	Sie ist nicht dringend erforderlich, aber erstrebenswert.	Blumendekor

Dem Konstrukteur liegen der Auftrag und die Angaben in Abb. 5.1, vor. Zunächst befragt er den Auftraggeber gezielt (Abschn. 10.1.1). Danach formuliert er Anforderungen mit den verschiedenen Prioritäten (Tabelle 5.2) und mit Hilfe der *Leitlinie* (Tabelle 10.13). So erhält er Zielsetzungen, die während des Bearbeitens und insbesondere beim *Beurteilen*: Auswählen der Varianten und Bewerten der Lösungen helfen. *Entscheiden* Sie sich mit übergeordneten Zielsetzungen für die „günstigste" Lösung.

---

[2] T = Transparenz, O = Ordnung, I = Inhalt, S = Sprache.
[3] = Merkmale + Werte aus einer Wertemenge bzw. einem Wertebereich.

Anforderungen an den Hebel sind:

- Lagerstelle A und Kraftangriffspunkt Teil B sind durch Position, Lage und Entfernung räumlich fixiert (Priorität 1)
- Der Kraftangriffspunkt Teil C ist in Abb. 5.1 eingezeichnet. Er liegt auf der Wirklinie der Stellkraft F_1 parallel zur Verbindungslinie von A nach B (Priorität 1). Seine Position auf der Kraft-Wirklinie ist zunächst beliebig (Priorität 2).
- Nach dem Hebelgesetz lässt sich der Betrag der Kraft F_2 berechnen. (Hebellängen 60 mm (Priorität 1) und 80 mm bei Winkel 30° (Priorität 2) sowie dem Betrag der periodisch wirkenden Zugkraft $F_1 = 800$ N (Priorität 1))
- Für den Stellwinkel $\alpha \leq 5°$ dieses Winkelhebels gilt: $\cos \alpha \approx \alpha$, d.h. das Anschlussteil B wird annähernd auf der Geraden bewegt (Priorität 2).
- Die Anschlussteile sind gabelförmig ausgebildet (Priorität 1). In der sonstigen Gestaltung sind sie noch nicht vorgegeben (Priorität 2).
- Über die Fertigungsverfahren wird zunächst nichts ausgesagt (Priorität 3).
- Eine Werkstoffwahl (St 37 oder GG 30) ist erst möglich, wenn die fertigungsgerechte Gestaltung durchgeführt wird (Priorität 2).
- Der Hebel wird durchschnittlich 2 mal pro Stunde betätigt (Priorität 2).
- Einsatzbedingung: Temperatur -30°C bis +70°C, staubige Atmosphäre (Priorität 1)
- Die Stückzahl soll monatlich 400 Stück betragen (Priorität 2).
- Erwünscht ist, dass die Ausführung möglichst leicht (kleines Gewicht) und Kosten minimiert (geringe Kosten) ist (Priorität 3).

5.2.2
Informationen verarbeiten

Verarbeitungsmethoden sind nach Scheibler (1976) wissenschaftslogische Verfahren, durch deren Anwenden (neue) Erkenntnisse gewonnen und formuliert werden (Abschn. 10.1.3):

- *Vorgang des Analysierens*: Gewinnen Sie Informationen durch Zerlegen und Aufgliedern sowie durch Untersuchen der Eigenschaften einzelner Elemente und der Zusammenhänge (Kopplungen) zwischen ihnen.

- *Vorgang des Synthetisierens*: Verarbeiten Sie Informationen durch Bilden von Verbindungen, durch Verknüpfen von Elementen mit insgesamt neuen Wirkungen.

- *Vorgang des Kombinierens*: Stellen Sie die Informationen, ihre Beziehungen zueinander und die Auswirkungen dieser Beziehungen zusammen. Stellen Sie dies in Ordnungsschemata (Dreibholz 1975) und/oder Lösungskatalogen (Roth 2000) dar.

Die *Techniken des Verarbeitens* dienen als Mittel beim Anwenden dieser Verarbeitungsmethoden. So wird der *Vorgang des Analysierens* (eine Methode) je nach Zweck durch Techniken unterstützt:

- *Aufbereiten*: ein auf die Auswertung bezogenes Ordnen und Darstellen des Materials mit eigenem Aussageinhalt;
- *Reduzieren*: eine Vielzahl von Aussagen und Mengen auf wenige bis auf eine typische Erscheinung komprimieren;
- *Umformen*: Material auf einen gleichen Betrachtungsnenner anpassen und darstellen.

Situations-, Problemanalyse

Beginnen Sie die *Situationsanalyse* mit der Frage: „Ist ein Eingreifen erforderlich?" Ist dies der Fall: Machen Sie die unübersichtliche Situation transparent. Vereinfachen Sie und gliedern Sie in überschaubare Sachverhalte auf. Entscheiden Sie über die Auswirkungen und die Dringlichkeit erforderlicher Maßnahmen. Fangen Sie mit dem betreffenden evtl. kritischen Sachverhalt an

Problemanalyse: Ermitteln Sie die Ursachen bestehender und evtl. auftretender Abweichungen. Erkennen Sie im Soll-Ist-Vergleich die Abweichungen als Stärken/Vorteile und Schwächen/Nachteile. Entwickeln Sie mit dem Auftraggeber beim „Klären der Aufgabe" ein Beurteilungs- und Wertesystem (Beelich u. Schiefer 1999).

So vermeiden Sie Ärger und sparen Zeit.

Problemanalyse am Konstruktionsbeispiel „*Hebel*"

Situation und Problem: keine optimale Kraftleitungsstruktur (Ersoy 1974). Hinweis: Kräfte werden durch die Angriffspunkte, den Betrag und die Wirkrichtung beschrieben.

Zeichnen Sie einen Hebel unmittelbar in die vorgegebene Abb. 5.1 ein. Ihr Hebel folgt den Verbindungslinien der vorgegebenen Wirkorte A, B und C. Das Kraftleiten geschieht durch Biegestäbe.

Gestalten Sie durch das zulässige Verschieben des Wirkortes C entlang der Kraftwirkungslinie beliebige Hebelvarianten. So entsteht auch ein Hebel, bei dem das Kraftleiten nur durch Zug- und Druckstäbe geschieht. Berechnen Sie überschlägig: der Querschnitt der Zug- und Druckstäbe ist etwa 6 mal kleiner als derjenige der Biegestäbe.

Beurteilungssystem für das Konstruktionsbeispiel „Hebel"

Ordnen Sie dem Beurteilungssystem die nach Prioritäten unterteilten Anforderungen zu. Stellen Sie die Anforderungen der Priorität 1 = *Festforderungen* in einer *Auswahlliste* zusammen. Auswahl- bzw. K.O.-Kriterien dienen zur Eignungsauswahl der entwickelten Varianten. Beurteilen Sie: Variante als Lösung geeignet?

Leiten Sie bezogen auf das Beispiel „Hebel" aus den Festforderungen folgende Fragen zum Prüfen der Varianten ab:

- Ist in der Variante die Lagerstelle A und der Kraftangriffspunkt Teil B gemäß Abb. 5.1 nach Position, Lage und Entfernung realisiert?
- Liegt der Kraftangriffspunkt Teil C auf der vorgegebenen Wirklinie der Stellkraft F1?
- Ist die Hebellänge (Teil A zu Teil B) 60 mm?
- Sind Hebelquerschnitte für periodisch wirkende Zugkräfte ausgelegt?
- Sind die Anschlussteile gabelförmig ausgebildet?
- Sind die Einsatzbedingungen: Temperatur -30°C bis +70°C und staubige Atmosphäre bei der Werkstoffwahl und bei der Gestaltung (z.B. bei den Lagerstellen) berücksichtigt?

Fassen Sie die Anforderungen der Priorität 2 = *Ziel- bzw. Bereichsforderungen* und Priorität 3 = *Wünsche* in einer *Bewertungsliste* zusammen. Leiten Sie Bewertungskriterien (= Merkmale) und Merkmalsausprägungen ab, Tabelle 5.3.

Tabelle 5.3. Bewertungsliste zum Beispiel „Hebel"

Allgemein	Speziell	
Anforderung	Position von C auf Kraft-Wirklinie zunächst beliebig (Priorität 2)	
Kriterium	= Merkmal: Position des Kraftangriffpunktes Teil C	
Wert bzw. Merkmals- ausprägung	4 (sehr gut):	Hebel aus zug- bzw. druckbelasteten Elementen mit einem Gelenk
	3 (gut):	Hebel aus zug- bzw. druckbelasteten Elementen mit zwei Gelenken
	2 (ausrei- chend):	Hebel aus druck- und biegebelasteten Elementen
	1 (gerade noch tragbar)	Hebel aus biegebelasteten Elementen innerhalb der ±30° Vorgabe
	0 (ungeeignet)	Hebel aus biegebelasteten Elementen außerhalb der ±30° Vorgabe

Ordnen Sie diese Merkmalsausprägungen nach einer *Werteskala*: Punkt 4 = sehr gut, 3 = gut, 2 = ausreichend, 1 = gerade noch tragbar und 0 = unbefriedigend (Richtlinie VDI 2225). Beurteilen Sie: wie gut ist die jeweilige Lösung.

Die einzelnen Zusammenhänge lassen sich für ein weiteres Kriterium auch wie folgt auflisten:

Anforderung der Priorität 3:
  Ausführung möglichst Kosten minimiert (geringe Kosten).
Bewertungskriterium (= Merkmal): Einstandskosten
Merkmalsausprägung bzw. Wert:
– 4 Punkte: < aller Wettbewerbsprodukte
– 3 Punkte: < einiger Wettbewerbsprodukte, direkte Konkurrenz
– 2 Punkte: = aller vergleichbarer Wettbewerbsprodukte
– 1 Punkt: > der meisten Wettbewerbsprodukte
– 0 Punkte: > der örtlichen Wettbewerbsprodukte

Das Erstellen derartiger Werteskalen zu den Bewertungskriterien erfordert Faktenwissen und Erfahrung. Gehen Sie wie folgt vor:

1. Beschreiben Sie die Anforderung durch einen allgemeinen, zutreffenden Merkmalsbegriff. Beispiel: Anforderung „Maschinenumrüstung schneller" – Merkmal „Maschinenumrüstzeit"
2. Ordnen Sie die dazugehörige Merkmalsausprägung (Wert: 1,5-3 h, Eintrag in der Anforderungsliste) dem Wert 3 (gut) zu. Dies entspricht einer 75% Erfüllung der geforderten Güte.
3. Legen Sie daraufhin fest, was gerade noch tragbar ist. Dies ist die Merkmalsausprägung zum Wert 1.
4. Bestimmen Sie nun die Merkmalsausprägungen für die Werte 4, 2 und 0. Mit etwas Übung gelingt dies.

Testen Sie nun Ihre Bewertungsliste. Bewerten Sie den Ist-Zustand und evtl. bereits vorhandene Lösungen. Liegen die Ergebnisse der Bewertung vorwiegend unter drei Punkte, haben Sie bereits erste Schwachstellen erkannt. Nutzen Sie sowohl Schwächen als auch Stärken. Dies könnten Ihre Merkmale zur Lösungsfindung sein.

Durch Bewerten erhalten Sie erste Schwächen, aber auch Stärken der Produkte. Dies hilft bei einer zeitsparenden Vorgehens- und Arbeitsweise.

5.2.3
Anforderungsliste mit integriertem Beurteilungssystem

Die Anforderungsliste ist das Arbeitspapier der Konstruktionsingenieure, der Produktentwickler (Beelich u. Schiefer 1999).

Kunden vergleichen ein Produkt immer mit ihren Erwartungen. Gewinnen Sie die Erwartungen in Interviews und Workshops beim Kunden bzw. Auftraggeber. Analysieren Sie die Probleme gemeinsam, dies führt zu präzise formulierten und skalierten Anforderungen (Soll-Vorgaben). Lassen Sie eine objektivierte Anforderungsliste entstehen, in die ein Beurteilungssystem integriert ist.

Für die Bereichsforderung „Maschinenumrüstung schneller" entsteht so das in der Anforderungsliste enthaltene *Bewertungsschema* Tabelle 5.4.

Tabelle 5.4. Bewertungsschema

Merkmal	Maschinenumrüstzeit mit 2 Personen				
Werte	< 1,5 h	1,5-3 h	3-4,5 h	4,5-6 h	≥ 6h
Skalierung	4	3	2	1	0
Zuordnung	Ideal-zustand	Soll-Zustand			Ist-Zustand

Ordnen Sie den Soll-Zustand nicht willkürlich zu. Nutzen Sie die Angabe der Richtlinie VDI 2225: Für gute Lösungen soll die Merkmalsausprägung 70% des Idealzustandes überschreiten:.

Ermitteln Sie durch ein Bewerten den Wert (Nutzen) einer Lösung in Bezug auf eine vorher formulierte Zielsetzung. Schaffen Sie eine konkrete und effiziente Grundlage für das Entwickeln, Beurteilen und Entscheiden. Bestimmen Sie hierbei einfach, direkt und eindeutig die Güte eines erreichten Entwicklungsergebnisses durch einen Vergleich mit den Soll-Vorgaben (Ergebniskontrolle).

5.3
Definitionsmanagement

Diese Phase befasst sich mit der *Problemformulierung*, d.h. mit dem Festlegen von *Kernaufgaben*, dem Ableiten von *Arbeitspaketen* und dem Zuordnen der *Ressourcen* (Litke 1995; Beelich 1996). Formulieren Sie Kernaufgaben als Wesenskern der Problem- bzw. der Aufgabenstellung in der Sprache der Konstruktionsingenieure. Abstrahieren Sie die Anforderungen schrittweise, um eine lösungsneutrale Problemformulierung zu erhalten.

5.3.1
Abstraktion

Unter *Abstraktion* versteht Dörner (1987)

„... das Ausklammern bestimmter Merkmale eines Sachverhalts aus der Betrachtung. Abstraktion geschieht nie richtungslos, vielmehr werden gewöhnlich die „unwesentlichen" Variablen weggelassen bzw. diejenigen, die man für unwesentlich hält."

Grundlage für diese Abstraktion sind die aufgelisteten Anforderungen. Oft finden Sie bei Durchsicht dieser Auflistung schnell eine griffige lösungsneutrale Formulierung. Gelingt dies nicht, gehen Sie nach der Methodik „Abstrahieren zum Erkennen der lösungsneutralen Problemformulierung" vor, Tabelle 5.5.

Tabelle 5.5. Schrittweises Abstrahieren (Abschn. 10.3.1)

Schritt	Aufgaben, Tätigkeiten
1	Gedanklich Wünsche (Priorität 3) weglassen
2	Forderungen (Priorität 2 evtl. 3) weglassen, welche die (technischen) Funktion und wesentliche Bedingungen nicht unmittelbar betreffen
3	Quantitative (also Zahlen-)Angaben in qualitative umsetzen und dabei auf wesentliche Aussagen reduzieren
4	Erkanntes sinnvoll erweitern
5	Problem lösungsneutral formulieren

Wie die Beobachtung in Seminaren zeigt, kann das Problem je nach Erfahrung und Fachwissen der Bearbeiter unterschiedlich lösungsneutral formuliert sein.

Entscheidend ist: beschreiben Sie bereits *Gebrauchsfunktionen* (Prozessfunktionen), technischen Funktionen (des Produkts) und wesentliche Bedingungen eindeutig. Nutzen Sie diese Funktionen zum

Erstellen von *Funktionsstrukturen*. Dies sind erste Lösungen auf noch abstrakter Ebene.

5.3.2
Kernaufgabe(n)

Kernaufgaben sind die zentralen (Teil-)Aufgaben zum Lösen einer Gesamtaufgabe. Wählen Sie aus der Reihe dieser Kernaufgaben diejenige, die den größten Einfluss auf die anderen besitzt und selbst kaum oder nicht von den anderen beeinflusst wird. Bearbeiten Sie diese Kernaufgabe(n) zuerst.

Die Kernaufgabe zum Beispiel „Hebel" ist unmittelbar erkennbar:

Gestalten Sie einen Winkelhebel, dessen Elemente (= Teile des Hebels) auf den Wirklinien der Kräfte angeordnet sind. Beachten Sie das Kräftedreieck und die vorgegebenen Abmessungen.

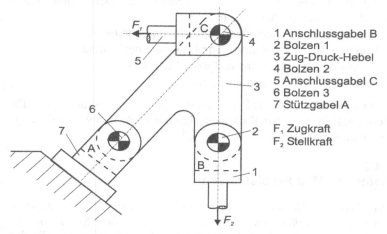

1 Anschlussgabel B
2 Bolzen 1
3 Zug-Druck-Hebel
4 Bolzen 2
5 Anschlussgabel C
6 Bolzen 3
7 Stützgabel A

F_1 Zugkraft
F_2 Stellkraft

Abb. 5.3. Hebelvariante aus Zug- und Druckstäben

111

5.4
Handlungsmanagement (Kreieren, Agieren)

Mit der *Systemsynthese* werden Lösungsideen unter Anwenden von intuitiv und diskursiv betonten Methoden (Abschn. 10.1.2 und 10.1.3) entwickelt, evtl. kombiniert und ins Gesamtsystem integriert.

Erarbeiten Sie nicht nur eine Lösung, sondern mehrere Lösungen. Strukturieren Sie die erhaltenen Lösungsfelder über eine *Systemanalyse* mit den Eigenschaften. Verwenden Sie zeitsparend die „alternierende Variation mit Lösungsauswahl" (Abschn. 10.1.1).

5.4.1
Der Prozess des Kreierens und Agierens

Systematisches Vorgehen, Parallelisieren und interdisziplinäre Zusammenarbeit sind wichtige Aspekte bei diesem Prozess. Beachten Sie beim methodischen Arbeiten nachstehende Denk- und Handlungsoperationen (Pahl et al. 2003):
- zweckmäßiges Denken und individuellen Arbeitsstil,
- Vorgang der Analyse, der Abstraktion und der Synthese,
- Einsatz der allgemein anwendbaren Methoden,
- Arbeitsteilung und Zusammenarbeit.

Verknüpfen Sie die TOTE-Einheiten (Abb. 1.2, Abschn. 1.6.3) für diesen Fall in einer Art Kaskadenschaltung (Dörner 1987) miteinander zu einem Vorgehensplan, Abb. 5.2..

5.4.2
Methoden-Mix: Problemlösen

Der klassische *Methoden-Mix*, um im Ingenieurbereich Probleme zu lösen, heißt: *Teilen und Beherrschen*. Unterteilen Sie komplexe Probleme in weniger komplexe, überschaubare. Beherrschen Sie das komplexe Problem mit Lösungen zu den Teilproblemen.

Dieser Methoden-Mix ist sehr erfolgreich, birgt aber auch eigene Gefahren in sich. Beim Unterteilen kann es zu Schnittstellenproblemen kommen, etwa durch unzureichende Kommunikation (KS). So wird dieses Teilen selbst eine Ursache von Problemen.

Probleme fesseln uns und um Lösungen zu finden, helfen uns Problemlösemethoden mit zugehörigen *Kreativitätstechniken* (Abschn. 10.1.2 und 10.1.3). Eine sinnvolle Kombination wird als Methoden-Mix beschrieben.

Brainstorming: Finden Sie durch Erzeugen (Generieren) von vielen Ideen evtl. auch die letztendlich gewünschte zündende Idee. Die Art des Durchführens muss trainiert werden. Stellen Sie jede Kritik während des intuitiv betonten „Ideenfindens" zurück. Brainstorming will eben auch geübt sein. Richtig durchgeführt als „Methoden-Mix":

Brainstorming und Galeriemethodik

- Erläutern Sie in einer kurzzeitigen Einführungsphase die Problemstellung umfassend.
- „Brainstormen" Sie 20-30 Minuten in der Ideenfindungsphase und schreiben Sie dies sogleich auf (Kartentechnik, Abschn. 10.2.2). Hinweis: In dieser Phase sollen und dürfen die unsinnigsten Vorschläge gemacht werden.
- Der Moderator fordert zum Aushang der Ideen auf und eröffnet den Galerierundgang. Alle Beteiligten sehen und lesen die Ergebnisse und lassen sich zu weiteren Ideen anregen. Auch Rucksack-Ideen sind gefragt, d.h. vorhandene Lösungen können konkretisiert oder abgewandelt werden.
- Beurteilen Sie in der folgenden *Aufbereitungsphase* die Machbarkeit und Nützlichkeit der Vorschläge. Diese Arbeit kann ein kleineres Team durchführen. Sprechen Sie vorher ein Beurteilungs- und Wertesystem – wenn nicht bereits vorhanden – und auch die Lösungsvorschläge gemeinsam durch.
- Entscheiden Sie bei diesem Durchsprechen bereits: Vorschläge mit Hilfe von Auswahl- bzw. K.O.-Kriterien bevorzugen, zurückstellen oder ausscheiden (Abschn. 5.5.1). Bevorzugte Vorschläge sind Lösungen des Problems.
- Konkretisieren Sie die Lösungen in Einzelarbeit oder im kleineren Team (Abschn. 5.5.2) und bewerten Sie danach gemeinsam (Abschn. 5.5.3). Erstellen Sie eine Rangfolge der Lösungen.
- Entscheiden Sie gemeinsam mit dem Auftraggeber, welche der favorisierten Lösungen weiterverfolgt werden (Abschn. 5.6).

Wie jahrelanges Anwenden auch in der industriellen Praxis zeigten, entwickelte sich so das abgewandelte Brainstorming verbunden mit der Galeriemethodik nach unserem Verständnis zu einem effektiven Methoden-Mix (Pahl u. Beelich 1981).

Noch einige Bemerkungen zu diesen Methoden: Wenig Kreativität finden Sie in homogenen, mit Angst beladenen, abgeschlossenen Systemen vor. Wer nichts wagt, nur „alte Wege" geht, wird kaum ein Risiko eingehen und immer die – aus seiner Sicht – „einfachste" und sicherste Lösung – die bestehende – wählen. Er verpasst somit die einfachsten und schnellsten durch Weiterentwicklung der Technik bedingten Lösungsvarianten.

5.4.3
Handeln in komplexen Situationen

Ein *Problem* entsteht nach Duncker (1966) immer dann,
„wenn Menschen ein Ziel haben und nicht wissen, wie sie dieses Ziel erreichen sollen. Wo immer der gegebene Zustand sich nicht durch bloßes Handeln (gemeint ist das Ausführen selbstverständlicher Operationen) in den erstrebten Zustand überführen lässt, wird das Denken auf den Plan gerufen. Ihm obliegt es, ein vermittelndes Handeln allererst zu konzipieren."

Im Gegensatz zum Bearbeiten einer Aufgabe, für die den Handelnden wohl vertraute Operationen (Handlungsschemata, Algorithmen) zur Verfügung stehen, muss beim Problemlösen ein gegebener Zustand in einen erwünschten Zustand überführt werden. Hierbei ist der Lösungsweg noch unklar oder *Handlungsbarrieren* tauchen auf, die überwunden werden müssen.

Wird einem Erwachsenen die Aufgabe gestellt, „(3+7)/2" auszurechnen, so ist das i. Allg. kein Problem. Die Barriere fehlt und Operationen sind zum Lösen der Aufgabe bekannt. Natürlich ist die gleiche Situation für die eine Person eine Aufgabe, für eine andere Person jedoch ein Problem (KS), je nachdem, ob aufgrund erworbener Erfahrung die Barriere fehlt oder wegen fehlender Erfahrung das Überführen in den erwünschten Zustand nicht gelingt.

Komplexe Problemlösungen erfordern zudem, dass – auch kritische – Situationen zu meistern sind, in denen eine große Anzahl von Faktoren zu beachten sind. Häufig sind diese Faktoren miteinander vernetzt, so dass sie sich wechselseitig mehr oder minder stark beeinflussen. Weiterhin sind diese Situationen – zumindest teilweise – nicht transparent. Es ist nicht alles sichtbar, was zu sehen gewollt wird. Und schließlich entwickeln sich diese Probleme von selbst weiter, sie weisen Eigendynamik auf. Die derzeit anstehenden Probleme der Arbeitslosigkeit, der *PISA*- und MARKUS-Studie, der Gesundheits-, Steuer- und Rentenreform führen uns eindrucksvoll vor Augen, wie schwierig es selbst mit Unterstützung vieler Experten ist, Lösungen zu solch komplexen Fragen zu entwickeln und umzusetzen. Der Bamberger Psychologe Dietrich Dörner hat vielleicht auch deshalb für sein Buch (2003) über das strategische Denken in komplexen Situationen den Titel „*Die Logik des Misslingens*" gewählt.

5.5
Beurteilungsmanagement

Erkennen Sie aus Abb. 5.2, dass das Vorgehen bei der Produktdefinition und beim Problemlösen durch Handlungs-, Beurteilungs- bzw. Entscheidungsphasen gekennzeichnet ist. Dieses Vorgehen wird von Pahl et al. (2003) als kreatives und korrektives Arbeiten bezeichnet und von Göker et al. 1992 in der Anwendung beschrieben. Ihr Vorgehen ist zeitsparend, wenn Sie frühzeitig ein Beurteilungs- und Wertesystem entwickeln (Beelich u. Schiefer 1999).

5.5.1
Beurteilen nach Eignung: Auswahlverfahren

Auswahlverfahren dienen zum Beurteilen der generellen Eignung von Varianten. Auswahlkriterien sind die Anforderungen der Priorität 1 = Festforderungen (Erfüllung: muss) (Abschn. 5.2.2).

> Wenn eine der Auswahlkriterien nicht erfüllt ist, scheidet die Variante aus bzw. wird zurückgestellt oder zunächst nicht weiterbearbeitet. Nur eindeutige Erfüllung übergibt sie in die nächste Phase. Varianten, bei denen Informationsmangel (?) und/oder noch unklare Anforderungen (!) vorliegen, werden in vorherige Phasen zurückgeführt.

Gestalten Sie Auswahlverfahren transparent. Ordnen Sie Festforderungen (Priorität 1) folgenden Auswahlgruppen zu:

- Mit den Unternehmenszielen verträglich,
- Kundenfunktionen erfüllt,
- Realisierung möglich (Machbarkeit),
- Wirtschaftlichkeit gegeben,
- Vorschriften, Richtlinien, Gesetze beachtend,
- Sortimentergänzung gegeben,
- Im eigenen Bereich bevorzugt.

5.5.2
Konkretisieren

Sinnvolles Bewerten der Lösungen (= geeignete Varianten) erfordert, dass sie auf gleichen Informationsstand gebracht werden. Das *Konkretisieren* geschieht anhand der Bewertungskriterien bzw. Merkmale und Merkmalsausprägungen (Bewertungsliste, Abschn. 5.2.1). Verbessern Sie auf diese Weise die Lösungen im Sinne des „Höherwertigmachens" stetig (Pahl et al. 2003). Folgen Sie einem zeitsparenden Vorgehen.

Konkretisieren Sie die Eigenschaften der Lösungen zunächst anhand eigener Erkenntnisse und Erfahrungen. Erst danach nutzen Sie:
- das Befragen von Fachleuten,
- Recherchen wie Patent- und Literaturrecherchen,
- Anordnungs- und/oder Gestaltungsstudien zum Beurteilen von Koppel- und Verbindungsstellen und der Form der Einzelteile,
- orientierende Berechnungen unter vereinfachten Annahmen,
- Simulationen.

Das Einhalten dieser Reihenfolge hat sich bewährt und ist zeitsparend.

5.5.3
Beurteilen nach Güte: Bewertungsverfahren

In Abschn. 5.2.3 wird das *Bewertungsverfahren* beim Erkennen von Stärken und Schwächen, d.h. Abweichungen aus dem Vergleich von Soll- und Ist-Eigenschaften eingesetzt.

Entwickeln Sie das erforderliche *Bewertungsschema* beim Klären der Aufgabenstellung und Erstellen der Arbeitslisten.

Bewerten Sie in gleicher Weise die nach dem Auswählen konkretisierten Lösungen. Bereits beim Bewerten lassen sich erste Verbesserungsansätze zu den einzelnen Eigenschaften nennen, wenn die (Gesamt-)Wertigkeit unterhalb 70% liegt. Beachten Sie beim Beurteilen ein ausgeglichenes mit wenigen Streuungen der Einzelwerte behaftetes Werteprofil.

Bewerten Sie Ihr Auto anhand einer Skala von 1-7. Begrenzen Sie die Randwerte 1 und 7 mit Merkmalsausprägungen aufgelisteter Merkmale, Tabelle 5.6.

Tabelle 5.6. Polaritätsprofil – Ergebnisse einer Befragung

Ihr Auto – Automarke: VW Golf Europe Baujahr 1996 ist:							
hässlich	1	2	3	4	X	6	7	schön
ungemütlich	1	2	3	4	5	X	7	komfortabel
schlecht	1	2	3	4	5	6	X	gut
umständlich	1	2	3	4	5	X	7	praktisch
störanfällig	1	2	3	4	5	X	7	zuverlässig
unergonomisch	1	2	3	4	X	6	7	ergonomisch
Umwelt belastend	1	2	3	4	X	6	7	Umwelt schonend
wartungsintensiv	1	2	3	4	5	X	7	wartungsarm
eng	1	2	3	4	X	6	7	geräumig
langsam	1	2	3	4	5	6	X	schnell
lahm	1	2	3	4	5	6	X	spritzig (Beschleun.)
hart	1	2	3	4	X	6	7	weich (Federung)
laut	1	2	3	4	X	6	7	leise (Innenraum)
schwammig	1	2	3	4	5	6	X	direkt (Lenkung)

Die aus einer Befragung erzielten Einzelwerte ergeben das *Werteprofil* der jeweiligen Lösung.

Um mehr über Meinungen, Einstellungen und Vorurteile der Mitmenschen zu erfassen, führte der Diplomarbeiter Thomas M. folgende Studie durch. Seine Handlungsanweisungen waren:

1. *Einzelarbeit*: Beurteilen des eigenen Autos oder des Wunschautos bezüglich der aufgelisteten Eigenschaftswörter (Tabelle 5.6) und markieren eines Skalenwertes zwischen 1 und 7. Hinweis: Die eingetragenen Einzelpunkte lassen sich zu einem Polaritätsprofil (Eigenschaftsprofil, Werteprofil) miteinander verbinden.

2. *Gruppenarbeit*: Gruppen nach Automarke bilden. Beurteilen der gemeinsamen Automarke bezüglich der aufgeführten Eigenschaftswörter
3. *Ergebnispräsentation*: Vergleich der einzelnen Profile. Ergebnis: Sichtweise bzw. Einschätzung von Automarken bezüglich ausgewählter Eigenschaftswörter innerhalb einer Studentengruppe.

Da bei dieser Studie das subjektive Empfinden noch vorherrscht, entwickelten *Versuchsingenieure* Untersuchungsmöglichkeiten, um diese Aussagen durch Einsatz von Messeinrichtungen zu objektivieren.

Diese Möglichkeit beschreibt folgendes Beispiel aus der Versuchs- und Entwicklungspraxis:

Eichhorn et al. (1995) berichten über eine „kundenorientierte Entwicklung ..." über Kundenerwartungen bezüglich der Fahreigenschaften eines Pkws und über subjektive Fahreindrücke, die sich in objektive Anforderungen und Kriterien überführen lassen."
Gemeinsam mit Kunden wird ein Vergleichstest durchgeführt. Siebzig repräsentativ ausgewählte Kunden von Ford-Automobilen und Konkurrenzprodukten fahren jeweils fünf Fahrzeuge der Mittelklasse über eine Fahrstrecke von 45 km. Die objektiven Kenndaten des jeweiligen Automobils werden gerätetechnisch aufgenommen, die Kunden während der Fahrt von einem Interviewer und einem Ingenieur befragt.

Ergebnisse des Vergleichstests zeigt der so genannte Zielwertgraph, Abb. 5.4. Hier sind die objektiven Kennwerte (technische Kennwerte) der Vergleichsfahrzeuge über dem Mittelwert der Kundenbefragung (subjektive Empfindungen und Aussagen) aufgetragen. Der Schnittpunkt von Regressionskurve und objektiver Achse ergibt für die Entwicklungsingenieure exemplarisch den Zielwert. Dieser Zielwert gibt Anhaltswerte für die Weiterentwicklung und Verbesserung der Fahrzeuge.

Ingenieuren ist bewusst, dass bei jeder *Kundenbefragung* während der aktuellen Situation stets die objektiven technischen Werte zu messen bzw. zu erfassen sind. Erst das Zusammenspiel Kundenaussage und technischer Wert bei gleichzeitigem Erfassen aller Situationswerte (Zweck-, Stör-, Neben- und Fernwirkungen) ergeben ein verwertbare Ergebnis.

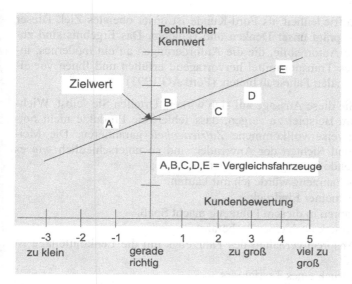

Abb. 5.4. Polaritätsprofil

Die Auswertung der Studie zeigte deutlich die Einstellung zum eigenen Auto bzw. zu einer Automobilmarke. Innerhalb einer Gruppe – gleiche Fahrzeuge – ergaben sich nur deutliche Unterschiede abhängig vom Zulassungsjahr und der Einsatzhäufigkeit der Fahrzeuge.

Außerdem war deutlich festzustellen, ob bei den Befragten der Gebrauchs- oder der Geltungsnutzen vorherrschte. Der *Gebrauchsnutzen* zielt auf den gewollten Zustand, der mittels des Fahrzeugs verwirklicht werden soll. Der *Geltungsnutzen* wird durch das Fahrzeugdesign als Zusammenspiel von Formen und Farben realisiert.

Darüber hinaus spielen eine Rolle: die eigene subjektiv und/oder gesellschaftlich geprägte Wertschätzung. Das Fahrzeug wird zum Symbol z.B. für Individualität, Gruppenzugehörigkeit und den persönlichen Lebensstil. Es wird sogar zur Quelle von Informationen über seinen Nutzer.

Wie dieses Beispiel zeigt, praktizieren Diplomarbeiter gemeinsam mit Ingenieuren der Industrie das „Lernen aus Erfahrung". Sie lernen dabei, wie sich subjektive Beurteilungen objektivieren lassen. Und dies nach dem Motto:

Ihre Zufriedenheit als Ford-Kunde ist unser oberstes Ziel. Dieser Anspruch prägt unser Denken und Handeln. Das Ergebnis sind zuverlässige Automobile, die die Anforderungen an ein modernes, individuelles Transportmittel hervorragend erfüllen und Ihnen vor allem maximalen Fahrspaß bieten. (Ford AG 1993)

Lassen Sie diese Aussage auf sich wirken. Urteilen Sie selbst. Wichtig ist, am Beispiel zu zeigen, dass fehlerfreie Produkte nicht notwendigerweise vollkommene *Zufriedenheit* garantieren. Die Meinungen und Sichten der Anwender sind so unterschiedlich wie es z.B. folgende Aussagen wiedergeben.

- Dieses Fahrzeug würde ich mir kaufen.
  → allgemeiner Eindruck
- Das Fahren in diesem Fahrzeug macht Spaß.
  → Eindruck nach einer Probefahrt
- Das Ansprechverhalten des Fahrzeugs um die Lenkmittellage ist sehr gut.
  → Eindruck eines Testfahrers

5.6
Entscheidungsmanagement

Bei der kreativen und korrektiven Arbeitsweise wird nach frühen Handlungsphasen bereits entschieden, wenn Richtung weisende Festlegungen (KS) zu treffen sind. Trennen Sie das Entscheiden vom Beurteilen (Auswählen und Bewerten), um ein Urteil mit Hilfe der Ergebnisse des Bewertens frei von Entscheidungszwängen zu erhalten.

5.6.1
Entscheiden

Entscheiden ist „seine Wahl auf etwas festlegen" (Duden). Das Entscheiden hängt wie das Problemlösen von der Zielsetzung ab. Bereiten Sie dies bereits bei der Produktdefinition (Abb. 5.3) vor.

Setzen Sie Ziele aus übernommenen Vorgaben und/oder aus selbständigen „persönlichen" Zielvorgaben. Übernommene Vorgaben sind gesellschaftliche Werten und Normen wie z.B. umweltfreundliches und wirtschaftliches Fahren. Beachten Sie beim Verwirklichen von selbst festgelegten Zielvorgaben Aspekte wie z.B. das Erfolgs- und Misserfolgserleben, d.h. das *Bezugssystem*. Voraussetzungen für das Entscheiden sind:

- Alle Lösungen und ihre Güte sind im voraus festgelegt, Entscheider sind darüber umfassend informiert.
- Das dem Problemlösen folgende Bewerten geschieht anhand von Zielsetzungen, die während der Produktdefinition möglichst eindeutig festgelegt werden (Bewertungsliste, Abschn. 5.2.1).
- Alle Auswirkungen lassen sich nach Wahrscheinlichkeit des Auftretens und der damit verknüpften Tragweite also nach dem enthaltenen Risiko beurteilen.

Die am Entscheiden Beteiligten beurteilen bewertete Lösungen. Dies geschieht hinsichtlich Nutzen und Risiken aus Sicht der Auftraggeber bzw. aus Sicht der Kunden und/oder Nutzer des Produkts und der Hersteller des Produkts (Entscheidungsliste, Tabelle 5.7).

Ein Beispiel aus der Beratungspraxis: Das Bewerten von fünf verschiedenen Lösungen einer Produktionsmaschine ergibt, dass die Lösungen 1, 4 und 5 hinsichtlich technischer und wirtschaftlicher Wertigkeit annähernd gleich gut sind. Entscheider und Entwicklungsteam führen einen Rangfolgevergleich bezüglich Nutzen und Risiken durch, Tabelle 5.7.

Tabelle 5.7. Rangfolge der Lösungen bezüglich Nutzen und Risiken

Nutzen, Risiken	Merkmal	Rang
Nutzen für den Kunden	Geltung (bei Kauf)	1 vor 4 vor 5
	Gebrauch (im Betrieb)	4 vor 5 vor 1
Nutzen für den Hersteller	Geltung (bei Verkauf)	1 (4) vor 4 (1)vor 5
	Wirtschaftlichkeit	4 und 1 vor 5
Risiken technischer Art	Einsatz UV-Lampe – Ausfallswahrscheinlichkeit	$1 < 4 = 5$
Risiken wirtschaftlicher Art	„Engineering" – Aufwand	$4 \ll 1 < 5$

Die Entscheider-Runde stellte fest:

Auf Platz 1 wird die Lösung 4 (3-4 mal) und die Lösung 1 (3-4 mal) gesetzt. Lösung 5 wird vor allem wegen der Nachteile bezüglich künftiger

Taktzeiten verworfen. Jeder Teilnehmer des Beurteilungsteams erhält nun 5 Punkte, die er nach eigener Einschätzung auf Lösung 4 und/oder auf Lösung 1 verteilt. 51 Punkte erhält Lösung 4, 19 Punkte Lösung 1.
Der Auftraggeber legte nun fest: Lösung 4 wird weiterverfolgt.
Nach Umsetzung des Konzeptes stellte die Projektgruppe auf einer Messe die Fertigungsanlage vor, die mit großem Erfolg auf dem Markt eingeführt wurde.

5.6.2
Entscheiden unter Unsicherheit und bei Risiko

Problemstellungen, die zunehmend komplexe Bedingungen enthalten, erzeugen *Unsicherheit* (Dörner 1983). Für das Entscheidungsverhalten sind folgende Empfehlungen zu beachten:
- Zerlegen Sie komplexe Sachverhalte so, bis handhabbare, weniger komplexe Sachverhalte vorliegen.
- Schätzen Sie die sachliche (*Wichtigkeit*) und zeitliche (*Dringlichkeit*) Bedeutung von erforderlichen Aktivitäten ein. Erfassen Sie Auswirkungen für das eigene Vorgehen.
- Gestalten Sie Strukturen und Prozesse flexibel, um sichere Bedingungen herzustellen. Dies darf nicht zu einem ziellosen Hin- und Herpendeln führen.
- Stellen Sie Ergebnisse niemals so dar, dass bereits durch die Art der Darstellung Entscheidungen vorgegeben werden.
- Lernen Sie aus Misserfolgen und Erfolgen.

5.7
Verbesserungsmanagement

Mit dem Abschluss jedes Programms denken Sie stets an ein neues, weiteres Arbeiten und Lernen. Führen Sie stets ein „*Kontinuierliches Verbesserungs-Programm*" durch. Schaffen Sie sich mit „Sichern und Verbessern" Hilfen, einen Informations-Tool, um
- Probleme zu reduzieren,
- Unsicherheiten zu vermindern,
- kritische Situationen (KS) zu meistern und
- Ihre Kompetenz weiterzuentwickeln.

Ihr Motto muss sein:

Erfahrung sammeln, auswerten und umsetzen.

Sichern

- Was können Sie beim nächsten Problemlösen besser machen? Notieren Sie es!
- Wie vermindern Sie Schwächen und Schwachstellen? Überprüfen Sie die Liste der Maßnahmen zum Beseitigen oder Vermindern von Schwächen und Schwachstellen. Schreiben Sie diese Liste fort.
- Wie verbessern Sie überhaupt Ihre Programme – Ihre Vorgehens- und Arbeitsweise? Welche kritischen Situationen (KS) treten auf? Wie gehen Sie damit um? Notieren Sie es!

Verbessern – warum?

Die Welt verändert sich – auch Sie und die Technik. Wir müssen unser Arbeiten/Handeln und Lernen ständig verbessern, aber wie?

Beantworten Sie sich folgende Fragen:

1. Welche Stärken und Schwächen kennzeichnen Ihre Tätigkeiten/ Operationen/ Handlungen? Stichworte: Situation analysieren, Ursachen erkennen, Maßnahmen entwickeln und umsetzen.
2. Wie beseitigen – zumindest vermindern – Sie Teilprobleme und Unsicherheiten? Wie gehen Sie mit kritischen Situationen (KS) um? Stichworte: Kompetenz, Methodeneinsatz, Problemlösestrategie.
3. Wie verbessern Sie Ihre Kompetenzen? Stichwort: Selbst-Reflexion, Kolb-Modell, Kompetenzentwicklung.

Dieses „Sichern und Verbessern" gilt nicht nur für Ingenieure. Es gilt für alle Berufe, Tätigkeiten und „Aufträge". In jeder neuen Situation erhalten Sie eine Fülle von Handlungs- und Lernchancen. Nutzen Sie dies, verbessern Sie so Ihr „Lernen aus Erfahrung" und sichern Sie sich die Zukunft.

Was bedeutet dies für Sie?

Sie müssen Ihr Arbeiten/Handeln und Lernen reflektieren und analysieren. Sie müssen selbst herausfinden, welche Lücken und Mängel vorherrschen. Sie müssen selbst gezielt Ihr *Verbesserungs-Programm* entwickeln.

Schaffen Sie mehr Transparenz.

- Beobachten Sie ständig Ihre Handlungen. Erkennen Sie bewusst Auffälligkeiten.
- Reflektieren Sie systematisch alle Fakten, Faktoren und Größen, alle Einflüsse – wie im Prozessmodell beschrieben – und analysieren Sie. Entwickeln Sie Verbesserungen und Abhilfen.
- Reduzieren Sie Probleme gezielt.
- Schaffen Sie bereits vor dem Start in einen Prozess Orientierung und Transparenz.

Schaffen Sie mehr Sicherheit.

Zu Ihren Arbeits- und Lernprogrammen gehören immer folgende Operationen/Tätigkeiten: Informieren/Klären – Verstehen – Anwenden – Wiederholen – Üben und erneut mit Informieren, Verstehen oder Anwenden beginnen. Nutzen Sie diese Methode der vollständigen Handlungen.

Bohren Sie sich wie mit einer spiralförmigen Bohrerwendel in die Fach- und Sachgebiete, in die Probleme hinein.

Berufsgruppen mit sicherheitsrelevanten Tätigkeiten wie z.B. Feuerwehr, Piloten machen diesen Ablauf zur bewussten und „wiederholten" Routine. Dies ist lebensnotwendig.

Wenden auch Sie die Not. Schaffen Sie Zukunft.

Vorsorgen ist auch für Sie keine Floskel. Ständig hören Sie dies. Stichworte sind z.B. Altersvorsorge, Vorsorge-Vollmacht. Darum sorgen Sie frühzeitig vor:

Kompetenz pflegen und weiterentwickeln.

Entwickeln Sie sich Ihr *Verbesserungs-Programm*. In den meisten Lebenssituationen können Sie es anwenden. Denken Sie hierbei an

124

die Methoden und zugehörigen Techniken in diesem Buch. Sie verwenden sie als Elemente Ihres Programms.

Lesen allein hilft nicht, Anwenden müssen Sie es.

Diskutieren Sie das Gelesene im Bekannten- oder Freundeskreis. Sie werden Albert Einstein bestätigt finden:

> *„Alles was erfolgreich ist,*
> *ist einfach.*
> *Alles was einfach ist,*
> *ist anfangs schwierig.*
> *Denn der Mensch hat selten gelernt,*
> *einfach zu denken und zu handeln."*

Literatur

Atteslander P (2003) Methoden der empirischen Sozialforschung. De Gruyter, Berlin New York

Beelich KH (1996) Projektmanagement bei der Kooperation Industrieunternehmen – Hochschule. In: VDI-Berichte 1270. VDI, Düsseldorf, 263-268

Beelich KH, Schneider M, Wallmeier S (1997) Vorgehen beim Entwickeln von Produkten und Prozessen. Arbeitsunterlage der Projektgruppe PG MuK. Selbstverlag, TU Darmstadt

Beelich KH, Schiefer E (1999) Erhöhter Planungsaufwand reduziert Entwicklungszeiten. Anforderungsliste mit integriertem Beurteilungssystem. Konstruktion 9:25-29

Dörner D, Kreuzig HW, Reither F, Stäudel T (1983) Lohhausen: Vom Umgang mit Unbestimmtheit und Komplexität. Huber, Bern Stuttgart Wien

Dörner D (1987) Problemlösen als Informationsverarbeitung. Kohlhammer, Stuttgart Berlin Köln Mainz

Dörner D (2003) Die Logik des Misslingens. Strategisches Denken in komplexen Situationen. Rowohlt, Reinbek bei Hamburg

Duncker K (1966) Zur Psychologie des produktiven Denkens. Springer, Berlin Heidelberg New York

Dreibholz D (1975) Ordnungsschemata bei der Suche von Lösungen. Konstruktion 27:233-240

Eichhorn U, Sauerwein D, Schmitz T, Vlugt A de, Teubner HJ (1995) Kundenorientierte Entwicklung am neuen Ford Fiesta. ATZ 97, 9:522-531

Ersoy M (1974) Optimierung von Kraftleitungsstrukturen. Konstruktion 26, 8:325-330

Ford AG (1993) Der Mondeo. Werbeprospekt Ford-Werke AG, Köln

Fricke G (1993) Konstruieren als flexibler Problemlöseprozess – Empirische Untersuchung über erfolgreiche Strategien und methodische Vorgehensweisen beim Konstruieren. Reihe 1: Konstruktionstechnik/ Maschinenelemente. Nr. 227. VDI, Düsseldorf

Göker M, Birkhofer H, Beelich KH (1992) Einsatz wissensbasierter Systeme beim Beurteilen. In: VDI-EKV und GI (Hrsg.) Wissensbasierte Systeme für Konstruktion und Arbeitsplanung. VDI, Düsseldorf

Litke HD (1995) Projektmanagement: Methoden, Techniken, Verhaltensweisen. Hanser, München Wien

Osborn AF (1957) Applied Imagination – Principles and Procedures of Creative Thinking. Scribner, New York

Pahl G, Beelich KH (1981) Lagebericht. Erfahrungen mit dem methodischen Konstruieren. Werkstatt und Betrieb 114:773-782

Pahl G, Beitz W, Feldhusen J, Grote KH (2003) Konstruktionslehre. Grundlagen erfolgreicher Produktentwicklung. Methoden und Anwendung. 5. Auflage. Springer, Berlin Heidelberg New York

Roth K (2000) Konstruieren mit Konstruktionskatalogen. Bd. 1 Konstruktionslehre. Bd. 2 Konstruktionskataloge. Springer, Berlin

Scheibler A (1976) Technik und Methodik des wirtschaftswissenschaftlichen Arbeitens. Vahlen, München

Seeger H (1992) Design technischer Produkte, Programme und Systeme: Anforderungen, Lösungen und Bewertungen. Springer, Berlin Heidelberg New York

Tjalve E (1985) Systematische Formgebung für Industrieprodukte. VDI, Düsseldorf

VDI 2221 (1993) Methodik zum Entwickeln und Konstruieren technischer Systeme und Produkte. Beuth, Berlin

VDI 2225 (1996) Konstruktionsmethodik. Technisch-wirtschaftliches Konstruieren. Tabellenwerk. Bl.1 u. Bl. 2 Entwurf. Beuth, Berlin Köln

6 Feedback: Handlungs- und Lernerfolg

Stressfrei ...?

Verbessern Sie Arbeiten und Lernen bei individuellen Arbeitsstil so, dass ein angenehmer Ausgleich zwischen *Stress* und Wohlbefinden oder Ruhe erreicht wird. Wesentlich ist hierbei, dass Sie kritische Situationen (KS) bei jeglichem Prozessablauf und Störungen auf den Prozess sowie *Konflikte* bei zwischenmenschlichen Beziehungen managen.

6.1
Kontroll- und Prüfungssituationen erleben

Die im Folgenden aufgelisteten und nach Prozessablauf (vgl. Nummerierung (1)–(13) in Abb. 2.8) geordneten Aussagen werden durch (KS) für kritische Situationen gekennzeichnet. Beachten Sie diese Situationen bei Prüfungen besonders. Lesen Sie die Hinweise zum Umgang mit diesen kritischen Situationen in Abschnitt 6.3.

6.1.1
Situationen analysieren

Die Situation um ein *Feedback* bzw. eine *Erfolgskontrolle* umfasst unter didaktischer Sicht folgende pädagogischen Dimensionen oder Merkmale: Lernziel – Lernende – Methoden – Organisation – Mittel – Stoff – Lehrende. Beachten Sie bezogen auf diese Merkmale bei der *Situationsanalyse* im einzelnen:

- Definieren Sie das (Lern-)Ziel (1) (KS): Hierbei ist sinnvoll, nach dem Minimum-Maximum-Prinzip zu entscheiden: Fach mit entsprechend „schlechter" Note bestehen oder von Ihnen festzulegende Zielnote erreichen. Manchmal ist das „Job bekommen" wichtiger als die Note. Dies erfordert jedoch, dass Sie Wege finden, sich

bei Ihrem künftigen Arbeitgeber als Mitarbeiter ohne das Zufalls-
produkt „Noten" einzubringen. Auch hier zählt, was Sie bisher
leisteten und nunmehr leisten.

- Kennzeichnen Sie prüfungsrelevante Stoffteile (2) des Fachs be-
reits in Ihrer Mitschrift und/oder im Umdruck der Fachgebiete und
Bildungseinrichtungen. Beachten Sie hierzu die Hinweise der Do-
zenten bzw. Lehrenden während der Veranstaltung.
- Prüfen Sie die Vollständigkeit der eigenen Unterlagen (2, 7). Be-
sorgen Sie sich evtl. die Mitschrift von anderen. Erreichen Sie die
Vollständigkeit nachträglich. Einige Fachgebiete haben bereits
Videos ihrer Veranstaltung in der Bibliothek.
- Erfragen Sie relevante Literatur beim Prüfer (10).
- Beschaffen Sie sich bisherige Klausuren und Prüfungsprotokolle
auch früherer Jahrgänge (Kommilitonen, Studentenverbindung,
Lehrgangsteilnehmer früherer Veranstaltungen).
- Wenn möglich bilden Sie eine Arbeits- und Lerngruppe (12).
- Klären Sie das Angebot von Repetitorien und anderen Vorberei-
tungskursen ab.
- Informieren Sie sich über Sprechstunden, die vom Fachgebiet an-
geboten werden (10).
- Analysieren Sie einsetzbare *Lernhilfen* (7) wie z.B. Schweden-
poker oder Lernkartei (Beelich u. Schwede 2002) und wählen Sie
aus (KS).

6.1.2
Prüfungslernen planen

- Stimmen Sie den Stoffumfang mit der zur Verfügung stehenden
Zeitspanne bis zur Prüfung ab (KS).
- Integrieren Sie die Termine für festgelegte Repetitorien in die ei-
gene Zeitplanung.
- Wenn möglich nehmen Sie als Zuhörer an mündlichen Prüfungen
teil. Lernen Sie die Art und Weise der mündlichen Prüfung und
das Verhalten der Prüfer kennen (u.a. Fragestil, Reaktionen,
Schwerpunkte). Notieren Sie Fragen und Antworten sofort nach
der Prüfung.
- Analysieren Sie vorhandene Unterlagen und ordnen Sie nach
Themenschwerpunkten.

- Vergleichen Sie mit relevantem Prüfungsstoff. Formulieren Sie evtl. Aufgaben und Fragen selbst. Testen Sie diese Unterlagen.
- Legen Sie Lernpakete (Teilziele) fest und gewichten Sie. Arbeiten Sie Schwächen und Stärken durch einen ersten Test heraus (KS)
- Legen Sie die Reihenfolge der Lernpakete hinsichtlich der Zeitplanung fest.
- Tragen Sie bereits erkannte unklare und nicht verstandene Sachverhalte zusammen. Klären Sie ggf. durch ein Literaturstudium.
- Legen Sie *Lernzeiten* fest (Puffer, Freizeitausgleich und Störungen einplanen). Ordnen Sie den Lernstoff den Schwerpunkten der Repetitorien zu.
- Bestimmen Sie Zeitabschnitte zum Abchecken in der Lerngruppe.
- Bereiten Sie ausgewählte Lernhilfen vor.
- Legen Sie Belohnungen fest, z.B. Kinobesuch bei erreichten Teilzielen.

6.1.3
Für die Prüfung lernen

- Klären Sie zusammengetragene noch unklare Sachverhalte in der Lerngruppe. Wenn dies dort nicht möglich ist, nehmen Sie Sprechstunden des Fachgebiets wahr.
- Lernen Sie nach vorgegebenem Stoff- und Ablaufplan. Halten Sie vorgegebene Zeiten ein (KS).
- Setzen Sie ausgewählte Lernhilfen ein.
- Führen Sie einen Soll-Ist-Vergleich durch (*Wissenskontrolle, Fehlersuche*) – sinnvoll in der Lerngruppe. Binden Sie korrektive Maßnahmen flexibel ein. Ändern Sie evtl. die (Lern-)Strategie.
- Nehmen Sie eine Wissenskontrolle vor (KS), auch durch Beantworten der selbst formulierten Aufgaben und Fragen. Entwickeln Sie ein Zeitgefühl für die Prüfungsspanne.
- Besuchen Sie Repetitorien. Nutzen Sie das *Kontrollerleben.*
- Lernen Sie nichts auswendig, was Sie nicht verstanden haben. Lernen Sie stets Zusammenhänge und nicht Formeln.
- Versuchen Sie Gelerntes anderen zu erklären z.B. in der Lerngruppe, denn

  „Lehren ist zweimal Lernen".

6.1.4
Verhalten während der Prüfung managen

Schriftliche Prüfung – Klausur

- Gewinnen Sie Überblick: Schwerpunkte, Schwierigkeitsgrad der Aufgabe(n), Punktverteilung.
- Verteilen Sie die Bearbeitungszeit auf die jeweilige Punktzahl.
- Legen Sie die Reihenfolge des Abarbeitens fest (KS). Überschreiten Sie keineswegs die Teilzeitspannen.

Vorschlag für ein Vorgehen:

> Lösen Sie als erstes die Aufgaben, bei denen sicheres Antworten gegeben ist. Bevorzugen Sie hierbei die Aufgabe mit der höchsten Punktzahl.
> Lösen Sie die weiteren Aufgaben nach Ihrem Wissensstand. Lassen Sie sich jedoch nicht von Aufgaben abschrecken, die auf den ersten Blick unlösbar erscheinen.
> Halten Sie aber auch nicht daran fest, wenn sich nach ruhiger Überlegung der Lösungsweg nicht erschließt.

- Analysieren Sie die Aufgaben sorgfältig (KS). Machen Sie sich dabei das Aufgabenziel klar. Erkennen Sie Anforderungen und Bedingungen. Visualisieren Sie sich die Aufgabe. Dies schafft Transparenz.
- Suchen Sie Lösungen. Setzen Sie möglichst allgemein an. Erst wenn Lösungsansatz und Lösungsweg klar sind, Zahlen einsetzen oder Zeichnung anfertigen.
- Wenn möglich kontrollieren Sie Lösungen durch Abschätzen, Beachten Sie: Kritische Situation (KS), da beim nochmaligen Durchlesen von Antworten bzw. Lösungen viele Lernende unsicher reagieren. „Verwerfen und neu bearbeiten" ist nur sinnvoll, wenn die erste Variante „wirklich" falsch ist.

Mündliche Prüfung

In den mündlichen Prüfungen spielen die Eigenarten und Eigenheiten der Prüfer eine wesentliche Rolle.

- Erfassen Sie dies – wenn möglich – durch Teilnahme als Beobachter in mündlichen Prüfungen.
- Überlegen Sie sich eigene *Verhaltensstrategien* aus den Beobachtungen um die eigenen Prüfungen.

- Beachten Sie: In den meisten Fällen gestalten Prüfer den Prüfungseinstieg so, dass er für Geprüfte möglichst angstfrei, ermutigend und entspannend ist. Nutzen Sie diese Einstiegsphase. Lassen Sie die gelockerte Atmosphäre auf sich selbst wirken.
- Achten Sie auf die Art der Fragen. Offene Fragen lassen meistens eine Vielzahl von Antworten zu, die als zutreffend oder weniger angemessen bewertet werden. Schließende Fragen lassen in der Regel nur eine richtige oder falsche Antwort zu.
- Beachten Sie: Kritische Situationen (KS) sind Ereignisse, in denen Geprüfte Schwierigkeiten mit dem Beantworten einer Frage haben, offensichtlich sehr nervös sind, einen Black-out zeigen.
- Richten Sie Ihre Aufmerksamkeit auf die gestellte Frage.
- Beobachten Sie die Reaktionen des Prüfers auf Ihre Antwort (Feedback) und agieren Sie darauf offen.
- Lassen Sie sich beim Hinter- oder Nachfragen der Prüfer nicht verunsichern. Die erste Antwort kann richtig sein.
- Beachten Sie diese Situation: Ihre richtige Antwort wird vom Prüfer falsch gehört oder interpretiert. Verschiedene Fachbereiche haben bereits Beobachter bzw. Protokollführer eingebunden. Wiederholen Sie die gegebene Antwort oder lassen Sie durch die Beobachter bzw. Protokoller aus deren Mitschrift wiederholen.

6.1.5
Eigenes Verhalten sichern und verbessern

Durch die Häufung von Prüfungssituationen stellt sich nicht unbedingt eine *„Prüfungsroutine"* ein. Ohne Nervosität und Lampenfieber gehen Prüfungen im allgemeinen nicht über die Bühne. So schlecht ist das nicht, denn ein mittleres Maß an Motivation, die sich in einer gewissen Anspannung äußert, macht körperliche und intellektuelle Reserven frei (Eustress). Dies kommt dem Vorbereiten und auch dem Prüfungsergebnis zugute.

Prüfungen sollen auch der Erfolgskontrolle von Lehrseite dienen. Sie informieren Lehrende darüber, ob die angestrebten Ziele erreicht werden. Eine solche Erfolgskontrolle muss nicht unbedingt benotet werden. Die bewertete Erfolgskontrolle zeigt Ihnen jedoch, ob und wie gut Sie ein gesetztes Ziel erreicht haben. Dies dient
– der *Selbstkontrolle,*

- dem Selbsteinordnen in das Leistungsniveau,
- der Möglichkeit zum Korrigieren des Lernverhaltens,
- dem Feststellen und Aufarbeiten von Lücken und Schwächen.

Stellen Sie eine Bestandsaufnahme für jedes Fach an den Anfang einer gezielten Prüfungsvorbereitung. Beantworten Sie sich folgende Fragen:

- Welche Anforderungen (Themenbereiche) werden gestellt?
- Welche dieser Anforderungen beherrschen Sie vollständig – zumindest weitgehend?
- Welchen Anforderungen werden Sie nur teilweise gerecht?
- Welche Anforderungen erfüllen Sie nicht?

Beantworten Sie die Fragen nach Fächern und Themenbereichen getrennt. Ermitteln Sie den Lernstoff, den Sie mit der zur Verfügung stehenden Lernzeit aufarbeiten müssen.

Eine in dieser Weise vorgenommene *Prüfungsplanung* erfordert:
- den rechtzeitigen *Planungsbeginn*,
- eine genaue *Definition* der geforderten Themenbereiche,
- eine ehrliche *Diagnose* des Stands der Kenntnisse,
- ein sorgfältiges Zusammenstellen der benötigten Prüfungsunterlagen,
- ein realistisches Schätzen des *Zeitbedarfs*.

> *Üben Sie sich im Einschätzen des Zeitbedarfs.*
> *Entwickeln Sie ein sinnvolles Zeitgespür.*

Alle Planungen bleiben sinnlos, wenn sie nicht auch in Aktionen umgesetzt werden. Sie selbst sind verantwortlich, auch für Ihr Nichtstun.

Trotz der vorgeschlagenen lang- und mittelfristigen Maßnahmen bleibt es in der Regel nicht aus, dass in den Wochen vor dem Prüfungstermin die Anstrengungen erhöht werden.

Damit sie nicht zum *Stress* werden, gibt es auch hier zu beachtende Empfehlungen:

- Üben Sie den *Prüfungsablauf*.

Zum Üben der schriftlichen Prüfung bieten sich Aufgaben an, die den gleichen Schwierigkeitsgrad und Umfang wie echte Prüfungsaufgaben haben. Beispiel:

> Besorgen Sie sich die Aufgaben früherer Prüfungen oder Klausuren oder formulieren Sie selbst Aufgabenstellungen.
>
> Lösen Sie diese Aufgaben unter Prüfungsbedingungen mit den gleichen Mitteln und im selben Zeitraum – Prüfungssituation.

Hinweis: Das Formulieren von Aufgabenstellungen hat einen gewissen Nachteil. Meistens werden Fragen zu Bekanntem gestellt.

Doubeln Sie für mündliche Prüfungen die Rolle des Prüfers. Setzen Sie den Stoff in Fragen um und beantworten Sie. Ein Hinweis aus eigener Erfahrung:

> Bilden Sie eine Prüfungsgruppe und wenden Sie den speziellen Prüfungstyp an. Kritisieren Sie anschließend die Prüfung konstruktiv und analysieren Sie die Fehler. Haben Sie Mut zur Note!

• Strukturieren und lernen Sie den Lernstoff.

Mündliche, teilweise aber auch schriftliche Prüfungen bestehen zu einem wesentlichen Teil aus dem Abfragen von erlerntem Wissen und dem Darstellen von Zusammenhängen. Strukturieren Sie den (Lern-)Stoff und bringen Sie ihn in übersichtliche und zutreffende Zusammenhänge, z.B.:

– Bereiten Sie den Stoff auf. Gliedern Sie.
– Entwickeln Sie graphische Darstellungen.
– Erarbeiten Sie Tabellen.
– Strukturieren und visualisieren Sie Zusammenhänge.
– Erstellen Sie Wissens- oder Begriffsnetze – auch als Bild.
– Legen Sie eine Lernkartei an. Wenden Sie dies sofort an.

• Wechseln Sie die Vorbereitungsgebiete.

Lernen von vielen Texten führt schnell zum Ermüden. Dies löst leicht Interferenz aus.

> *Wechseln Sie die Wissensgebiete. Bearbeiten Sie*
> *einen Stoff nicht länger als 30–40 Minuten.*

• Führen Sie ein normales Leben.

So bedeutsam die bevorstehende Prüfung vielleicht ist, das Leben sollte dennoch nicht zu kurz kommen. Erholung und Pausen sind wichtig. Auch die sozialen Kontakte wollen gepflegt sein. *Normalität* ist ein ganz gutes Gegenmittel für drohende Nervosität und Überforderung. Eine Gewaltkur mit einem 20-Stunden-Tag kann der Umgebung zwar imponieren, ist aber sinnlos. Jeder Mensch hat nur eine begrenzte Lernkapazität.

- Planen Sie die *Zeitspanne* für Gesamtwiederholungen ein.

Planen Sie am Ende einer größeren Prüfungsvorbereitung unbedingt eine Gesamtwiederholung ein. Sie dient der Zusammenschau des Gelernten. Beenden Sie diese Zusammenschau spätestens einen Tag vor der Prüfung. Der letzte Tag vor dem Prüfungstermin dient ausschließlich der Entspannung. Kurzfristig vor einer Prüfung angelesenes Wissen wird nicht mehr mit den vorhandenen Kenntnissen verknüpft. Dies stört darüber hinaus als „retroaktive" *Hemmung* das Hervorholen gelernter Kenntnisse während der Prüfung.

6.2
Feedback verwirklichen

6.2.1
Erfolgskontrolle festlegen

Rationales Handeln und Lernen erfordert, dass Sie Ihren Erfolg kontrollieren und das Ergebnis dieser Kontrolle zum Korrigieren oder Anpassen, Sichern und Verbessern in den Handlungs-Prozess einbringen.

Zur *Selbstkontrolle* bezüglich Ihres Lernfortschritts greift das Planen sowohl selbst- als auch mitbestimmend in alle anderen Aktivitäten ein. Hierbei gilt: Wer

- selbst – mit den anderen – die Ziele formuliert hat,
- selbst festgestellt hat, was ihm, bezogen auf diese Ziele fehlt,
- mit formuliert, an welchen Aspekten er seiner Ansicht nach ablesen könnte, dass er das Ziel erreicht hat,
- mit beteiligt war am Entwickeln von Strategien zum Erreichen dieser Ziele

auf den wirkt das Ergebnis der Kontrolle nicht als Außendruck ein, sondern es ist sein Ergebnis. Er beantwortet es mit neuen Aktivitäten. Dieses Ergebnis könnte aber auch als Beschreibung der Startsituation für die nächste Lehr- und Lerneinheit benutzt werden.

Dies gilt sinngemäß für die Selbstkontrolle der Lerngruppe ebenso wie für die Selbstkontrolle der Lehrenden.

Für derartige Selbstkontrollen sind Kriterien besser als ein Bezug auf Normen. Eine Kriterien bezogene Selbstkontrolle orientiert sich an dem, was sich Lernende und Lehrende gemeinsam vorgenommen haben. Tabelle 6.1 zeigt für die Merkmale „Fähigkeit zu realisieren" und „Selbstständig, Engagement, Fleiß" wie ein derartiges *Bewertungsschema* gestaltet werden könnte.

Tabelle 6.1. Auszug: Bewertungsschema für Studien- und Diplomarbeiten am Fachgebiet Produktentwicklung, TU Darmstadt (Birkhofer 1997)

HK	Inhaltliche Bearbeitung	Arbeitsverhalten
UK	Fähigkeit zu realisieren	Selbständig, Engagement, Fleiß
4	Strebt Verwirklichung aufs Ziel bezogen an, führt Untersuchungen konzentriert zu verwertbaren Ergebnissen	Braucht keine Hilfen, sucht selbständig nach Lösungen für Probleme, ist sehr aktiv und fleißig
3	Verwirklichung wird bewusst angestrebt und in Teilbereichen auch erreicht	Benötigt wenig fremde Hilfestellung, sucht bei den meisten Schwierigkeiten selbständig nach neuen Lösungen, ist fleißig
2	Strebt Verwirklichen der Ergebnisse an, Unsicherheiten sind jedoch unverkennbar	Selbständiges Bearbeiten wesentlicher Teile der Arbeit, Betreuer muss bei Problemen erhebliche Hilfen geben, Fleiß ausreichend
1	Starkes Zurückhalten beim Verwirklichen der Ideen, gibt trotz erheblicher Zweifel Hinweise auf Realisierung	Zögernde Arbeitsweise, umfangreiche Betreuung notwendig, unselbstständig, wirkt bei schwierigen Problemen überfordert
0	Bleibt in Formalismen stecken, zweifelt ständig, scheut sich vor der Anwendung	Wartet auf Anweisungen, muss gedrängt werden, wirkt hilflos, lässt viel Zeit ungenutzt verstreichen

(HK = Hauptkriterium, UK = Unterkriterium, 4-0 = Werteskala)

Eine genormte Selbstkontrolle dagegen zielt darauf, wer im Vergleich mit den anderen besser ist. Die Norm muss solange angepasst werden, bis alle in der zu beurteilenden Gruppe einer „Gaußschen

Normalverteilung" entsprechen. Bezogen auf die Normalverteilung ist zu erkennen, dass die Beurteilten in ihren Leistungen deutlich streuen und einer auf jeden Fall der erste oder der letzte ist. Rückwirkungen auf ein Vereinzeln der Lernenden im Lehrprozess, auf Entmutigen der Schwächeren sind beim genormten Prüfen unvermeidlich.

6.2.2
Beurteilungsgespräche führen

Beurteilungsgespräche helfen Ihnen
- rechtzeitig Fehler zu identifizieren und zu lokalisieren,
- Fehler nach Schwere und Tragweite zu beurteilen,
- Maßnahmen zum Minimieren und Beseitigen von Fehlern zu entwickeln und umzusetzen,
- das Umsetzen der Maßnahmen zu überwachen.

Praktische Erfahrungen mit der Testmethode „*Review*" beweisen deren Nutzen.

Prüfen von Mitschriften, Hausarbeiten, Studien- und Diplomarbeiten geschieht außerdem nach zwei Gesichtspunkten:
- Beseitigen Sie Miss- bzw. Unverständnis und
- spüren Sie sachliche Fehler auf.

6.2.3
Review als Kontrollinstrument einsetzen

Im Zusammenhang mit dem Betreuen von Studien- und Diplomarbeiten setzten die Autoren neben dem Bewerten mit *Werteskala* (Tabelle 6.1) das Review als Prüfen im Projekt ein. Diese Vorgehens- und Arbeitsweise erlebten sie auch in mehreren Konstruktionsabteilungen. Für ein Review gilt:

Grundlegendes und Prinzip des Reviews: Anlässe für ein Review sind Meilenstein-Ergebnisse von besonderer Bedeutung. Dies sind z.B. beim Entwickeln von Produkten oder Prozessen die Ergebnisse nach den einzelnen Phasen im Entwicklungs- und Konstruktionsprozess oder -projekt.

Der *Grundsatzfrage*: „Erfüllt das Produkt oder der Prozess das, was von ihm gefordert wurde?" folgt als *Antwort*: „In den Teilen ...

des Produkts oder des Prozesses ist eine Verbesserung nötig, nicht nötig oder erwünscht". Ein Team Sachkundiger begutachtet zunächst das Arbeitsergebnis, weniger den Weg, den Arbeitsprozess.

Hierzu erforderliche Unterlagen sind:
- das zu beurteilende Arbeitsergebnis,
- Referenzunterlagen, die als Vorgaben zum Bearbeiten und Erstellen der Ausarbeitung dienten,
- Richtlinien, Arbeitsanweisungen usw., die beim Erstellen des Review-Ergebnisses zu beachten sind und
- Check- und Fragelisten (Hilfsmittel zum Beurteilen).

Vorteile des Reviews

- Know-how-Transfer,
- Homogenere Prozess- und Produktqualität: Wie machen es andere? Warum besser?
- Synergieeffekte, d.h. zielgerichtetes Zusammenwirken von Einzelpersonen mit unterschiedlichen Fähigkeiten (Kompetenzen) und Kenntnissen (Wissen).

Planen Sie ein Review. Legen Sie die Rollen fest, die im Review wahrgenommen werden:
- *Projektleiter:* meist der Auftraggeber, verantwortlich für die Qualität. Er bestimmt, welche Arbeitsergebnisse inhaltlich überprüft werden. Er gibt hierzu Check- und Fragelisten vor. Er wählt einen geeigneten Moderator und geeignete Gutachter.
- *Moderator:* Leiter der Reviewsitzungen,
- *Gutachter:* sachkundige Prüfer,
- *Protokollführer* in den Reviewsitzungen,
- *Bearbeiter:* Urheber des Arbeitsergebnisses.

Bei Vergabe von Aufgaben- oder Problemstellungen ist auch die Zeitspanne für die Reviews einzuplanen. Sie umfasst etwa 20% der Gesamtzeit eines Projekts.

Setzen Sie das Review an. Bestimmen Sie mit dem Abliefern des Arbeitsergebnisses der Bearbeiter, den Moderator und den Zeitpunkt des Reviews. Der Moderator prüft die Vollständigkeit, lädt zum Review ein und stellt folgendes sicher:

- Alle Gutachter haben die Referenzunterlagen (Vorgaben), die Richtlinien, Arbeitsanweisungen, Check- und Fragelisten.
- Alle Gutachter haben eine Kopie des zu prüfenden Arbeitsergebnisses.

Bereiten Sie das Review vor.

- *Projektleiter* ermöglicht den Gutachtern Zeit für ihre Prüfaufgabe.
- *Moderator*: Räumlichkeiten vorbereiten und für eine entspannte Sitzungsatmosphäre sorgen.
- *Gutachter* prüfen nach bestimmten Gesichtspunkten (spezielle Fähigkeiten und Kenntnisse). Sie haben dazu die richtige Check- und Frageliste.
- *Bearbeiter* darf während dieser Vorbereitungszeit nichts ändern. Er beantwortet lediglich Fragen der Gutachter.

Führen Sie das Review durch. Ein Moderator leitet die *Reviewsitzung* mit dem Ziel, über Güte und Mängel der Arbeitsergebnisse einen Konsens herbeizuführen und Empfehlungen zu geben. Die Gutachter berichten über ihre Befunde. Der Bearbeiter verhält sich zurückhaltend, beantwortet Fragen der Gutachter und erstellt nach der Reviewsitzung ein Korrektur-Exemplar. Bei schwerwiegenden Fehlern ist bei gleicher Besetzung eine weitere Reviewsitzung einzuberufen.

Erarbeiten Sie Lösungsvorschläge (nach dem eigentlichen Review): Gutachter und Bearbeiter treffen sich nach einem Review und diskutieren die Lösungsvorschläge bei evtl. erforderlichen Änderungen und/oder Anpassungen. Die Kartentechnik unterstützt sie dabei (Abschn. 10.2.2).

Erstellen Sie einen Review-Bericht. Der *Review-Bericht* enthält:
- Zusammenfassung der Angaben wie z.B. Zeiten, Aufwand, verwendete Unterlagen, Teilnehmer,
- Liste der Befunde allgemein,
- Liste der Befunde bezogen auf die Referenzunterlagen.

Bereiten Sie das Review nach. Der Moderator sorgt für ein schnelles Verteilen des Review-Berichts. Der Bearbeiter überarbeitet seine Unterlagen nach diesem Review-Bericht. Hierbei beseitigt er nur Mängel, gut befundene Teile sind nicht anzutasten. Der Moderator führt eine Nachkontrolle durch. Der Projektleiter segnet die Nachbereitung ab und entscheidet über das weitere Vorgehen.

Analysieren Sie das Review. Klassifizieren Sie mit Mängel- bzw. Fehlerlisten, legen Sie Fehlerdatenbanken an. Passen Sie Check- und Fragelisten an (dynamisch wegen erstmalig entdeckter und noch erfragter Fehler bzw. Mängel). Verbessern Sie den Bearbeitungsprozess kontinuierlich. Dies gilt auch für den Entwicklungs- und Konstruktionsprozess, um qualitativ höherwertige Produkte zu erhalten (wie z.B. die Ausarbeitung der Diplomarbeit).

Neun Empfehlungen für das Review-Team

1. Bereiten Sie sich auf das Review vor.
2. Helfen Sie, durch Ihren Beitrag ein „gutes" Produkt zu erhalten.
3. Bleiben Sie sachlich.
4. Übersehen Sie (vor lauter Kritikbereitschaft) nicht das Positive.
5. Weisen Sie auf Mängel hin.
6. Bedenken Sie: Das Review liefert eine Diagnose. Die Therapie folgt etwas später.
7. Weichen Sie nicht vom Thema ab: es geht um das Produkt bzw. um den Prozess und die Mittel. Lassen Sie die Person außen vor.
8. Helfen Sie mit Erläuterungen, Hinweisen und Tipps. Auch Ihre Erfahrung ist gefragt.
9. Verteidigen Sie sich nicht: es ist ein Review, kein Gericht!

6.3
Umgang mit kritischen Situationen

Wie können Sie *kritische Situationen* beim Arbeiten und Lernen bewältigen? Einige Empfehlungen finden Sie in den folgenden Abschnitten. Ergänzen Sie diese *Empfehlungen* durch eigene Erfahrungen. Hinweis: Die Zahlen in Klammern beziehen sich auf das Prozessmodell, Abb. 2.8.

6.3.1
Ziel definieren

Mit dem Ziel (1) werden die grundsätzliche Richtung des Prozesses und die Anforderungen an den *Prozess* sowie an das zu erreichende Ergebnis – das *Produkt* – festgelegt.

- Übernehmen Sie nicht einfach bisherige Zielsetzungen, sondern überdenken Sie die Zielsetzungen durch eine Analyse bezüglich der aktuellen Situation.
- Setzen Sie sich bewusst persönliche Ziele. Lassen Sie sich nicht durch andere beeinflussen.
- Reden Sie bei Unsicherheit zur Zieldefinition mit kompetenten Ansprech- bzw. Diskussionspartnern.
- Beachten Sie: Ziele müssen realisierbar sein, sie sollen motivieren.

6.3.2
Vollständigkeit nachträglich erreichen

Der Umfang des Stoffs wird durch den Umdruck des Fachgebiets (Fachwissen), die Vorlesungen und die Übungsunterlagen (Anwenden des Fachwissens) festgelegt.

- Prüfen Sie, ob Fachwissen abgefragt wird oder ob ein Abfragen von Verständniswissen vorherrscht. Die Vollständigkeit des Fachwissens decken Umdruck und Vorlesung ab. Fragen Sie in den Übungen und in Fachgesprächen mit Mitarbeitern der Fachgebiete bzw. mit Studierenden, die das Fachgebiet vertiefen.

6.3.3
Einsetzbare Hilfen, Mittel analysieren, auswählen

Hilfen bzw. *Mittel* (7) helfen, wenn sie sich für den speziellen Fall der Anwendung eignen, richtig und intensiv eingesetzt werden.
- Ordnen Sie Bekanntes und Unbekanntes sinnvoll. Vermeiden Sie ein Überlernen. Nutzen Sie *Lernkartei* und *Lernpatience*.
- Lernen Sie in der Gruppe, arbeiten Sie mit dem „Schwedenpoker". Oder nutzen Sie Ideen aus bekannten Frage-Antwort-Spielen. Jedes Gruppenmitglied bereitet zehn *Frage-Antwort-Karten* vor und bringt sie zu Gruppenarbeit mit.

6.3.4
Zeit planen, Zeitverzug berücksichtigen

Stimmen Sie den Stoffumfang mit der zur Verfügung stehenden Zeitspanne bis zur Prüfung ab. Die Prüfungsvorbereitung ist effektiv, wenn der zu verarbeitende bzw. zu lernende Stoff im gestellten Zeitrahmen bearbeitet, verstanden und ohne Hilfen angewendet wird. Dies erhöht das persönliche Sicherheitsgefühl vor der Prüfung.

- Nutzen Sie Erfahrungen aus früheren Prüfungsvorbereitungen für die *Zeiteinteilung*. Werten Sie die auf die Zeit bezogenen Erkenntnisse aus den Prüfungen aus. Protokollieren Sie es.
- Versuchen Sie, vorgegebenen Zeiten einzuhalten. Hinterfragen Sie bei Zeitverzug das *Lernverhalten* und den Arbeits- und Lernprozess. Passen Sie ggf. an.

6.3.5
Arbeitspakete (Teilziele) festlegen und gewichten

Um angemessene Arbeits- und. Lernpakete (= Teilziele (1)) zu erhalten und realistisch zu gewichten, erarbeiten Sie mit einem ersten Test Schwächen und Stärken in Bezug auf den Stoff. Kritische Situationen (KS) hierbei ergeben sich u.a., wenn die eigene Erfahrung überschätzt wird und die Schwerpunkte falsch gesetzt werden.

Managen Sie das Erkennen von Stärken und Schwächen nicht aus der momentanen Stimmung heraus Vergleichen Sie mit bisherigen Erfahrungen in und um Prüfungen. Dies auch mit Stichproben und einem Vergleich:

- Erfassen Sie Wissen und Nichtwissen, Verstehen und Nichtverstehen des relevanten Stoffs, Stärken und Schwächen und
- nutzen Sie diese Erkenntnisse für Ihr Verhalten um und in Prüfungen.

Fragen Sie sich: Warum waren Sie bei der einen oder anderen Prüfung so gut oder so schlecht?

Beantworten Sie diese Frage sofort nach jeder Prüfung und nochmals einige Tage danach. So sichern und verbessern Sie Ihren Umgang mit Prüfungen. Beantworten Sie dazu auch die Fragen: „Wie weiter?" und „Wie besser?"

6.3.6
Reihenfolge des Abarbeitens in Prüfung(en) festlegen

Machen Sie sich nochmals dieses Vorgehen bewusst:

- Lösen Sie die Aufgaben, bei denen Sie sicher antworten.
- Bevorzugen Sie die Aufgabe mit der höchsten Punktzahl.
- Lösen Sie die weiteren Aufgaben nach Ihrem Wissensstand.
- Lassen Sie sich nicht von Aufgaben abschrecken, die auf den ersten Blick unlösbar erscheinen.
- Halten Sie auch nicht daran fest, wenn sich nach ruhiger Überlegung der Lösungsweg nicht erschließt.
- Überschreiten Sie keineswegs Zeitspannen.

6.3.7
Aufgabe(n) in Prüfungen sorgfältig analysieren

- Jede Aufgabe hat einen *Wesenskern*. Vergeuden Sie keine Zeit durch Beantworten von Nicht-Gefragtem.
- Führen Sie ein erstes kurzzeitiges Klären der Aufgabe durch. Kennzeichnen und notieren Sie stichwortartig oder visualisieren Sie die wesentlichen Bedingungen. Greifen Sie während des Bearbeitens schnell auf diese Bedingungen zu.

6.3.8
Wissen kontrollieren, Fehler suchen

Vergleichen Sie den nach festgelegten Prozessschritten erreichten Ist-Zustand mit dem gewünschten Sollzustand. Im *Soll-Ist-Vergleich* ermittelte Abweichungen zeigen Ihnen Stärken und Schwächen. Beurteilen Sie Stärken und Schwächen hinsichtlich Bedeutung/Wichtigkeit, Dringlichkeit und Tendenz.

- Die Bedeutung/*Wichtigkeit* drückt die Auswirkungen aus.
- Die *Dringlichkeit* zeigt Ihnen, wie schnell Sie korrektive Maßnahmen einleiten müssen.
- In der *Tendenz* erkennen Sie die Entwicklung Ihres Einsatzes und damit den bis jetzt erreichten Erfolg.

6.4
Auf mündliche Prüfungen vorausschauen

Die Eigenarten und Eigenheiten, die Verhaltensweisen der Prüfer spielen in mündlichen *Prüfungen* eine wesentliche Rolle. Es ist schwer, Empfehlungen für den Umgang mit kritischen Situationen (KS) zu geben, da Prüfer unterschiedlich agieren und reagieren. Achten Sie auf Hilfestellungen des Prüfers und nutzen Sie dies.

- Fragen Sie unbedingt bei *Antwortschwierigkeiten* nach, die der Prüfer nicht bemerkt. Wiederholen Sie die gestellte Frage in eigenen Worten.
- Geben Sie bei *Unsicherheiten* Antwortvarianten an – dies aber nicht zu oft.

6.5
Kontrollerleben selbst gestalten

Ob jemand Handlungs- und Lernkompetenz (Abschn. 4.3) besitzt, zeigt sich beim Ausüben einer Tätigkeit im Erfolg oder Misserfolg. *Kontrolle* besitzen bedeutet,

- ob Sie Einfluss auf Personen (Subjekte) oder Situationen (Zustände) oder auch auf Objekte nehmen und
- ob Sie in der erwarteten Art und Weise reagieren.

Kontrolle beschreibt den Einfluss und die Macht von Ursache und Wirkung. Diese Kontrolle wird unterstützt durch eine sofortige und eindeutige Rückmeldung (Feedback) von dem Beeinflussten auf das, was die Kontrolle ausübt.

Das subjektive *Kompetenz- und Kontrollgefühl* entsteht erst durch das Verhalten. Mit dem Kompetenzgefühl wird die Erwartung über das eigene Können eingeschätzt. Das Erleben von Kontrollgefühl beeinflusst die Befindlichkeit und das Verhalten in starkem Maße. *Kontrollverlust* führt zu Belastungssymptomen, die sich im Denken, in der Motivation, im Verhalten und auch im gefühlsmäßigen Erleben ausdrücken. Sie wirken sich auf die Fähigkeit, Bereitschaft und Motivation, Ihre Potenziale aus.

Ein für Sie positives *Kontroll-* und *Kompetenzerleben* erreichen Sie, wenn

- Sie ein sofortiges eindeutiges Feedback zu ihren Handlungen erhalten. Wenn Sie es selbst nicht wahrnehmen, lassen Sie sich konstruktiv beurteilen.
- Sie sich kompetent fühlen und Kontrolle haben. Kontrolle und Kompetenz erleben Sie bestimmt in manchen Situationen beim Autofahren. Sie wollen Macht über die Ursachen von Ereignissen haben, die Sie selbst verursachen.
- Ihre Fähigkeiten mit den Anforderungen aus einer Problemstellung zusammenpassen. Sie haben bestimmt schon Situationen des Unterforderns (Langeweile) oder Überforderns (Angstgefühle) erlebt.
- Ihre Aufmerksamkeit voll auf die Handlungssituation gerichtet ist. Sie befinden sich kurz vor dem Lösen eines schon seit Tagen bearbeiteten Problems. Andere Umweltreize bleiben außen vor.

Ein Gerät (Informationsumsatz) soll Kompetenz erleben lassen. Beschreiben Sie dieses Ziel einem Entwicklungsingenieur genau. Benutzen Sie Kontroll- und Kompetenzerleben. Beachten Sie Ihre Erfahrungen mit Bedienungsanleitungen!

Literatur

Beelich KH, Schwede HH (2002) Die Lernspirale. Erfolgreich lernen mit Methode. Vogel, Würzburg

Birkhofer H (1997) Beurteilung Studienarbeiten, Konstruktive Entwürfe, Diplomarbeiten: Kriterienhierarchie und Werteskala. Technische Universität Darmstadt, Maschinenelemente und Konstruktionslehre. Eigenverlag, Darmstadt

Csikszentmihalyi M, Schiefele U (1993) Die Qualität des Erlebens und der Prozess des Lernens. In: Zeitschrift für Pädagogik 39, 2, 207-221

Hoefert HW (1989) Prüfungspraxis. Tipps für die mündliche Prüfung. Deutscher Industrie- und Handelstag, Bonn

Kühn G (1975) Wie bestehe ich meine Prüfung. Ratschläge für schriftliche und mündliche Prüfungen an Universitäten, Fachhochschulen und Akademien. Florentz, München

Prahl HW (1976) Prüfungsangst. Symptome, Formen, Ursachen. Fischer, Frankfurt am Main

7 Methodiken des Kommunizierens

Kommunizieren: Verständigen untereinander; ein zwischenmenschliches Miteinander besonders mit Hilfe von Sprache und Zeichen (Duden). Die *Sprache* überträgt Informationen. Sie ist Mittel zum Zweck (Hoberg 1997).

7.1
Schreiben und Reden

Starten Sie mit der Frage „Um was handelt es sich?" Stellen Sie sich diese Frage nicht nur für das Produkt „Bericht" oder „Vortrag", sondern auch bei jedem Teil: dem Kapitel, dem Abschnitt, dem Satz und dem Wort. Fragen Sie sich also: Hat das, was mir gerade einfällt, mit dem Gegenstand meines Berichts oder Vortrags zu tun? Oder: Gehört es nur zu einem Teil, z.B. dem Satz, der darin vorkommt?

Beachten Sie: Der Wortzusammenhang ist noch kein *Sachzusammenhang*.

Fall 1: Wir schwätzen gemütlich miteinander. Gedanken folgen aus dem Wortzusammenhang. Eine *Gedankenkette* wird gebildet. Ein unterhaltsames Geplauder fließt dahin.

Fall 2: Sie schreiben eine Seminarunterlage. „Um was handelt es sich?" Es handelt sich um das Thema „Fehler im Geschäftsbrief".

Sofort fragen Sie sich weiter: „An wen wende ich mich?" Ich wende mich natürlich an alle Leser.

Ihr sprachliches *Formulieren* gilt immer der Sache und dem Leser, dem Sie diese Sache mitteilen wollen. Der Stil wird von Ihrer Persönlichkeit geprägt (Reiners 1991). Je nach Art und Sachverhalt der „Schreibe" und der zu erreichenden Leser beachten Sie entsprechende Elemente der Stilistik. Einen *Sachverhalt* vergleicht Diederich (1982) für unterschiedliche Zwecke.

145

Sein Beispiel:

- Zweck 1: „*Technische Vorschrift*" in der Originalfassung der Straßenverkehrzulassungsordnung, §57 StVZO:

> Die Anzeige der Geschwindigkeitsmesser von Kraftfahrzeugen darf vom Sollwert abweichen „in den letzten beiden Dritteln des Anzeigebereichs – jedoch mindestens von der 50-km/h-Anzeige ab, wenn die letzten beiden Drittel des Anzeigebereichs oberhalb der 50-km/h-Anzeige liegen – 0 bis plus 7 von 100 des Skalenendwerts; bei Geschwindigkeiten von 20 km/h und darüber darf die Anzeige den Sollwert nicht überschreiten."

- Zweck 2: „Technische Vorschrift" angepasst an die Zielgruppe „Fahrschüler" in der Neufassung von Diederich:

> Für die Geschwindigkeitsanzeige von Tachometern gilt:
> 1. Tachometer dürfen von einer Fahrgeschwindigkeit von 20 km/h an keine niedrigere als die gefahrene Geschwindigkeit anzeigen.
> 2. Sie dürfen jedoch eine höhere gefahrene Geschwindigkeit anzeigen – und zwar bis zu 7 von 100 der Tachometer-Höchstanzeige –
>   – von einem Drittel der Tachometer-Höchstanzeige an,
>   – jedoch schon von der 50-km/h-Anzeige an, wenn die Tachometer-Höchstanzeige höher ist als 150 km/h.

Schreiben und Reden ist ein sehr persönlich geprägter Sachverhalt aus Vorerfahrung und Fertigkeit. Mit diesem Buch geben die Autoren dazu Anregungen und Hinweise. Und Sie können sie in Ihre eigene Denk- und Handlungswelt einbauen. Oder: Sie nutzen diese Anregungen und Hinweise assoziativ. Aktivieren Sie inaktive *Wissensnetze*, die Sie für den persönlichen Erfolg einsetzen.

7.2
Prozess des wissenschaftlichen Schreibens

Das (wissenschaftliche) *Produkt „Bericht*" steht als Platzhalter für alle schriftlichen Unterlagen wie z.B. Ausarbeitung, Brief, Fachaufsatz, Gebrauchsanleitung, Mitteilung, Protokoll, Regelwerk, Vertrag, Vorschrift. Sie erfahren nun das Gemeinsame dieser Produkte. Wenn Sie dies beachten, werden Ihre „Berichte" treffender und wirksamer beim Leser ankommen.

Das *Produzieren* der „Berichte" setzt voraus:

- ein effektives[1] und effizientes[2] planmäßiges *Vorgehen* zum Erreichen des vorbestimmten Ziels,
- eine angepasste *Arbeitsorganisation* und
- das Berücksichtigen bestimmter *Formvorschriften* wie z.B. der *TOIS*[3]-Formel nach Diederich (1982).

Das Vorgehen lehnt sich auch an den in Abb. 3.1 dargestellten Arbeitsplan an. Die dort genannte Operationsfolge: Informieren – Definieren – Agieren – Beurteilen – Entscheiden gilt ebenso; teilweise lesen Sie im folgenden andere Begriffe.

Für einige Prozessschritte des wissenschaftlichen Schreibens unterstützt Sie die *KJ-Methodik* (Abschn. 10.3.4) einzeln oder in der Gruppe (Schwarz-Geschka 1997).

7.2.1
Informieren – Thema erschließen

Ausgehend von den ersten Ideen listen Sie nach der Methode des *Vorwärtsschreitens* (Abschn. 10.1.1) alle nur denkbaren und möglichen Gesichtspunkte und Sichtweisen zum Thema auf. Erfassen Sie Ihre bewusst „auseinander laufenden" Gedanken (divergentes Denken bzw. Vorgehen). Ihre Denk- und Handlungsprozesse unterstützen *Assoziationstechniken* (Abschn. 10.2.1) oder intuitive Methoden (Abschn. 10.1.2). Jede verarbeitete Information ist in Ihrem mentalen Lexikon – dem Langzeitgedächtnis – enthalten.

Wenn nicht, dann entnehmen Sie Informationen Ihrem *Ideennotizbuch*, schreiben Sie Ideen auf (Kartei-)Karten nieder, oder Sie starten einen *Informationsumsatz* (Abschn. 5.2).

Vergessen Sie nicht die Quellen zu notieren.
Dies auch bei mündlichen Mitteilungen.

Starten Sie mit den Autoren gemeinsam. Bearbeiten Sie einen ersten Sachverhalt zum Thema „*Fehler* im *Geschäftsbrief*". Führen Sie ein Gespräch mit einer Sekretärin.

---

[1] „Die richtigen Dinge tun."
[2] „Die Dinge, die getan werden, richtig tun."
[3] T O I S –Folge = Transparenz, Ordnung, Inhalt, Sprache (Diederich 1977)

> Stichworte aus dem Gespräch mit der Chefsekretärin: Ansprache – fehlerhafter Aufbau – überflüssiges Beiwerk – Fremdwörter – Hauptwörter – Schachtelsätze – Superlative – Schlussformel – Wortschatz.

Hinterfragen Sie bereits formulierte Geschäftsbriefe. Fragen Sie: „Was steckt z.B. hinter dem Stichwort „*Schachtelsatz*"?" ... und notieren Sie sofort mit der KJ-Methodik (Abschn. 10.3.3):

> Schreiben Sie auf die Vorderseite der Karte den Begriff „Schachtelsatz".
> Notieren Sie auf der Rückseite:
> Mehrere Nebensätze werden ineinander verwoben. Diese Sätze enthalten mehr als 25 Wörter, sie haben zu wenig Kommata und zu wenig Punkte. Es fehlen die Atempausen.
> Sie werden ungern gelesen, erzeugen Abneigung und Langeweile. Der Lesewiderstand wächst, weil lange Sätze kognitive Prozesse erfordern, denen emotionale Prozesse stark überlagert sind. Schachtelsätze setzen die Wirksamkeit Ihres Briefes herab.

Notieren Sie ebenfalls auf der Rückseite, wie Sie diesen Fehler vermeiden können:

> Kurze Sätze mit weniger als 20 Wörtern anstreben. Hauptsätze bevorzugen. Zusammenhängende Gedanken nicht durch Einschübe zerreißen.

Erzeugen Sie in gleicher Weise weitere Karten mit den anderen Stichworten. Darüber hinaus ergänzen und notieren Sie auch Stichworte aus Ihrem *Erfahrungsschatz*, die zum Sachverhalt „Fehler im Geschäftsbrief" gehören. Die Rückseite der jeweiligen Karte füllen Sie – wie oben beschrieben – entsprechend aus.

7.2.2
Definieren – Thema strukturieren

- Strukturieren Sie in einem iterativen *Gruppierungsprozess* nach dem Teilprozess 2 der KJ-Methodik (Abschn. 10.3.4).
- Ermitteln Sie hierbei die Beziehungen zwischen den verschiedenen Stichworten und formulieren Sie *Oberbegriffe* als Titel für jede Stichwort-Gruppe.
- Nutzen Sie für das Thema „Fehler im Geschäftsbrief" vier *Gruppen* nach Langer et al. (2002). Sie nennen Oberbegriffe, um die Verständlichkeit von Texten zu beurteilen (Abschn. 7.2.7).
- Ordnen Sie den Gruppen Ihre *Stichworte* zu:

- Gruppe „Einfachheit", Stichworte: Fremdwörter, Schachtelsätze und Wortschatz;
- Gruppe „Gliederung – Ordnung", Stichwort: falscher Aufbau;
- Gruppe „Kürze – Prägnanz", Stichworte: überflüssiges Beiwerk, Schachtelsätze, Superlative;
- Gruppe „zusätzliche Stimulanz", Stichworte: Ansprache und Schlussformel.

Beim Gruppieren helfen Ihnen Techniken zum *Visualisieren* und/oder *Darstellen* und auch verschiedene Strategiemerkmale wie z.B. „Vom Allgemeinen zum Besonderen". Sie gruppieren auch zeitlich, gefühlsmäßig oder nach Ursache und Wirkung.

Bilden Sie mit den nunmehr festgelegten *Obergruppen* die Kapitel, mit den zugeordneten *Stichworten* die Abschnitte Ihres ersten *Inhaltsverzeichnisses*:

1 Einfachheit
   1.1 Einfachheit
   1.2 Fremdwörter
   1.3 Schachtelsätze
   1.4 Wortschatz
2 Gliederung – Ordnung
   2.1 Gliederung, Ordnung
   2.2 Falscher Aufbau
3 Kürze – Prägnanz
   3.1 Kürze, Prägnanz
   3.2 Überflüssiges Beiwerk
   3.3 Schachtelsätze
   3.4 Superlative
4 Zusätzliche Stimulanz
   4.1 Stimulanz
   4.2 Ansprache
   4.3 Schlussformel

Stellen Sie diese Gliederung baumartig dar oder entwickeln Sie einen *Gedankenflussplan* (Abschn. 10.2.4). Sammeln Sie weitere Informationen zu den einzelnen Stichworten. Formulieren Sie erste Sätze. Verwenden Sie die Kartentechnik, damit Sie jederzeit durch Verschieben die Grobstruktur verändern können. Kennzeichnen Sie die Karten mit einem Farbpunkt in der oberen rechten Ecke oder verwenden Sie gleich farbige Karten. Beachten Sie Ihre Gliederung.

7.2.3
Agieren 1 – Material finden und aufbereiten

Entnehmen Sie vertiefende Informationen zu den Stichworten aus Gesprächen, Interviews, Seminar- und Vorlesungsunterlagen, Büchern und Zeitschriften. Ihre Quellen sind auch Internet und andere Netze sowie Datenbanken.

Beginnen Sie zeitsparend zuerst *„im eigenen Bereich"*. Starten Sie mit Lexika und vorhandenen Büchern. Dann lohnt es eine Suchmaschine im Internet zu aktivieren. Für dieses *„Material erfassen"* haben Sie bereits Ihre erste Gliederung im PC. Nutzen Sie den „Explorer" mit seinen Ordnern.

Das *Prüfen der Relevanz* ist wichtig. Analysieren Sie vor dem aktiven Lesen Titel, Inhaltsverzeichnis, Literaturangaben und Sachverzeichnisse. Ist das Werk relevant, überfliegen Sie den Inhalt, lesen einige Kapitel an und beurteilen das Niveau der Veröffentlichung.

Neben den Karten und den „PC-Ordnern" setzen Sie auch ein *Journal* und/oder Ihr *Ideen-Notizbuch* ein. Versehen Sie jede Notiz mit Datum, Sachverzeichnis und Seitennummer; denken Sie an den späteren schnellen Zugriff.

7.2.4
Agieren 2 – Manuskript verfassen und überarbeiten

Schreiben Sie die erste Fassung Ihres *Manuskriptes* schnell. Setzen Sie das *Free-Writing* ein (Abschn. 10.2.1). Und schreiben Sie zum Gliederungspunkt „4.1 Zusätzliche *Stimulanz*":

> Dies ist das Ausmaß, in dem ein Text anregende Zutaten enthält. Er trägt wenig zum Vermitteln der Informationen bei. Zwar sagt ein Bild mehr als tausend Worte, enthält ebenso mehr als tausend Gedanken.
> Bilder oder Diagramme sind zunächst anregender Vorspann zum Text. „Einfach" geschrieben regt bereits an.
> Zusätzliche Stimulanz belastet die Kürze. Bei fehlender Gliederung wirkt die Stimulanz bestimmt ablenkend. Stimulanz ist auch durch Beispiele, Vergleiche, die direkte Ansprache des Lesers zu erreichen.

Nutzen Sie die Frage „Wie kann ich diese Aussagen an Falsch-Richtig-Beispielen veranschaulichen?" für das spätere Bearbeiten.

Überarbeiten Sie im nächsten Schritt die Texte. Folgen Sie einem „*roten Faden*". Korrigieren Sie durch Kürzen und Präzisieren:

- Alles Überflüssige streichen, Ungenaues präzisieren, Anschaulichkeit und Klarheit verbessern;
- Auf Rechtschreibung, Interpunktion und Grammatik achten;
- Prüfen, ob aus Quellen übernommene Texte gekennzeichnet und durch das Zitieren belegt sind.

Beachten Sie auch:

- Das fertige Manuskript liest mindestens eine andere Person. Sehen Sie für mögliche Korrekturen reichlich Raum vor.
- Verbessern Sie den Text nach den Kriterien der Verständlichkeit (Abschn. 7.2.7).
- Erstellen Sie die Titelei und den Anhang.
- Überprüfen Sie nochmals nach den Druckvorlagen.

7.2.5
Beispiel „Fehler im Geschäftsbrief"

Schreiben Sie für „4.1 Zusätzliche *Stimulanz*":

Monotonie muss vermieden werden, sonst wird der Text langweilig. Stimulanz ist das Ausmaß, in dem ein Text anregende Zutaten enthält. Sie trägt jedoch wenig zum Vermitteln der Informationen bei. Stimulanz wird erzeugt durch:
- direktes Ansprechen des Lesers,
- Ausrufe und wörtliche Rede,
- Vergleiche, treffende Sprachbilder, eine bildhafte Sprache,
- Fragen, Beispiele und
- witzige oder Effekt haschende Formulierungen.

Auch ein Bild oder ein Diagramm ist stimulierender Vorspann zum Text. Beachten Sie: Zusätzliche Stimulanz geht zu Lasten der Kürze. Fehlt eine Gliederung, wirkt die Stimulanz ablenkend.

Oder Sie formulieren zu „4.1 Zusätzliche Stimulanz":

Gestatten: „Stimulanz", aber Sie können ruhig „Anregung" zu mir sagen. Ich bin sozusagen das Salz in der Kommunikationssuppe. Ohne mich hätte sie denselben „Nährwert", aber mit mir ist sie schmackhafter. Und das fördert ja bekanntlich die Verdauung.

Ich höre Sie als Leser förmlich sagen: „Anregung, Du bist mir zwar ganz sympathisch, aber zuviel von Dir würde die Suppe versalzen!"

Ich erwidere: „Gut, aber vergessen Sie mich nicht ganz, wenn Sie selber mal kochen."

Bearbeiten Sie die anderen Abschnitte Ihrer Seminarunterlage zum Thema: „Fehler im Geschäftsbrief" ähnlich. Verwenden Sie die Checkliste in Abschn. 10.4.4.

7.2.6
Beurteilen – Texte überarbeiten

Fehlerfreiheit beim Schreiben ist viel wert. Sie können viel Zeit vertun, jedes Schreiben mehrfach Korrektur zu lesen. Gewöhnen Sie es sich an, Ihre Texte höchstens zweimal zu überarbeiten.

- Beim ersten Mal achten Sie ausschließlich auf den Inhalt (d.h. auf Fakten und Zahlen) und den Stil.
- Im zweiten Durchgang konzentrieren Sie sich (bei dem geänderten Text) auf Rechtschreib-, Interpunktions- und Grammatikfehler.

Verbinden Sie beide Arbeitsgänge bei kurzen Texten. Bei bedeutenden Schreiben ziehen Sie Kollegen zu weiteren Kontrollen hinzu.

7.2.7
Verständlichkeit

Nach Langer et al. (2002) sind Texte zum Vermitteln von Informationen verständlich abzufassen. ... und hierzu nennen sie vier Kriteriengruppen: einfach – gegliedert – kurz – stimulierend.

Formen Sie die Fähigkeit „*verständlich formulieren*" zur Fertigkeit, übertragen Sie diese Fähigkeit auch in den Bereich des mündlichen Vermittelns von Informationen.

Einfach

Die Kriteriengruppe „*Einfachheit*" umfasst Wortwahl und Satzbau. Sie behandelt die Art der Darstellung, nicht den Inhalt:

- Verwenden Sie wenige, verständliche Worte.
- Vermeiden Sie Substantivierungen: setzen Sie aktive Verben ein.
- Schreiben Sie treffende Ausdrücke, nicht Fremd- und Modewörter
- Benutzen Sie den klareren, einfacheren und lebendigeren Ausdruck. Beachten Sie die Aufnahmekapazität der Leser: zu viele Zahlen und abstrakte Aussagen sind nicht einfach zu verarbeiten.
- Verwenden Sie kurze bis mittellange Sätze und einen großen Wortschatz.

Gegliedert – geordnet

Diese Kriteriengruppe beschreibt das Ausmaß, in dem ein Text strukturiert ist. Sie unterscheiden:

- die *überschaubare äußere Gliederung*. Dazu gehören das übersichtliche Gruppieren zusammengehöriger Teile, gliedernde Vor- und Zwischenbemerkungen und ein sichtbares Unterscheiden von Wesentlichem und weniger Wichtigem. Leser finden sich zurecht, erkennen die Zusammenhänge.
- die *folgerichtige innere Ordnung*. Sätze stehen nicht beziehungslos nebeneinander. Die Informationen werden in einer sinnvollen Reihenfolge dargeboten.

Schreiben Sie aus der Sicht der Leser. Versetzen Sie sich in die Lage der Leser um herauszufinden, wie Ihr Text wirkt. Lautes Vorsprechen kann eine gute Hilfe sein. Finden Sie heraus, ob sich der Text gut liest. Wählen Sie treffende Überschriften.

Kurz – prägnant

Diese Kriteriengruppe bezeichnet das Ausmaß, in dem ein Text mit wenigen Worten viel Wesentliches sagt. Entscheidend ist das *Kommunikationsziel*. Ein großer Sprachaufwand entsteht:

- inhaltlich, z.B. nicht notwendige Einzelheiten, Zusatzinformationen und Erläuterungen, breites Ausholen, Abschweifen vom Thema.
- sprachlich, z.B. weitschweifige Formulierungen, umständliche Erklärungen, Wiederholungen, Füllwörter und Phrasen.

Stimulierend

Diese Kriteriengruppe erfasst, ob und in welchem Ausmaß ein Text anregende Zutaten enthält. Lesen Sie mehr im behandelten Beispiel.

7.2.8
Umgang mit Unsicherheit

Ein wichtiger Punkt bei wissenschaftlichen Ausarbeitungen ist, den Leser durch gute und schlüssige *Argumentation* zu überzeugen. Beachten Sie einige Kriterien:

Kurz und klar: Kürze und Klarheit in der Argumentation wirkt glaubwürdig. Wer sich nicht deutlich zu seinem Thema äußert, zeigt Unsicherheit.

Stellen Sie Ihre Qualifikation am Anfang dar. Die Leser wissen nun, warum sie den Text lesen wollen. Nennen Sie den *Nutzen* Ihrer Ausarbeitung. Wichtig ist auch:

- offen zu sein,
- Mängel der Theorie oder der Lösungen darzustellen,
- den eigenen Standpunkt klar zu nennen.

Eindeutig: Missverständliche und unklare Sprache führt zum Interpretieren und ungenauen Auslegen Ihrer Texte. Vermeiden Sie dies.

Zahlen, Daten und Beispiele zählen zu guten Beweisen. Achten Sie darauf, dass sie nachprüfbar sind. Verwenden Sie Vergleiche nur zum *Veranschaulichen.* Beziehen Sie sich auf Quellen, müssen diese Quellen glaubhaft, aktuell und nicht parteilich sein. Gleiches gilt für Zitate.

Verständlich: Bilder, Grafiken und Tabellen tragen in Texten zur Verständlichkeit bei. Visualisierte, d.h. bildhafte Informationen versteht der Leser leichter. Gestalten Sie Bilder, Diagramme und Tabellen so, dass Leser sie selbst nachprüfen und verstehen (Kap. 8).

7.3
Prozess des wissenschaftlichen Vortragens

Das Vorurteil – „zum Redner geboren" – stimmt so nicht: Reden lernen und üben Sie wie alles andere auch. Mit Ihrer Rede, Ihrem Vortrag wollen Sie den Zuhörer aktivieren. Der Zuhörer soll:

- seine Meinung überdenken,
- Ihre Überzeugung übernehmen.

7.3.1
Ziele setzen und Planen

Beziehen Sie beim *Gliedern* und *Aufbereiten* des Materials zu einem Referat auch die *Zuhörer*, die Teilnehmer mit ein.
Beachten Sie vier grundlegende Aspekte:

154

- das *Ziel* des Referates,
- die gedankliche *Abfolge*, den „roten Faden",
- den *Einstieg* (Interesse und Aufmerksamkeit) und
- den *Abschluss*, die Aufforderung zum Handeln.

Ziele setzen

Der Aufbau Ihres Referats geht vom Ziel aus.
- Bestimmen Sie den *Wesenskern* Ihres Referats aufgrund einer sachlichen Vorinformation und den Kenntnissen bei den Zuhörern.
- Formulieren Sie den Wesenskern in einem Satz – dem *Zwecksatz*.
- Beachten Sie, dass die meisten *Themen* ein Problem, eine Frage oder einen kontrovers beurteilten Sachverhalt enthalten.
- Decken Sie den *Sachverhalt* auf. Klären oder beurteilen Sie die Zusammenhänge und Abhängigkeiten.

So enthält beispielsweise das Thema „Nässe, Kälte und Regen prägen das Frühjahr – für Autofahrer eine Witterung bedingte Herausforderung" versteckt auch die Frage nach dem Beurteilen des Verhaltens
Schleudergefahr: Nach starken Regengüssen entstehen auf den Straßen Pfützen, bei deren Durchfahrt das Auto abrupt abgebremst wird. Da diese Verzögerung häufig nur eine Fahrzeugseite betrifft, besteht akute Schleudergefahr.
Maßnahmen: Hier greift das Elektronische Stabilitätsprogramm ESP durch gezieltes Abbremsen der „schnelleren" Räder korrigierend ein. Im Extremfall wird sogar das Motormanagement beeinflusst. Das System, das schon so manchen Autofahrer vor einem Totalschaden bewahrt hat, wirkt bei allen Witterungsbedingungen und auf allen Fahrbahnbelägen.

Ziel des Referates ist es auch, Fragen und Antworten zu behandeln. Beginnen Sie mit einer breit angelegten Frage. Begrenzen Sie durch *Alternativfragen*. Treffen Sie durch *Zielfragen* den Wesenskern. Leiten Sie die gedankliche Abfolge ab: den Hauptteil des Referats.

Gedankliche Abfolge

Verwenden Sie Leitlinien und/oder Leitfragen zum Klären und zum logischen Ordnen der Gedanken.

- Was wollen Sie darlegen, erklären, beweisen oder widerlegen?
- Welche Argumente, Beispiele, Gesichtspunkte oder Thesen sind methodisch notwendige Aspekte auf dem Weg zum Ziel?

- Welche Gedanken wollen Sie besonders herausstellen?
- Welches Material aus der Stoffsammlung ist im Hinblick auf das Ziel von Bedeutung?
- Welche Mittel unterstützen Sie? Setzen Sie z.b. Argumentation, Darstellungen und Experimente ein?
- Wie strukturieren Sie die zu behandelnden Aspekte, damit sie überschaubar, folgerichtig und überzeugend zum Ziel hinführen?

Der Einstieg

Gestalten Sie den *Einstieg* in das Referat aus den Bedingungen der Situation. Dies sind einerseits Erwartungen, Vorkenntnisse und das Vorverständnis der Zuhörer. Andererseits das, was der Inhalt zum *Thema* dazu hergibt. Gestalten Sie den Einstieg vorab verschieden. Er soll zum Thema hinführen, interessieren, motivieren und zum Mitdenken anregen.

Versetzen Sie sich in die Lage der Zuhörer.

Der Abschluss

Erreichen Sie, dass Ihre *Argumente* überzeugen und vom Zuhörer befolgt werden. Fordern Sie zum Handeln auf. Oder Ihr Ziel ist: Handlungen sind zu unterlassen.

7.3.2
Vorbereiten einer freien Rede

Nutzen Sie beim Bearbeiten die *KJ-Methodik* (Abschn. 10.3.4).

1. Notieren Sie kurz und bündig Ihre Ideen und Informationen zum Thema, dies getrennt auf *Karten. Vorderseite*: Stichworte, Fragen; *Rückseite*: Antworten, Erläuterungen, Definitionen, Hinweise auf Abbildungen und Quellen.
2. Führen Sie mit diesen Karten einen *Gruppierungsprozess* durch. Formulieren Sie die Kernideen = Oberbegriffe der Gruppen.
3. Entwickeln Sie beim Aufbereiten der Informationen stichwortartig eine logische *Abfolge*, die *Hitliste* der Kernideen. Ordnen Sie die Stichworte = Unterbegriffe innerhalb der Kernideen = Oberbegriffe z.B. in einem *Gedankenflussplan* (Müller-Merbach 1974). Entwickeln Sie so eine erste *Gliederung* zu Ihrem Thema.

4. Suchen Sie weitere Argumente, Definitionen, Belege, Zitate, Beweise, Beispiele zu den Stichworten. Ergänzen Sie dies ebenfalls auf den Karten. Formulieren Sie *Überleitungen* oder *Kernsätze* aus, und ordnen Sie dies ebenfalls den Karten zu.
5. Führen Sie einen ersten „lauten" *Sprechversuch* durch – möglichst mit Tonbandkontrolle. Erkennen Sie Lücken, Gedankensprünge, Formulierungsschwierigkeiten, Wortwiederholungen, Schwächen des Satzbaus und Mängel in der Ausdrucksweise. Ordnen Sie das nach Stichworten erstellte *Fehlerprotokoll* den Karten zu. Korrigieren Sie die aufgetretenen Fehler.
6. Planen Sie den Einsatz von *Medien* und *Verstehenshilfen* (z.B. Folien, Dias, Tafelanschriften, Fotokopien, Tabellen, graphische Darstellungen). Vermerken Sie dies auf den Karten.
7. Koordinieren Sie die endgültige Kartensammlung und den Medieneinsatz.
8. Führen Sie einen zweiten Sprechversuch durch. Nehmen Sie Ihre Rede auf Tonband oder Kassette auf oder tragen Sie vor Familienangehörigen vor. Nehmen Sie weitere Korrekturen vor.

Für wenig geübte Redner ist es oft notwendig, die Sequenzen 5-8 mehrfach in Zeitabständen zu wiederholen, um Sicherheit zu erlangen. Deshalb sehen Sie für das Planen ausreichende *Zeitreserven* vor.

Das Stichwortkonzept konkret

- Verwenden Sie *Karteikarten* DIN A 5 (halbe Briefbogengröße), evtl. liniert.
- Teilen Sie diese Karteikarten durch eine markante Linie von oben nach unten auf. Sie erhalten eine Aufteilung: 1/3 auf der linken Seite für Stichworte und *Regieanweisungen* und 2/3 rechts für den ausformulierten Text – stichwortartig reicht.
- Kennzeichnen Sie die Karteikarten z.B. zum Referat „Time is Money" nach Timo.1 bis Timo.n.
- Notieren Sie auf den Karteikarten stichwortartig stets nur zu einem *Sachverhalt*.
- Schreiben Sie groß: Ihre Schrift ist aus einem Meter Entfernung lesbar. Lassen Sie zwischen den einzelnen Zeilen Abstände.
- Kennzeichnen Sie besonders wichtige Punkte sinnvoll mit Farben (maximal drei verschiedene Farben).

- Setzen Sie sich mit dem Vortrag auseinander. Halten Sie ihn nur noch mit Stichworten und den *Regieanweisungen*.

7.3.3
Beispiel – ein Referat

Erwartungen der Zuhörer bei Lehrvorträgen und im Lehrgespräch?

Ihr Referat verfolgt als Ziele:

- Teilnehmer aus dem Weiterbildungsbereich für Lehrvorträge und Lehrgespräche sensibilisieren,
- gemeinsam eine Leitlinie zum Erstellen dieser Lehrformen im Plenum erarbeiten, selbst gewählte Themen nach diesen Lehrformen aufbereiten, vortragen und beurteilen lassen

Die gedankliche Abfolge zu diesem Referat ist:

- Weisen Sie zuerst auf den Unterschied zwischen Lehrvortrag und Lehrgespräch hin[4].
- Vergleichen Sie abhängig davon:
  - Vortrag abgelesen (10-30% Behaltensquote),
  - ... abgelesen mit Ablesetechnik (etwa 50%),
  - ... frei gehalten (etwa 70%),
  - ... frei gehalten und rhetorisches Instrumentarium einsetzen wie z.B. Pausentechnik, Stimmvariation, Gestik, Mimik (bis zu 90%).
- Besprechen Sie die Wirkungen des rhetorischen Instrumentariums: Pausentechnik, Betonung, Stimmstärke und Stimmlage, Gestik und Mimik.
- Erläutern Sie, dass das Auftreten des Vortragenden eine entscheidende Wirkung hat. Arbeiten Sie die Wirkung auf den Zuhörer heraus.
  - Wie verhält er sich am Rednerpult, wenn er es einsetzt?
  - Wie verhält er sich, wenn er es nicht verwendet?
  - Wie ist seine Haltung, was macht er mit seinen Händen, wie ist der Blickkontakt?
- Beantworten Sie die rhetorischen Fragen:
  - Wie ist der Prozess des Vortragens aufgebaut?
  - Wie wird der Lernprozess beim Zuhörer berücksichtigt?
  - Wie lässt sich dies sowohl beim Lehrvortrag als auch im Lehrgespräch wirkungsvoll realisieren?

---

[4] Lehrvortrag = darbietende Information. Lehrgespräch = Wechselgespräch mit Frage und Antwort erfordert höhere Aufmerksamkeit und bewirkt eine größere Behaltensquote.

Diese Stichworte und Fragen bilden nun den Einstieg zum weiteren Ausarbeiten des Referats und zum Gestalten des Vortrags.

Der Einstieg

Gestalten Sie den Beginn Ihres Referats besonders aufmerksam. Sie wollen das Interesse Ihrer Zuhörer gewinnen. Führen Sie abhängig von den Zuhörern mit einer Anekdote, einer witzigen Bemerkung oder einem besonders treffenden Beispiel in Ihr Thema ein. Gehen Sie zu allgemeinen und „abstrakten" Ausführungen über.

In anderen Fällen setzen Sie eine Übersicht, die praktischen Anwendungen Ihrer Ausführungen an den Anfang, stellen einen Bezug zur Situation der Zuhörer her. Wecken Sie deren Interesse, mehr über das Thema zu erfahren und machen sie zu Teilnehmern.

> Selbst aktiv sein ist das wesentliche Prinzip des „Lernens aus Erfahrung". Sie sollen deshalb nicht nur hören, sondern während des Referats beide Lehrformen beispielhaft erleben. Sie sind zur Mitarbeit aufgefordert. Dazu wählen wir Beispiele aus dem Bereich der Teilnehmer.
> Und nach einer Pause sollen die Teilnehmer dies in der Übungsphase selbsttätig umsetzen. Die Referenten helfen Ihnen dabei.

Der Abschluss

Fordern Sie die Zuhörer zum Handeln auf. Sie wollen erreichen, dass sie das Referierte unmittelbar anwenden.

> Sie, meine Damen und Herren, haben nur unmittelbar einen Nutzen, wenn Sie an selbst gewählten Themen diese Lehrformen anwenden. Wir treffen uns nach der Pause im Vortragsraum wieder. Sie überlegen sich ein Thema, dass Sie während der vorgesehenen Übungszeit nach dieser Lehrform aufbereiten.

7.3.4
Weitere Orientierungshilfen für Redner

Beachten Sie mit folgenden *Orientierungshilfen*:

- Sprechen Sie laut genug. Auch in den hintersten Reihen sollen die Zuhörer Sie verstehen. Beachten Sie den Unterschied zwischen Rede und Schreibe. Setzen Sie erst recht bei Ihrer Rede öfters ein

Komma oder einen Punkt. Langen, komplizierten Sätzen folgt nur ein Leser. Er isoliert die einzelnen Satzteile und liest wiederholt.

- Erklären Sie Begriffe und Fachausdrücke, wenn sie zum ersten Mal verwendet werden.
- Bleiben Sie beim Thema, wiederholen Sie eine Angabe lieber als sich auf das Gedächtnis der Zuhörer zu verlassen. Fassen Sie das Gesagte ab und zu zusammen. Gedankensprünge verwirren die Zuhörer. Sie können ja nicht zurückblättern und sich orientieren.
- Umschreiben Sie bei schwierigen Sachverhalten Gleiches in verschiedenen Worten mehrmals.
- Vermeiden Sie lange Aufzählungen, legen Sie den Sachverhalt lieber mit treffenden Beispielen dar.
- Verschaffen Sie während längerer Reden den Zuhörern ab und zu eine Atempause. Pausieren Sie durch das Einschalten von Übungen oder das Auffordern zu Diskussionen, Fragen, Kommentaren.
- Überlegen Sie auch: Welche Hilfsmittel lockern den Vortrag auf und welche tragen zum Verständnis des Stoffes bei? Schreiben Sie Namen, Zahlen, Fachausdrücke an die Tafel oder legen Sie eine Overheadfolie auf. Zeigen Sie Tabellen, graphische Darstellungen, Zeichnungen mit Hilfe eines Overheadprojektors. Veranschaulichen Sie komplexe Sachverhalte. Diese Angaben enthält oft eine Tischvorlage.
- Setzen Sie zusätzliche Instrumente zum Verstehen ein, um das Interesse wach zu halten, Erleichtern Sie „Verstehen". Verbessern Sie das Behalten durch die Aufnahme über mehrere Sinneskanäle.
- Versuchen Sie, Ihre Gliedmaßen während des Sprechens unter Kontrolle zu halten und nervöse Gewohnheiten wie z.B. wildes Gestikulieren oder Zupfen an der Kleidung auszuschalten.
- Üben Sie den Vortrag erst im kleinen Kreis – vor Freunden oder Geschwistern. Es ist meist das Unbekannte, das Furcht einflößt. Ein wenig Nervosität schadet nicht. Hier gilt dasselbe wie bei den Prüfungen. Wenn aber die Angst unmäßige Formen annimmt, müssen Sie etwas dagegen unternehmen.

7.3.5
Ihr Beurteilungsmanagement einsetzen

Auch zum „Vortragen" setzen Sie Ihr *Beurteilungsmanagement* ein. So erhalten Sie frühzeitig ein Beurteilungs- und Wertesystem.

Ermitteln Sie aus dem Zweck die Kriterien zum Beurteilen der Qualität des Vortrags:

- Grad der Informiertheit:
    - Wie gut sind Sie – der Vortragende – informiert?
    - Verstehen Sie, was Sie sagen?
    - Wissen Sie mehr als Sie vortragen?
    - Können Sie die Fragen der Zuhörer beantworten?
- Grad der Exaktheit und Fasslichkeit der Informationen:
    - Tragen Sie Themen bezogen, verständlich, sachlich, knapp und gegliedert vor?
    - Veranschaulichen Sie schwierige Sachverhalte durch Bilder und/oder Erläuterungen?
- Grad der Motivation der Zuhörer:
    - Wodurch erläutern Sie die Bedeutung Ihrer Ausführungen?
    - Wodurch und wie wecken Sie Interesse und Aufmerksamkeit?
- Technik des Sprechens orientiert an den Zuhörern:
    - Sprechen Sie lebhaft, artikuliert, anregend, nicht zu schnell, nicht stockend.
- Dem Zuhörer angemessene Sprachform (Wortwahl, Syntax):
    - Sprechen Sie im aktiven und passiven Wortschatz der Zuhörer.

7.3.6
Empfehlungen für Redner

- Machen Sie die Zuhörer zu Teilnehmern. Setzen Sie die Frage-technik ein. Stellen Sie nicht nur rhetorische Fragen.
- Erfragen Sie das Interesse der Teilnehmer und nutzen Sie es.
- Stellen Sie schnell den Kontakt her.
- Formulieren Sie die Ziele des Vortrags nach diesem Interesse.
- Reden Sie frei nach Stichworten.
- Bevorzugen Sie den Dialog und nicht den Monolog!
- Fassen Sie nach Abschnitten zusammen.
- Setzen Sie visuelle Hilfen ein. Sie sind für die Teilnehmer da.

- Fordern Sie mit dem Schluss zum Handeln auf. Dieser Schluss entscheidet oftmals über den Wirkungsgrad des Vortrags.
- Schließen Sie eine gelenkte Diskussion an. Verteilen Sie vorbereitete Diskussionsfragen. Verteilen Sie diese Fragen vorher an Bekannte!
- Schalten Sie Störungen aus.

7.4
Gespräch und Moderation

7.4.1
Vorüberlegungen

„Kommunikationsprofis" kennen die Grundlagen der *Kommunikation* wie z.B. „Vier Ebenen einer Nachricht" nach Schulz von Thun, „Selbsterfüllende Prophezeiung" nach Watzlawick, „Johari-Fenster", Frage- und Feedbacktechniken, Ich-Botschaften. Die folgenden Hinweise zur *Gesprächsführung* ersetzen nicht ein vertieftes Auseinandersetzen mit diesen Modellen. Sie regen dazu an, das eigene Kommunikationsverhalten zu reflektieren und einzelne *Empfehlungen* daraus in Gesprächen gezielter bzw. bewusster einzusetzen.

7.4.2
Hinweise für gelingende Kommunikation

- Lernen Sie in jedem Gespräch etwas Interessantes für sich selbst.
- Entscheiden Sie, wozu Sie etwas sagen, und auch, wozu Sie nichts sagen möchten.
- Kommunizieren Sie positiv. Seien Sie optimistisch. Zeigen Sie, dass Sie Situationen, Ideen und Menschen wohlwollend betrachten. Finden Sie heraus, welche Chancen in auftauchenden Schwierigkeiten verborgen liegen.
- Bringen Sie sich in ein Gespräch ein. Ich-Aussagen sind gute Wegweiser.
- Verzichten Sie auf lange Herleitungen. Sprechen Sie klar und konkret. Konzentrieren Sie sich auf wichtige Punkte. Halten Sie sich nicht bei Nebensächlichkeiten auf.

- Sprechen Sie zur Lösung. Fokussieren Sie die Gegenwart und die Zukunft. Betonen Sie das Veränderbare. Haften Sie nicht an der Erinnerung, an der Vergangenheit und an alten Geschichten.
- Sorgen Sie für *Stimmigkeit*. Ihre Handlungen und Ihr „Körper" sprechen lauter als Worte. Ihre Gesprächspartner schätzen Sie auf Grund des Klangs Ihrer Stimme, Ihres Blicks, Ihrer Körperhaltung in der Regel recht zutreffend ein. Und sie beobachten, ob Ihre Worte und Ihre Handlungen übereinstimmen.
- Interessieren Sie sich ernsthaft für die *Meinungen* und Ansichten Ihrer Gesprächspartner.
- Akzeptieren Sie, dass jedes Problem von verschiedenen Standpunkten aus betrachtet werden kann. Erleben Sie die verschiedenen *Sichtweisen* als Bereichern des Prozesses und als Reservoir für Ideen.
- Bewahren Sie auch in komplexen kritischen Diskussionen den persönlichen Bezug und die Nähe zu Ihrem Gegenüber.
- Prüfen Sie, ob Ihre Annahmen stimmen. Auch wenn Sie Ihre Gesprächpartner gut zu kennen „glauben", fragen Sie nach, ob das Bild, das Sie sich gemacht haben, mit den wirklichen Wünschen und Ansichten übereinstimmen. *Offenheit* und *Feedback* sind maßgebende Merkmale. Reden Sie nicht, sagen sie etwas.
- Haben Sie den Mut, auch abweichende Ansichten zu vertreten, wenn Sie dies für notwendig halten. Versuchen Sie jedoch nicht, Ihren Standpunkt rücksichtslos durchzusetzen.
- Sie haben das Recht sich abzugrenzen.
- Seien Sie bereit, auch kritische Punkte und heiße Eisen anzusprechen, auch wenn dies bei Ihrem Gegenüber für Unruhe sorgt. Der Preis, Ärger zu vertuschen, kann sehr hoch sein.
- Akzeptieren Sie keine verdeckten Gesprächsthemen. Wenn Sie Anzeichen unterschwelliger Themen bemerken, versuchen Sie durch taktvolles Fragen, durch *Ich-Botschaften* und Rückmeldungen zum Kern der Sache vorzudringen.
- Achten Sie bei wichtigen Themen darauf, den richtigen Zeitpunkt zu finden, um darüber zu sprechen. Wählen oder gestalten Sie eine Situation, in der Ihre Gesprächspartner aufnahmebereit sind und genügend Zeit haben, das Thema intensiv zu besprechen.

- Akzeptieren Sie die Gefühle Ihrer Gesprächspartner. Anstatt zu bewerten: versuchen Sie ihre Motive zu verstehen. Dies bedeutet nicht, dass Sie destruktives Verhalten hinnehmen müssen.
- Achten Sie darauf, dass Ihr Gegenüber das Gesicht wahren kann. Es ist wichtig, dass er oder sie unbeschädigt aus dem Gespräch herausgehen kann.
- Verzichten Sie auf unfaire Tricks wie z.B. unterbrechen, provozieren, unterschwellig drohen, sarkastische Bemerkungen, an alte Fehler erinnern, unzulässige Verallgemeinerungen, sprunghafte Themenwechsel. Tricks lähmen die Kooperationsbereitschaft und die Glaubwürdigkeit dessen, der sie nutzt.
- Benutzen und akzeptieren Sie keine *Ausreden*. Sagen Sie offen, wenn Sie etwas nicht tun möchten und warum Sie dies nicht tun möchten. Und aus der andern Sicht: Versuchen Sie respektvoll herauszufinden, wo die wirklichen Gründe liegen, wenn sich Ihr Gegenüber an bestimmten Handlungen nicht beteiligen möchte.
- Achten Sie darauf, dass Ihren Gesprächspartnern mehrere Varianten offen stehen. Verengen Sie deren Handlungsspielräume nicht zu sehr. Wenn nur noch eine Variante bleibt, wird dies auch emotional als Beschneiden der persönlichen Autonomie erlebt. Widerstand ist die Folge.
- Danken Sie für das Gespräch, für die Offenheit und für die neuen Erfahrungen, die Sie mit Ihren Gesprächspartnern machen durften.
- Fragen Sie Ihr Gegenüber, was im Verlauf des Gesprächs besonders wichtig geworden ist.

7.4.3
Vorsicht: Beurteilungsfehler!

Beurteilungsfehler beruhen auf subjektiven Einflüssen (Gefühle, Vorstellungen, Werte, Wünsche), die in jedes Beurteilen einfließen. Dieses Beurteilen ist somit mehr oder weniger subjektiv von der beurteilenden Person geprägt.

Beurteilungsfehler wirken sich unbewusst und damit unkontrolliert auf das Ergebnis des Beurteilens aus. Folglich kann auch das beste *Beurteilungsgespräch* nicht absolut fehlerfrei praktiziert werden.

Mindern Sie die Gefahr von Fehleinschätzungen durch die Kenntnis möglicher *Fehlerquellen*, Tabelle 7.1. Erfahren Sie damit eine Auswahl aus der Vielzahl möglicher Fehlerquellen. Ergänzen Sie diese Auflistung.

Tabelle 7.1. Beurteilungsbedingte Fehlerquellen

Tendenzen	Fehlerquellen
Attributionsfehler	Für eine gezeigte Leistung oder ein Verhalten wird eine unzutreffende Ursache angenommen.
Einzelbeobachtung	Die beurteilende Person haftet an einer einzelnen Beobachtung und gründet darauf ihr Urteil, ohne durch weitere Befunde abzusichern.
Hierarchie-Effekt	Mitarbeiter, die länger in einem Bereich arbeiten und dadurch in der Hierarchie „höher" stehen, werden besser eingeschätzt als jüngere Kollegen (oder umgekehrt).
Implizite Persönlichkeitstheorien	Allgemeine Annahmen darüber, wie Menschen sind und nach welchen Gesetzmäßigkeiten sie handeln, verzerren das Urteil.
Kleber-Effekt	Die beurteilende Person orientiert ihre Beurteilung an der bisherigen „Laufbahn" der Mitarbeiter und bleibt daran „kleben".
Kontakt-Effekt	Mitarbeiter, mit denen Sie häufig Kontakt haben, beurteilen Sie besser.
Kontrast-Effekt	Nach einer schlechten Beurteilung wird eine befriedigende Leistung als sehr positiv beurteilt und umgekehrt.
Maßstabeffekt	Die beurteilende Person nimmt das eigene Anspruchsniveau zum Maßstab und kommt auf diese Weise zu einer verzerrten (oft zu scharfen oder zu nachsichtigen) Beurteilung.
Milde-Fehler	Dies ist die Tendenz, zu positiv zu beurteilen, um sich gegenüber der beurteilten Person loyal zu verhalten.
Neuheits-Effekt	Neue Eindrücke übertönen frühere Wahrnehmungen.
Strenge-Fehler	Beurteilt wird zu streng in der Meinung, die Beurteilung werde dann ernster genommen.
Sympathie und Antipathie	Eigene positive oder negative Einstellung gegenüber den Mitarbeitern färbt auf das Urteil ab.

Tabelle 7.1. (Fortsetzung)

Tendenzen	Fehlerquellen
Tendenz zur Mitte	Aus Übervorsicht oder aus Mangel an konkreten Beobachtungen wird die Streuung der Werte in Richtung Mittelwert verschoben.
Vorrang-Effekt	Der erste Eindruck übertönt spätere Wahrnehmungen.

7.4.4
Verbessern des Wahrnehmungs- und Urteilsverhaltens

- Befolgen Sie Regeln der *Beobachtung*: Trennen Sie genau zwischen Verhaltensbeobachtungen und Deutungen des Verhaltens.
- Vermeiden Sie den Ersteindruck oder *Vorurteile*. Beobachten Sie über einen langen Zeitraum in unterschiedlichen Situationen.
- Halten Sie das beobachtete Verhalten schriftlich fest. Führen Sie Ihre *Beobachtungsprotokolle* kontinuierlich. Halten Sie Beobachtungen fest, mit denen Sie Ihre Beurteilung fundieren können.
- Tragen Sie zunächst die diversen Beobachtungen aus verschiedenen Leistungs- und Verhaltensfeldern zusammen. Fügen Sie die einzelnen Eindrücke erst danach zu einem Gesamtbild. Warten Sie mit Ihrem Urteil, bis alle zugänglichen Informationen vorliegen.
- Seien Sie offen dafür, dass andere Menschen Herausforderungen mit anderen Problemlösestrategien meistern als Sie selbst.
- Versuchen Sie zu verstehen und nachzuempfinden, wie andere die Situationen, in denen sie agieren, wahrnehmen, emotional erleben.
- Seien Sie sensibel für die Empfindungen und Reaktionen, die das Verhalten anderer in Ihnen auslöst.
- Werden Sie sich Ihrer eigenen Stärken und Schwächen bewusst. Suchen Sie diese nicht bei den Mitmenschen.

7.4.5
Tipps für ein klärendes Gespräch

Ein *klärendes Gespräch* – vor allem, wenn es rechtzeitig geschieht – kann das Leben wirklich erleichtern. *Konflikte* nicht herumtragen, sondern austragen. Probleme nicht schlucken, sondern ansprechen. Und das so schnell wie möglich. *Aggressionen* stauen sich mit jedem

Tag, der nach einem ungelösten Konflikt vergeht, mehr und mehr. Immer schwerer fällt es, das Thema noch einmal anzusprechen.

Folgende *Tipps* von Schömbs (1991) helfen, Konflikte schneller und besser zu lösen.

- Jeder ist für sich selbst verantwortlich. Sie können keine Veränderung bei anderen erwarten, wenn sie nichts über Ihre Probleme, Bedürfnisse, Belastungen und Ihr Unbehagen erfahren.

   Ergreifen Sie selbst die Initiative

- Schieben Sie Auseinandersetzungen nicht auf die lange Bank. So frisst sich Ärger nur tiefer, und die Anliegen kommen nur schwer zur Sprache. Explosionsgefahr besteht.

   Klären Sie Störungen und Konflikte sofort.

- Beantworten Sie sich vor dem Gespräch, aber auch während des Gesprächs folgende Fragen: Was stört mich genau? Was löst das störende Verhalten bei mir aus? Was wünsche ich mir?

   Überlegen Sie bereits vor dem Gespräch.

- Wenn Sie von Ihrem *Ärger* und Ihren Gefühlen reden, reden Sie auch von sich und nicht von anderen: „Mich hat das geärgert!". Eine Aussage wie „Sie kümmern sich nicht um Ihre Leute!" bringt keinen weiter.

   Verwenden Sie „Ich"-Aussagen

- Auch wenn sich mehrere Punkte angesammelt haben: Klären Sie immer nur eine Sache. Das schafft *Erfolgserlebnisse* und eine bessere Stimmung.

   Klären Sie stets eins nach dem anderen

- Kritik blockiert, geben Sie *Feedback*. Sagen Sie Ihrem Gesprächspartner, welche Empfindungen und Reaktionen – positive oder störende – durch seine Verhaltensweise bei Ihnen ausgelöst werden.

   Beachten Sie: Feedback ist besser als Kritik.

- Mit konzentrierten Aussagen erreichen Sie mehr, als wenn Sie das Gesagte ständig wiederholen. Sie nehmen ihrem Partner nur die Zeit zum Verarbeiten.

  Vermeiden Sie Wiederholungen

- Bedenken Sie: Über eine längere Zeit kann und will einer dem anderen nicht intensiv zuhören. Der Gesprächspartner bekommt keine Möglichkeit, seine Fragen zu stellen – Fragen, die ihn motivieren und seine Blockaden abbauen.

  Reden Sie nicht ununterbrochen.

- Das Gesagte prägt sich durch Denkpausen besser ein. Denken Sie etwas nach, bevor Sie auf das Gesagte reagieren.

  Erlauben Sie Denkpausen.

- Echtes *Zuhören* kostet mehr Energie als fortwährend zu sprechen. Deshalb wird auch soviel geredet und so wenig zugehört. Erst zuhören, dann nachdenken, dann antworten! Nicht einfach Gesprächsfetzen aufgreifen und sofort eigenen Gedanken nachgehen.

  Hören auch Sie einmal zu.

7.4.6
Moderation von Besprechungen oder Workshops

Dieser *Leitfaden* unterstützt Sie, in umfassenderen Besprechungen und Workshops mit Hilfe von Elementen der *Moderationsmethode* auf der Sach- und Beziehungsebene aufs Ziel orientiert zum Ergebnis zu kommen.

1. Eröffnen der Besprechung

- Begrüßen Sie die Teilnehmer.
- Stellen Sie sich vor.
- Stimmen Sie den Zeitplan und die Eckdaten mit den Teilnehmern ab.
- Führen Sie eine Vorstellungsrunde durch, falls sich die Teilnehmer nicht kennen
- Schaffen Sie ein positives Arbeitsklima, werden Sie vertraut mit Raum und Medien.

2. Abklären der Erwartungen und Vorbehalte

- Geben Sie den Teilnehmern Gelegenheit, ihre Erwartungen zu äußern. Besprechen Sie eventuell vorhandene Vorbehalte. Setzen Sie die Galeriemethodik ein (Abschn. 10.3.2).
- Vereinbaren Sie Regeln für die gemeinsame Arbeit (Ideen für die Regeln von Besprechungen: Punkt 6)

3. Bearbeiten der Themen

- Klären Sie, wer das Protokoll schreibt.
- Stimmen Sie die Arbeits- und Vorgehensweise ab (z.B. Einzel- und Gruppenarbeit, Plenumsdiskussion).
- Formulieren Sie die Zielsetzung gemeinsam mit den Teilnehmern. Konzentrieren Sie die Gedanken der Teilnehmer auf die gemeinsame Zielsetzung. Zielsetzung kann sein:
- Informationssammlung/-austausch:
  - Problemanalyse/-lösung;
  - Entscheidungsvorbereitung;
  - Entscheidung.
- Bearbeiten Sie die Themen entsprechend der festgelegten Rangordnung.
- Setzen Sie zur Ideenfindung die Galerie-Methodik ein.

4. Maßnahmen planen und umsetzen

- Legen Sie fest, welche Maßnahmen aufgrund der Ergebnisse aus dem Bearbeiten der Themen durchgeführt werden.
- Erstellen Sie einen Maßnahmenplan für alle ersichtlich. Wer macht was? Bis wann? Mit wem? Setzen Sie dies um.
- Tragen Sie für jede Maßnahme Verantwortlichkeiten und Termine ein. Vereinbaren Sie Kontrollen.

5. Abschluss

- Nach der inhaltlichen Arbeit bietet sich an, den Gruppenprozess mit den Teilnehmern zu reflektieren. Fragen Sie die Teilnehmer:
  - Wodurch wurden ihre Erwartungen erfüllt?
  - Sind sie mit dem Ergebnis zufrieden?
  - Haben sie sich in der Gruppe wohl gefühlt?
- Die Reflexion kann auch zu einem früheren Zeitpunkt sinnvoll sein, wenn die Teilnehmer Unzufriedenheit äußern oder die Arbeit ins Stocken gerät.
- Vereinbaren Sie die weitere Vorgehensweise, zu realisierende Maß-

nahmen und das nächste Treffen (Datum, Uhrzeit, Ort, Teilnehmer).

- Beenden Sie die Veranstaltung mit einem Dank an die Teilnehmer.
- Organisieren Sie die nötigen Aufräumarbeiten.
- Halten Sie fest, was im Anschluss an die Besprechung zu tun ist, z.B. Protokoll an die Teilnehmer schicken.

Die klassische Rolle des *Moderators* ist, den Meinungs- und Willensbildungsprozess einer Gruppe zu ermöglichen und zu erleichtern, ohne inhaltlich einzugreifen.

7.5
Textverstehen – die TOIS-Folge

7.5.1
Das Modell von Diederich

Für die *Textverständlichkeit* formuliert Diederich (1982) sechs Leitsätze, Tabelle 7.2.

Tabelle 7.2. Leitsätze für die Textverständlichkeit

	Leitsätze	Grund
1	Gegenstände hervorheben, über die etwas ausgesagt werden soll.	Vorprogrammierte Reihenfolge: „Gegenstand – Aussage über den Gegenstand"
2	Aussagen nicht zu lang oder zu inhaltsreich machen.	Erfassungsvermögen des 20-Sekunden-Gedächtnisses begrenzt.
3	Unbekanntes durch Bekanntes erläutern	Alte Gedächtnisstoffe wirken beim Entwickeln neuer mit.
4	Bekanntes nicht grundlos durch Unbekanntes verfremden.	Vorhandene Gedächtnisstoffe nutzen.
5	Gegenstände und Aussagen sichtbar machen (Visualisieren).	Überlegenes visuelles geistiges Erfassungsvermögen.
6	Grundsätzlich den Weg vom Allgemeinen zu Besonderen gehen.	Tendenz des Gedächtnisses, diesen Wege zu entwickeln und zu benutzen.

Diederich (1982) ordnet seine Leitsätze und damit die Empfehlungen zum Optimieren der Textverständlichkeit nach den vier Dimensionen: *Transparenz – Ordnung – Inhalt – Sprache*. Sie sind in folgender Checkliste nur schlagwortartig wiedergegeben:

Transparenz der Texte

- Texte übersichtlich gestalten,
- Abschnitte und Unterabschnitte, Absätze und Unterabsätze, Aufzählungen bilden, Kurzverweise benutzen,
- Nachschlagetexte, auch Lesetexte durchnumerieren.

Ordnung der Texte

- Den Weg vom Allgemeinen zum Besonderen gehen,
- Gegenstände nach ihrer Zugehörigkeit, nach ihrem Ablauf, nach ihrer Wichtigkeit, nach den Ordnungsvorstellungen der Leser oder nach ihren Bezugstexten ordnen.

Inhalt der Texte

- Inhalt der Texte verständlich schreiben,
- Gegenstände angemessen abstrahieren, nicht zu ausführlich erörtern,
- Zu abstrakte Gegenstände konkretisieren,
- Unbekannte Gegenstände erläutern,
- Wenn nötig, Begriffe definieren,
- Gegenstände durch Bilder und Tabellen verständlicher darstellen.

Sprache der Texte

- Leichtverständliche Sprache benutzen,
- Auch persönliche Aussageformen anwenden,
- Kurze Ausdrucksweise bevorzugen,
- Hauptwörter nicht häufen, Gegenstände der Sätze hervorheben,
- Sätze nicht zu lang oder zu voll gestalten,
- Unbekannte Fachausdrücke erläutern, Fachausdrücke nicht wechseln.

7.5.2
Beispiel – eine Arbeitsanweisung

Für das Reinigen von Serienteilen wurde folgende *Arbeitsanweisung* geschrieben und optimiert, Tabelle 7.3.

1. Es hat sich gezeigt, dass wir ab sofort die Reinigungsvorgänge bei Serienteilen unbedingt auf den Arbeitsplänen und Auftragskarten fest-

halten müssen.

2. Das Reinigen der Teile erfordert einen großen Aufwand an Zeit und Reinigungsmitteln. Wir müssen deshalb differenzieren zwischen einer Grobreinigung und einer Feinreinigung.

3. Die Grobreinigung beinhaltet ein einmaliges Waschen der Teile in Trichloräthylen und ist dann erforderlich, wenn die Teile von der Maschine kommen und zum Zweck der Weiterverarbeitung von Spänen und Ölrückständen befreit werden müssen. Sie ist auch dann zweckmäßig, wenn die Teile anschließend an die Verchromungsanstalt gehen, wo sie gebeizt, geschliffen und poliert werden.

4. Die Feinreinigung beinhaltet ein Vorwaschen mit Trichloräthylen und ein Nachwaschen in sauberen Trichloräthylen. Sie ist dann erforderlich, wenn Teile anschließend im Lager verbleiben und nicht veredelt werden sollen. Sie ist auch erforderlich, wenn diese Teile später irgendwo eingelötet werden müssen.

5. Es ist erforderlich, dass ab sofort bei jedem Werkstattauftrag mit Herrn M Rücksprache gehalten wird, damit die Reinigungsvorgänge von der Qualität und der Reihenfolge her richtig festgelegt werden.

Mit Hilfe der Checkliste zur Textverständlichkeit lassen sich Mängel aus der Sicht der *TOIS-Formel* auflisten.

Transparenz: Der Text enthält vier wesentliche Gegenstände, die für den Anwender nicht ausreichend hervorgehoben sind:
1. die Eintragung der Reinigungsarten;
2. die Grobreinigung;
3. die Feinreinigung;
4. die Rücksprachen mit Herrn M.

Absätze dürfen keine Abschnittsnummern erhalten. Der Text enthält nur vier wesentliche Gegenstände.

Ordnung: Die Reihenfolge der Gegenstände in den Absätzen 3 und 4 entspricht nicht den Denk- und Arbeitsabläufen der Anwender.

Tabelle 7.3. Neufassung des Textes nach der TOIS-Formel

Text formuliert und gestaltet	T	O	I	S
Eintragen der Reinigungsarten in Arbeitspläne und Auftragskarten	1)			
Wegen des hohen Aufwandes an Arbeit und Reinigungsmitteln ist bei neuen Werkstattaufträgen die für Serienteile vorgesehene Grob- oder Feinreinigung in die Arbeitspläne und Auftragskarten einzutragen.			5)	6)

172

Tabelle 7.3. (Fortsetzung)

Text formuliert und gestaltet	T	O	I	S
Die *Grobreinigung* ist	2)	4)		
– notwendig, wenn von der Maschine kommende Serienteile für das Weiterverarbeiten von Spänen und Ölrückständen befreit werden müssen;	3)			
– zweckmäßig, wenn Serienteile zum Beizen, Schleifen und Polieren an die Verchromungsanstalt gehen.				
Zur Grobreinigung gehört ein einmaliges Waschen der Teile in Trichloräthylen.				
Die *Feinreinigung* ist notwendig, wenn Serienteile ins Lager gehen und	2)	4)		
– nicht veredelt werden oder	3)			
– später eingelötet werden sollen.				
Zur Feinreinigung gehört ein *Vorwaschen* in Trichloräthylen und ein *Nachwaschen* in sauberen Trichloräthylen	2)			
Um Planungsfehler zu vermeiden, ist bei jedem entsprechenden neuen Auftrag die vorzusehende Reinigungsart mit *Herrn M* abzusprechen.	2)		5)	6)

Zahlen unter TOIS = Empfehlungen, Tabelle 7.4

Tabelle 7.4. Angewandte Empfehlungen zu Tabelle 7.3

TOIS	Empfehlungen
Transparenz	1) Inhalt kurz und aussagekräftig angeben.
	2) Gegenstände der Texte typografisch hervorheben.
	3) „Untergegenstände" durch Strichaufzählungen hervorheben.
Ordnung	4) Gegenstände nach den Denk- und Arbeitsabläufen der Anwender ordnen.
Inhalt	5) Gründe, Zweck oder Ziele der Anweisung(en) angeben.
Sprache	6) Kurze Ausdrucksweise bevorzugen. Sinngegenstände durch Voranstellen von Einleitungen hervorheben.

TOIS = Transparenz – Ordnung – Inhalt – Sprache

173

Literatur

Bohinc T (1995) Visualisieren – Präsentationen optisch ansprechend gestalten. Unterrichtsblätter 48, 6:342-355

Bohinc T (1996) Moderation – Eine Methode, um Besprechungen und Arbeitstagungen erfolgreicher zu gestalten. Unterrichtsblätter 49, 8:414-425

Diederich G (1982) Textgestaltung in Wirtschaft und Verwaltung. Texte leicht verständlich und arbeitsgerecht verfassen. Moderne Industrie, München

Diederich G (1997) Rechtschreibung 1998. Heft 1: Regeln für die neue Rechtschreibung. Heft 2: Regeln für die Textverständlichkeit. Mainpresse, Würzburg

Hartmann M, Funk R, Arnold C (2000) Gekonnt vortragen und präsentieren. Beltz, Weinheim

Haase F (2001) Reden, Schreiben, Präsentieren. Mit Texten arbeiten. TR Verlagsunion, München

Hoberg R, Hoberg U (1997) Der kleine Duden. Deutsche Grammatik. Eine Sprachlehre für Beruf, Fortbildung und Alltag. Dudenverlag, Mannheim Wien Zürich

Kürsteiner P (1999) Reden, vortragen, überzeugen. Vorträge und Reden effektiv vorbereiten und erfolgreich präsentieren. Beltz, Weinheim

Langer I, Schulz v. Thun F, Tausch R (2002) Sich verständlich ausdrücken. Ernst Reinhard, München

Müller-Merbach H (1974) Einführung in die Betriebswirtschaftslehre. Vahlen, München

Reiners L (1991) Stilkunst. Ein Lehrbuch deutscher Prosa. Überarbeitete Ausgabe. Beck, München

Schömbs W (1991) Entspannt konzentriert. Zen im Alltag. Econ, München

Schulz von Thun F (1999) Miteinander reden. Störungen und Klärungen. Stile, Werte und Persönlichkeitsentwicklung. Psychologie der Kommunikation. Rowohlt, Reinbek bei Hamburg

Trotha T von (2002) Reden professionell vorbereiten. Walhalla Fachverlag, Regensburg

Watzlawick P, Beavin JH, Jackson DD (2000) Menschliche Kommunikation. Formen, Störungen, Paradoxien. Verlag Hans Huber, Bern

Will H (2001) Mini-Handbuch Vortrag und Präsentation. Beltz, Weinheim

8 Bild, Gestaltgesetze, Präsentation

8.1
Zuordnung und Übersicht

Welche Strategien wenden Sie an, um Ihr Wahrnehmen, Verstehen und Behalten zu verbessern? Welche Methoden fördern Ihre Fähigkeiten? Wie nutzen Sie Ihre Potenziale?

Begriffliches, bildliches und *Handlungs-Wissen* bestimmen den Raum Ihrer Wissenswelt. Erfolgreiches Arbeiten und Lernen fordert alle drei Teilwelten. Wer hat Vorfahrt im Gehirn?

Sehen geht schneller als Lesen und Hören.

- Bereiten Sie Informationen optisch auf. Machen Sie *Bilder*. Hinterfragen Sie die *Gestaltgesetze*: Hilfen beim „Bilder machen".
- Nutzen Sie die *Präsentation*. Stellen Sie einen Sachverhalt für eine vorgegebene Zielgruppe mit wirkungsvollen sprachlichen und bildhaften Mitteln so dar, dass ein gesetztes Ziel erreicht wird. Stimulieren Sie die rechte Gehirnhälfte mit „Geschichten" und bildhaften Vergleichen. Sorgen Sie dafür, dass der Inhalt Ihrer *Präsentationen* besser erinnert wird. Die Konsequenz:
  - Zentrieren Sie Ihre Präsentation auf ein *Schlüsselbegriff*. Erzählen Sie Ihre „Geschichte", so dass sich der Schlüsselbegriff wie ein roter Faden durch die Präsentation zieht.
  - Gestalten Sie eine Präsentation mit den Schlüsselbegriffen „*Erfahrungslernen*" und „*Technikjournalismus*".

8.2
Mit dem Bild sehen

Sehen und damit verbundenes Erkennen und Verstehen von *Szenarien* sind äußerst komplexe Prozesse und Vorgänge. Sie laufen auf verschiedenen Denk- und Wissens-Ebenen ab und sind der *Selbstbe-obachtung* der Beteiligten nicht zugänglich (Kurbel 1989). Sie können nicht bewusst nachvollziehen, wie die Rohdaten, die das Auge an das Gehirn sendet, aufbereitet und verarbeitet werden. Die Vielzahl von Berechnungen, die ein Wahrnehmen ermöglichen, sind in der hirnbiologischen Hardware enthalten.

> Das Sehen wird als leicht empfunden, das Beweisen mathematischer Sätze dagegen als schwer. Vom Verarbeitungsaufwand her sind die Verhältnisse aber gerade entgegengesetzt. Der Rechenaufwand zum Erkennen und Verstehen eines Bildes ist um ein Vielfaches höher als zum Durchführen eines mathematischen Beweises (Siekmann 1985).

Nutzen Sie *Bilder* zum ...

- *Aktivieren* und *Motivieren*: Bilder sprechen Gefühle an, wecken Neugier und Aufmerksamkeit, bieten Abwechslung.
- *Erkennen, Verstehen* und *Erinnern*: Bilder ergänzen, vertiefen und ersetzen begriffliche Informationsarbeit.
- *Erklären und Kommunizieren*: Bilder erklären komplizierte Zusammenhänge und visualisieren Handlungen.
- *Ersetzen:* Bilder funktionieren als gedankliche Modelle.
- *Gestalten und Konstruieren*: Bilder sind „Instrumente" der Ingenieure und Designer für das Entwickeln und Darstellen von Erkenntnissen, Modellen, Strukturen und „Produkten".
- *Planen und Organisieren*: Bilder bündeln Arbeitsschritte, Prozesse, Abläufe und Maßnahmen.

Empfehlungen zum Gestalten lesen Sie in den folgenden Abschnitten.

8.3
Optisch wahrnehmen

Optisches Wahrnehmen enthält das Sehen und Erkennen von einfach und komplex gestalteten Objekten. Wichtig für Ihr Wahrnehmen ist die Lage eines Objekts – seine Orientierung im Raum. Zunächst werden meist die einfacheren Darstellungen wahrgenommen. Betrachten Sie Abb. 8.1.

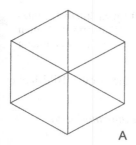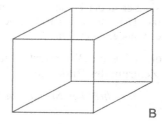

A   B

Abb. 8.1. Zwei- und dreidimensionale Anschauung: einfachere Lösung?

Die Darstellung A zeigt Ihnen einen Würfel als symmetrische Figur in der Ebene. Sehen Sie eine räumliche Figur? Bei Darstellung B empfinden Sie die Tiefenwahrnehmung als die einfachere Lösung.

8.4
Gestaltgesetze – Gestaltpsychologie

Gestaltgesetze verdeutlichen wie Erscheinungen in räumlicher oder zeitlicher Ausdehnung als Einheit erlebt werden. Eine Aufgabe der *Gestaltpsychologie* ist, das Verhältnis zwischen dem Ganzen und seinen Teilen zu erklären.

Die Gestaltpsychologen Köhler (1968) und Metzger (1975) formulieren mit den *Gestaltgesetzen* Gesetzmäßigkeiten, nach denen Sinneseindrücke strukturiert und verarbeitet werden. *Sinnesreize* werden nach bestimmten Prinzipien ausgewählt, unterdrückt oder bearbeitet.

Nach Köhler stimmen physiologische Vorgänge im Gehirn und psychische Prozesse strukturell überein.

8.4.1
Erfassen von Figur und Grund

Unser Gehirn wäre überlastet, müsste es alle möglichen Informationen aus der Umgebung wahrnehmen und verarbeiten. Eine Strategie unseres *Wahrnehmungssystems* ist das Unterscheiden zwischen Figur und Grund. Entsprechend der *Aufnahmekapazität* unseres Gehirns wird ausgewählt, der Rest verschwindet als Hintergrund.

Ein Spaziergänger erfreut sich an der Landschaft im Spätherbst. Plötzlich sieht er in der Ferne einen blauen Fleck. Eine Wanderin im blauen Anorak. Die Landschaft tritt in den Hintergrund. Seine Wahrnehmung ist der Wanderin gewidmet.

- Ordnen Sie das Wichtigste eines Bildes in die größte Bildfläche im Zentrum des Bildes an.

Beschränken Sie sich auf wesentliche Informationen.

8.4.2
Bilden eines Bezugssystems

Wahrnehmungen erfassen Sie nicht einzeln. Zwischen den Reizen stellt unser Gehirn sofort Beziehungen her und entwickelt ein *Bezugssystem*, in dem die Reize interpretiert werden.

- Geschwindigkeiten werden in Beziehung zu einem Umfeld wahrgenommen und eingeschätzt. Metzger (1975) stellt z.B. ein Überschätzen der Geschwindigkeit beim Befahren von engen Gassen und ein Unterschätzen beim Befahren von breiten Straßen fest.
- Im Fahrzeug-Cockpit entwickeln Fahrer ein Bezugssystem. Die Bedienelemente passen zusammen nach Größe, Farbe – oder nicht.

Innerhalb dieses Bezugssystems werden neue Sinnesreize beurteilt. Jeder Sinnesreiz wird durch den Nachbarreiz – sein Umfeld – beeinflusst.

- Betätigen Sie vier Bedienelemente. Beachten Sie das Kraft-Weg-Verhalten. Bilden diese Bedienelemente ein Bezugssystem?
- Überlegen Sie: Welche Erwartung stellen Sie an andere Bedienelemente? Probieren Sie es aus. Entsprechen sie Ihren Erwartungen?
- Hören Sie genau hin: Welche Gefühle und Gedanken lösen die Geräusche beim Betätigen der Bedienelemente bei Ihnen aus?

- Stellen Sie gleiche Aussagen, Informationen, Sachverhalte, Objekte usw. durch gleiche Formen, Größen, Farben usw. dar.

Stellen Sie Gleiches durch Gleiches dar.

8.4.3
Bezug zur Gestaltpsychologie

Eine Aufgabe der *Gestaltpsychologie* ist es, das Verhältnis zwischen dem Ganzen und seinen Teilen zu erklären. So betont sie die Bedeutung des Bezugssystems. Auch das Figur-Grund-Verhältnis fasst sie als Verhältnis zwischen Bezogenem und Bezugssystem auf.

Einzelne Phänomene stehen im Zusammenhang eines Ganzen (z.b. Werthaltungen, Wünsche, Leitbilder) in vielfältigen Konstellationen zueinander. So z.B. in verschiedenen Gewichtungen, Über- und Unterordnungsverhältnissen (Metzger 1975). Allgemein:

Je besser neue Erfahrungen und Informationen dem schon bestehenden Bezugssystem entsprechen, desto besser werden sie behalten und desto mehr beeinflussen sie das bestehende Bezugssystem (Walter 1994).

Erfolgs- oder Misserfolgserlebnisse sind nicht unmittelbar mit bestimmten, objektiv messbaren Erfolgen oder Misserfolgen verknüpft. Erst im konkreten Bezugssystem, dem Anspruchsniveau, bekommen sie ihre spezifische Bedeutung und Bewertung.

Das Anspruchsniveau gilt als Schwierigkeitsgrad einer Aufgabe, für die sich eine Person entscheidet. Erfolgserlebnisse entstehen bei Überschreiten, Misserfolgserlebnisse bei Unterschreiten des Anspruchsniveaus. Beide beeinflussen seine zukünftige Höhe, sind aber nicht mit einer bestimmten Leistung verbunden, sondern über das Anspruchsniveau bestimmt. Großen Einfluss haben soziale Faktoren wie z.B. Gruppennormen, Ehrgeiz, Lob.

8.4.4
Gesetz der Ähnlichkeit

Was ähnlich ist, gilt als zusammengehörend. Dies gilt hinsichtlich Größe, Farbe, Intensität, Form, Geschwindigkeit. Ähnliche Elemente werden auch in ihrer Bedeutung und Funktionalität ähnlich ein- bzw. angeordnet.

- Fassen Sie Elemente im Sinne des kleinsten Abstands zusammen.
- Wählen Sie symbolhafte Darstellungen für ähnliche Sachverhalte und behalten Sie dies bei (Beispiel: Piktogramme).

Wählen Sie Symbole für Ähnliches.

8.4.5
Gesetz der Prägnanz

Eine Gestalt wirkt prägnant, wenn sie „einfach" ist. Prägnante Formen (einfache Gestalt) sind geometrische Formen wie Kreis, Dreieck oder Rechteck. Betrachten Sie die linke Darstellung in Abb. 8.2.

Abb. 8.2. Gestaltvarianten

Sie sehen ein Rechteck und ein Dreieck, die sich überlappen. Ihr Wahrnehmungssystem wählt die Figur mit einfacher, prägnanter Struktur. Dies erleichtert Ihnen das Erkennen und Behalten. Die rechte Figur erklären Sie durch die Hervorhebungen anders.

Die menschliche Wahrnehmung hat eine starke Tendenz zur „einfachen Gestalt". Aus einfachen Strukturen aufgebaute Elemente erleichtern Ihnen die Konzentration auf wesentliche Inhalte.

Visualisieren Sie durch Umrahmen, Unterlegen, Schattieren. Heben Sie so hervor.

8.4.6
Gesetz der Nähe und Geschlossenheit

Räumlich oder zeitlich nah dargebotene Reize werden zu einer zusammengehörenden Gestalt gruppiert wahrgenommen. Fassen Sie Elemente mit kleinstem Abstand zusammen. Das menschliche Wahrnehmen interpretiert Bildeindrücke so, dass möglichst eine geschlossene Gestalt erkannt wird.

Fassen Sie nebeneinander liegende Teile als Ganzes auf. Versuchen Sie Reize zu bündeln: Nahe zusammen liegende Reize nehmen Sie als Gruppe (Einheit) wahr. (Gebrauchs-)Funktionen, die nahe zusammen liegen, haben danach eine ähnliche Funktion.

- Haben Sie auch diese Erwartung? Stimmt das in der Realität? Betrachten Sie Ihr Auto, welche (Gebrauchs-)Funktionen liegen zusammen? Probieren Sie es aus.

- Machen Sie sich diese Kenntnis zunutze, um z.B. im Konstruktions-Design zusammenhängende Tasten sinnfällig zu gruppieren.

8.4.7
Konstanzmechanismen

Konstanzmechanismen sind verantwortlich dafür, dass Dinge wieder erkannt werden. Sie überbrücken das mangelhafte Übereinstimmen zwischen objektiver Realität und der Netzhautabbildung. Obwohl auf der Netzhaut Ihres Auges z.B. durch Lichteinwirkungen oder unterschiedliche Entfernungen jedes Mal ein anderes Abbild des Objekts erscheint, wissen Sie, dass es immer das gleiche Objekt ist.

Trotz unterschiedlicher Netzhautabbilder nehmen Sie das Objekt als konstant, d.h. gleich bleibend in Größe, Farbe, Form, Helligkeit, Bewegung, Oberfläche wahr.

8.4.8
Kontrastphänomene

Keine Sinnesempfindung ist absolut. Unterschiede verstärken Reize. Objekte heben sich durch Kontraste (Schattierungen, Farbe) voneinander ab.

Bilden Sie 3D-Darstellungen auf einer Fläche durch Schattierungen (Folgekontrast) ab.

8.4.9
Aufmerksamkeitsfokussierung

Eine wesentliche Rolle für das Wahrnehmen spielt die *Aufmerksamkeit*. Sie kann willentlich ausgerichtet, aber auch durch einen inneren oder äußeren Reiz abgelenkt werden. Sie werden durch emotionale Prozesse gesteuert, so dass die eigene Aufmerksamkeit sich plötzlich auf etwas richtet, was nicht vorgesehen war.

Erhöhen Sie die Aufmerksamkeit durch Visualisierungen, die auffallend, motivierend, humorvoll, provozierend, überraschend, regelwidrig, gradlinig, überschaubar, eindimensional sind.
Erzeugen Sie Betroffenheit. Setzen Sie dies mit Bedacht ein.

Erfahrung: Menschen versuchen ihre Wahrnehmung in ihr vorhandenes Wissen zu integrieren. Dadurch ist es möglich, Gegenstände zu erkennen, die nur ansatzweise sichtbar sind.

Visualisieren erhöht die Aufmerksamkeit.

8.5
Gestalten einer Präsentation

8.5.1
Einige Tipps

1. Verbannen Sie möglichst alle Textaussagen von Ihren „*Folien*". Tragen Sie in Ihrem Gedächtnis-Speicher, was Sie zu sagen haben.
2. Nutzen Sie die Chance, mit Bildern zu arbeiten, und legen Sie sich eine *Animationsdatei* an. Nutzen Sie Animationen und Töne, und sprechen Sie so die verschiedenen Sinneskanäle an.
3. Beginnen Sie nicht mit dem Problem. Fangen Sie mit dem an, auf das der Zuhörer stolz ist. Wer hört das nicht gerne?
4. Zentrieren Sie Ihre Präsentation um einen *Schlüsselbegriff* und erzählen Sie hierzu Ihre „*Geschichte*".
5. Nutzen Sie *Bild-Vergleiche*, das animiert die rechte Gehirnhälfte.
6. Haben Sie Ihre *Präsentation* im Kopf, um zur Not ohne technischen Hilfsmittel auszukommen. Verwenden Sie solche Mittel nur noch zur aufregenden Inszenierung Ihrer Präsentation.

8.5.2
Das Zusammenspiel von Text und Bild

Text ist der überwiegende Teil eines Buches. Dieser Text wird verständlicher, wenn ihn Bilder ergänzen. Bilder raffen räumliche und zeitliche Dimensionen. In der räumlichen Dimension heben sie Wesentliches hervor und verschweigen Unwesentliches.

Bilder ergänzen, erweitern oder wiederholen den Text. Er wird nicht nur verständlicher, sondern er verbessert auch das Behalten. Legen Sie (Lern-)Stoff über Bilder in Ihrem Gedächtnis ab.

Aussagekraft und Informationswert sind Kriterien zum Beurteilen der Bilder, die in ihren Formen und Arten vielfältig sind.

8.5.3
Konzept und logische Struktur

Vorbereitung

- Sie arbeiten im Team. Befassen Sie sich mit der Aufgaben- und Rollenverteilung:
- Planen Sie Ihr Konzept in *Bildsequenzen*: Zielsetzung, Zielgruppe, Strategie, Inhalt.
- Skizzieren Sie eine *Argumentationsstruktur*, stärkste Argumente zuerst und zuletzt.
- Beachten Sie den Umgang mit der *Fachsprache*.
- Bereiten Sie Diskussionsfragen – evtl. kritische Fragen – vor. Gestalten Sie hierzu Ergänzungsfolien.
- Beurteilen Sie den *Zeitrahmen*. Befassen Sie sich mit dem Ort und der erforderlichen „Technik" bereits vor Ihrer Präsentation.

Vorgehen bei mehreren Präsentatoren

- Beachten Sie: Vorteil: Dynamik und Nachteil: Koordination.
- Legen Sie das Zeitfenster fest.
- Wählen Sie ein gleichartiges Visualisieren.
- Üben Sie einzeln und/oder gemeinsam.
- Planen Sie Übergänge und Pausen ein.

Manuskript gestalten

Gestalten Sie Ihre Präsentation mit der *Frageliste*, Tabelle 8.1.

Tabelle 8.1. Frageliste zur Gestaltung einer Präsentation

Fragen	Gegenstand
Was soll dargestellt werden?	Inhalt
An wen wendet sich die Präsentation?	Zielgruppe
Was soll erreicht werden?	Ziel
Wie soll der Inhalt dargestellt werden?	Strategie der Präsentation
Womit verständlich machen?	Medien
Wie ist das situative Umfeld zu gestalten?	Zeitvorgabe, räumliche Anordnung

- Beginnen Sie mit *Stichworten* und nutzen Sie die Kartentechnik.

- Heben Sie die *Regieanweisungen* hervor.
- Nummerieren Sie Ihre Vorlagen, Seiten und Folien.

8.5.4
Medien und Techniken

Medien zur Präsentation

- Bereiten Sie Overhead-Folien und den *Projektoreinsatz* vor. Bringen Sie Ihre Folien auf einer CD mit (Beamer-Einsatz!).
- Bereiten Sie ebenfalls die Wandtafel, Stifte und Kreide vor.
- Setzen Sie Flipchart, Pinnwand mit Stecknadeln ein.
- Erarbeiten Sie für die Teilnehmer und Zuhörer eine Tischvorlage.

Kriterien der Medienwahl

- Schätzen Sie die Vorbereitungszeit ab.
- Klären Sie die verfügbaren Hilfsmittel.
- Sprechen Sie auch über die Kosten.
- Fragen Sie nach der Zuhörerzahl.
- Legen Sie die Archivierungsmöglichkeiten fest.
- Planen Sie den Änderungsdienst ein.

Häufigste Fehler beim Entwurf

- Zu viel Information, zu kleine Schrift, zu kleine Linien,
- unaufbereitete Kopien und zu viele Folien

Vorbereitung der Präsentation mit Overheadfolien

- Präsentieren Sie sitzend oder stehend?
- Zeigen Sie auf die Folie oder auf die Projektionsfläche. Setzen Sie den Laserpointer ein?
- Legen Sie die Folien systematisch ab.
- Schalten Sie bei größeren Textpassagen den Projektor ab.
- Arbeiten Sie mit zwei Projektoren. Die Teilnehmer können so die Verbindung zwischen den Folien herstellen und stets dem roten Faden folgen.

Flipchart einsetzen

- Prüfen Sie die Sichtverhältnisse für alle Teilnehmer.
- Zeigen Sie fortwährend die Gliederung Ihrer Präsentation.
- Visualisieren Sie so Zwischeninformationen.
- Verknüpfen Sie wesentliche Stichworte in einem Gedankenfluss.

Tischvorlage

- Legen Sie den Zeitpunkt des Verteilens abhängig von der Situation und dem Inhalt fest.
- Bestimmen Sie den Umfang nach Gliederung und Thesenpapier oder Foliensammlung.
- Prüfen Sie die Qualität des Ausdrucks.
- Nummerieren Sie die Seiten, die Sie evtl. heften.

8.5.5
Präsentation und Moderation

Präsentation starten

- Beginnen Sie mit einem *Schlüsselbegriff*, einer „Geschichte", einem Fallbeispiel, einer Zeichnung oder Statistik. Oder starten Sie mit einer überraschenden oder provokativen Aussage oder Fragestellung.
- Wählen Sie je nach Thema ein Hörspiel oder einen Film zur Vorinformation, zur Orientierung und Übersicht.
- Motivieren Sie evtl. durch Cartoon, Sketch oder Satire.

Ablauf der Präsentation

- Geben Sie die Struktur bekannt: Ankündigen, Darstellen, Zusammenfassen.
- Informieren Sie bei Bedarf auch abschnittweise. Präsentieren Sie die Gliederung erneut.
- Verweisen Sie auf die Struktur und das weitere Vorgehen.
- Sprechen Sie mit Blickkontakt. Wählen Sie für Ihr Blickfeld nicht irgendeinen Fixpunkt im Raum.
- Sprechen Sie in kurzen Sätzen. Bringen Sie Komma und Punkt.

- Setzen Sie Pausen gezielt ein.
- Beachten Sie Ihre *Körperhaltung*. Verdecken Sie nicht das Bild.
- Wählen Sie Gesten und Bewegungen diszipliniert.
- Kontrollieren Sie die vorgegebenen Zeitspannen. Planen Sie Puffer und Ersatzfolien ein. Sie sind flexibel, mehr oder weniger!
- Lassen Sie sich nicht durch Störungen beeinflussen. Gehen Sie damit geschickt um.

8.5.6
Gestaltungshinweise

- Verwenden Sie eine verständliche Sprache.
  - Vermeiden Sie fremde Ausdrücke.
  - Gestalten Sie kurze Sätze mit prägnanten Verben.
  - Kennzeichnen Sie Themenbereiche mit prägnanten Begriffen.
- Vermeiden Sie einer *Überforderung* der Teilnehmer.
  - Überschätzen Sie nicht den Wissensstand.
  - Überfordern Sie nicht die Aufnahmefähigkeit.
  - Handeln Sie wichtige Punkte getrennt ab.
  - Stellen Sie einen Zusammenhang dar.
- Nutzen Sie die *Anschaulichkeit* von Bildern.
  - Verwenden Sie die im Fachbereich üblichen Symbole.
  - Nutzen Sie die Faszination von bildreichen Aussagen.
- Geben Sie *Orientierungshilfen*.
  - Zeigen Sie die Gliederung zum Präsentationsablauf.
  - Bauen Sie Orientierungsphasen ein, um die Aufmerksamkeit zu beeinflussen.
- Schaffen Sie gedankliche *Übersichten*.
  - Nennen Sie Ziele, Zusammenfassungen und Ausblicke.
  - Gestalten Sie Ihre Gliederung in Phasen, Blöcken, Segmenten.
  - Unterteilen Sie in Grob- und Feinziele, Haupt- und Nebenfunktionen, Primär- und Sekundärprobleme.
- Ordnen Sie in logischen *Abläufen*.
  - Vereinfachen Sie komplizierte Zusammenhänge.
  - Verschmelzen Sie „Einzelbilder" zu einem Gesamtbild.
- Bedenken Sie: Wenige Erklärungen, viel *Nutzen*.
  - Stellen Sie Pro und Contra gegenüber.

- Machen Sie Vorschläge, aktivieren Sie zur Mitarbeit und prüfen Sie kritisch.
- Unterstützen Sie Ergebnisse und *Erkenntnisse*.
  - Lassen Sie Empfehlungen nachvollziehen.
  - Nutzen Sie möglichst kontrastreiche Ideen.
  - Schaffen Sie Aha-Erlebnisse und Erfolgsergebnisse.
- Entwickeln Sie *Grafiken* aus Textinhalten.
  - Setzen Sie komplizierte Vorgänge in grafische Modelle um.
  - Schaffen Sie schematische Übersichten.
- Wecken Sie *Interesse* mit Fragen.
  - Setzen Sie Fragetechniken ein (offene Fragen ohne Bewertung).
  - Stellen Sie Vorschläge und Lösungen in Frage.
- Motivieren Sie durch Lob und *Anerkennung*.
  - Sprechen Sie nicht nur Fakten, sondern auch Gefühle an.
  - Befriedigen Sie psychologische Bedürfnisse.
- Formulieren Sie wirkungsvolle *Schlusssätze*.
  - Fordern Sie zum Ableiten von Gestaltungshinweisen auf.
  - Vereinbaren Sie gemeinsame Vorsätze.
- Befassen Sie sich mit der Rolle des *Moderators*. In seiner Rolle ...
  - organisieren Sie die Gruppendiskussion.
  - lenken Sie verantwortlich den Prozess der Entscheidungsfindung.
  - erteilen Sie das Wort.
  - fassen Sie Meinungen zusammen.
  - kontrollieren Sie das Einhalten der Zeitvorgaben.
  - visualisieren Sie die Präsentation und die Beiträge der Teilnehmer zu einem Gesamtbild.

8.6
Beispiel 1: „Erfahrungslernen"

8.6.1
Lernen in der Praxis

Schlüsselbegriffe „Lernen – Praxis – Verbund" und Ihre Folie:

Strategie „Lernen mit unmittelbarem Anwenden verknüpfen" gleich „learning by doing"
Vorteil:
1. Gelernt wird, was gebraucht wird.
    Einsicht: „Ich brauche das wirklich, bin motiviert"
2. Sofortiges Anwenden minimiert Vergessen
Nachteil:
1. Zeitdruck reduziert Lernen auf das unbedingt Notwendige
2. Wirksamere Methoden und Techniken werden evtl. übersehen

Dies ist die Lernstrategie *„Vormachen und Nachmachen"*. Lernen Sie die zum Lösen einer konkreten Aufgabe erforderlichen Methoden und zugehörigen Techniken unmittelbar beim sofortigen Anwenden.

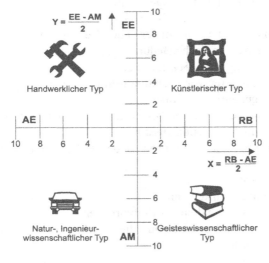

Abb. 8.3. Lernen aus Erfahrung. Modell in Anlehnung an Kolb (1976)

8.6.2
Lernen aus Erfahrung

Schlüsselbegriff: „Lernen aus Erfahrung" und eine erste Folie:

Lernen aus Erfahrung – eine wirkungsvolle Strategie:
„Verbund von Arbeiten und Lernen"

Kolb-Modell mit vier Dimensionen (Abb. 8.3):
- „aktives Erfahren (AE)"
- „reflektierendes Beobachten (RB)"
- „abstrahierendes Modell-, Konzept- oder Theorienbilden (AM)"
- „erlebtes Experimentieren, aktives Erproben (EE)"

Um das potentielle *Verhalten* beim Arbeiten und Lernen zu erfassen, werden in einem Zeilen-Spalten-Schema zehn Zeilen und vier Spalten mit Eigenschaftswörtern vorgegeben, Tabelle 8.2. Ermitteln Sie so die Werte der vier Dimensionen AE, RB, AM und EE.

Tabelle 8.2. Lernverhalten erfassen (in Anlehnung an Kolb 1976)

	Spalte 1	Spalte 2	Spalte 3	Spalte 4	
1	engagiert	zögernd	informativ	aktiv	
2	aufnahme-bereit	unvoreinge-nommen	zergliedernd	erprobend	
3	gefühlsmä-ßig	beobachtend	nachden-kend	handelnd	
4	akzeptierend	bewusst	abwägend	wagend	
5	ideenreich	leicht reiz-bar	logisch, dis-kursiv	produktiv	
6	sachbezogen	wahrneh-mend	verallge-meinernd	fragend	
7	gegenwarts-orientiert	reflektierend	zukunftsori-entiert	ausführend	
8	experimen-tell orien-tiert	einsichtsvoll	theoretisch	anwen-dungsorien-tiert	
9	offen	verstehend	intelligent	praktizie-rend	
10	intensiv	zurückhal-tend	vernünftig	verantwort.-bewusst	
	EE	RB	AM	AE	

Wie gehen Sie vor?

Das Verhalten beurteilen Sie durch eine Punktvergabe in den vier Spalten (Tabelle 8.2):

189

Verhalten durch Punktvergabe beurteilen

Vergeben Sie pro Zeile jeweils zehn Punkte:
- Vier Punkte demjenigen Eigenschaftswort, das Art und Weise zu arbeiten und zu lernen am besten beschreibt
- Einen Punkt demjenigen Eigenschaftswort, das am wenigsten zutrifft
- Drei bzw. zwei Punkte demjenigen Eigenschaftswort, das mehr zu vier Punkten bzw. zu einem Punkt tendiert

Fordern Sie die Teilnehmer auf, die Tabelle gedanklich zu verarbeiten und zeilenweise mit den Punkten auszufüllen. Summieren Sie die eingetragenen Werte in den jeweiligen Spalten.

Berechnen Sie Ihre speziellen Koordinaten und tragen Sie diesen Wert ins Koordinatenfeld des Kolb-Modells ein, Abb. 8.3.

Was sagt Ihnen das jeweilige Koordinatenfeld?

Kolb (1976) ordnet den vier Quadranten (Abb. 8.3) zwischen den Dimensionen unterschiedliche Funktionen bzw. Aktivitäten den Beteiligten zu. Dies sind:

- Quadrant: *Erlebte Erfahrung* – Reflektierendes Beobachten

  - Erfinderische, ideenreiche Tätigkeit
  - Fähigkeit: konkrete Situationen aus verschiedener Sicht betrachten
  - Kulturelles Interesse
  - Spezialisieren in den Künsten
  - Vorherrschende Lernfähigkeit: divergentes Denken
  - Charakteristisch für: Personalmanager, Psychologen, Soziologen, Volkswirtschaftler

- Quadrant: *Reflektierendes Beobachten* – Abstraktes Modellbilden

  - Fähigkeit: theoretische Modelle und Konzepte entwickeln, Theorien erstellen und aufbereiten
  - Vorherrschende Lernfähigkeit: induktives Denken
  - Gebrauch von Theorien, die logisch und genau sind
  - Bevorzugter Umgang mit abstrakten Modellen, Konzepten, Theorien
  - *Angleichen* von verschiedenartigen Beobachtungen in eine vollständig integrierte Erklärung der Modelle, Konzepte, Theorien
  - Wenig Interesse am Praxisbezug (!)
  - Basiswissenschaften, Forschung, planende Branchen

- Quadrant: *Abstraktes Modellbilden* – Aktives Erproben

  - Praktisches Anwenden von Modellen, Konzepten und Theorien
  - Vorherrschende Lernfähigkeit: konvergentes Denken
  - Deduktives Denken: Wissen auf spezifische Probleme einstellen
  - Bevorzugter Umgang mit konkreten Dingen, relativ nüchtern
  - Spezialisieren in physikalisch betonten Wissenschaften
  - Charakteristisch für: Naturwissenschaftler, Ingenieure

- Quadrant: *Aktives Erproben* – Erlebte Erfahrung

  - Dinge tun, Modelle und Konzepte in Plänen und Experimenten verwirklichen, sich selbst in neuen Erfahrungen erproben
  - An spezifische Situationen anpassen
  - Technische, auf die Praxis bezogene Gebiete bevorzugen
  - Neigung, der Gefahr nicht auszuweichen, sich der Gefahr auszusetzen
  - Umgang mit Menschen ruhig, aber auch ungeduldig, antreibend
  - Vorherrschende Lernfähigkeit: anpassendes Denken
  - Charakteristisch für: handwerkliche Jobs wie Ingenieure in Versuch und Erprobung, handlungsorientierte Jobs wie Marketing, Verkauf; erzieherische Jobs in technischen, praxisbezogenen Fachgebieten

Reflektieren Sie auf das eigene Verhalten. Wählen Sie die sinnvollste Strategie abhängig von der Aufgabe oder dem Problem.

Bei vielen Tests in den Praxisseminaren und bei den Lehrveranstaltungen waren relativ wenig Ergebnisse der X-Y-Werte (Abb. 8.3) ausgeprägt in die Quadranten-Felder anzuordnen. Vielmehr bildeten sich die Schwerpunkte an den Koordinatenachsen ab.

Arbeiten und Lernen mit dem Kolb-Modell

Um das unterschiedliche Verhalten für eigene Arbeits- und Vorgehensweisen zu nutzen, schlägt Kolb (1976) vor, diese vier Quadranten mit einem *Problemlösezyklus* in einer *Makrospirale* zu verknüpfen, Abb. 8.4. Diese Makrospirale drückt aus, dass Arbeits- und Vorgehensweise stets in Richtung höherwertig abläuft.

Mit diesem *Problemlösezyklus* werden in einer Makrospirale folgende Schritte durchlaufen:

- Bekannte Lösung ausführen – momentanen Zustand ermitteln
- Zielsetzungen festlegen oder Modell entwickeln
- Sollzustand definieren

- Zielsetzungen mit Wirklichkeit vergleichen – Soll-Ist-Vergleich
- Abweichungen, Unterschiede, Probleme identifizieren
- Kritisches Problem auswählen
- Varianten finden oder andere Lösungen verwenden
- Varianten bzw. Lösungen hinsichtlich Chancen, Auswirkungen und Risiko beurteilen
- Günstigste Lösung auswählen
- Wenn erforderlich: Problemlösezyklus erneut iterativ durchlaufen

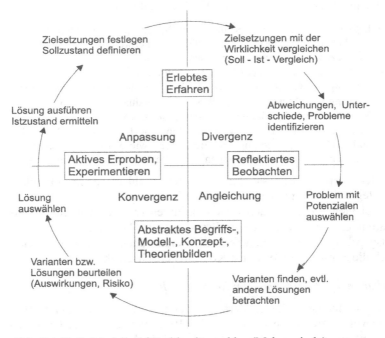

Abb. 8.4. Kolb-Modell und Problemlösezyklus (Makrospirale)

Der Prozess kann grundsätzlich an jedem dieser Schritte starten. Dies ist davon abhängig, welche Situation vorliegt bzw. wie weit die Informationen zum Bearbeiten ausreichen. Beispiele:

- Einstieg bei „Lösung ausführen": Passen Sie Ihre Fertigkeiten im Wechselspiel zwischen „Aktivem Erproben" und „Erlebter Erfahrung" an.

192

- Einstieg bei „Lösungen finden, evtl. andere Lösungen betrachten":
  Gleichen Sie mit divergentem Denken das ausgewählte Problem an
  die Zielsetzungen an.

... und aus der Anwendung:

Vor dem Einstieg in Konstruktionsübungen werden die Teilnehmer nach
ihrem Koordinatenpunkt im Kolb-Test der jeweiligen Feldgruppe zugeordnet. Das nunmehr gewählte Vorgehen „Problemlösezyklus – Abb.
8.4" verdeutlicht den Teilnehmern, wie sie ihr Arbeits- und Lernverhalten mit der Strategie "Stärken fördern und Schwächen abbauen" bewusst
beeinflussen.

8.7
Beispiel 2: „Technikjournalismus"

Technik-Journalisten bereiten Informationen im Interesse der Öffent-
lichkeit auf. Sie stellen die entscheidenden, auch die unangenehmen
Fragen. Sie vermitteln das Wesentliche so, dass ihre Leser verstehen
wollen und verstehen können. Neugier, Hartnäckigkeit und Sprachbegabung sind Voraussetzung plus ein Gespür für Menschen, ein
Flair für *Medientechnik*. Handwerk und Reflexion sind lernbar.

Loyalität und Sprachbegabung sind Voraussetzung plus die Freude
am Auftritt und ein Gespür für *Kommunikationskultur*. Diese Technik ist lernbar.

8.7.1
Technische Ideen in die Sprache der Kunden übersetzen

Was sind die wesentlichen Merkmale technischer Ideen? Was muss
der Kunde verstehen? Wie geht er mit technischen Ideen um? Wie
kontaktiert der Anwender die Technik? Sind es die Bedienungsanleitungen, die Gebrauchsanweisungen, die Leistungsbeschreibungen,
die Anforderungslisten und Pflichtenhefte?

Was kennzeichnet diese technische „Schreibe"?

Erst wenn Prozess und Produkt verstanden werden, erkennen Sie
dessen Qualität. *Technische Dokumentation* ist mehr als die Summe
von Text, Bild und Layout.

8.7.2
Information kennt viele Wege

Sie bereiten technische Informationen in der Praxis auf. Ihre Produkte sind:

- Bedienungsanleitungen
- Konzepte und Beratungspräsentationen
- Schulungsunterlagen
- Software-Dokumentation
- „Technische Datenblätter" und Kataloge
- Technische Illustrationen und Grafiken

... und zum Schlüsselbegriff „*Bedienungsanleitungen*" eine Folie:

„Es funktioniert!"
- Eine gute Bedienungsanleitung sorgt für Erfolgserlebnisse.
- Sie steigert den Nutzen und den Wert des Produkts.
- Ein zufriedener Kunde soll wiederkommen.
- Nicht nur neue Gesetze und Richtlinien gestalten ein Handbuch.
- Der gesamte Markterfolg wird heute über den Service mitbestimmt –
- ... und der fängt beim Handbuch an.

Literatur

Köhler W (1968) Werte und Tatsachen. Springer, Heidelberg Berlin New York

Kurbel K (1989) Entwicklung und Einsatz von Expertensystemen. Springer, Berlin Heidelberg New York

Metzger W (1975) Gesetze des Sehens. Verlag W. Kramer, Frankfurt

Siekmann J (1985) Künstliche Intelligenz – Fluch und Segen liegen dicht beieinander. Computerwoche 10:108-111

Spiegel, H von (1993) Aus Erfahrung lernen. Qualifizierung durch Selbstevalution. Votum, Münster

Walter HJ (1994) Gestalttheorie und Psychotherapie. 3. Aufl. Westdeutscher Verlag, Opladen

9 Anwendung: Laborarbeit

Typische *Tätigkeitsfelder*, in denen Sie aktiv werden können, sind Arbeitsprozesse, in denen Haus-, Examens-, Labor-, Studien-, Diplom- und Projektarbeiten als Produkte erzeugt werden. Da die fertigen Produkte nichts darüber aussagen, wie sie entstehen, welche Arbeit dahinter steckt, wird der Prozess „*Laborarbeit* erstellen" und die methodische Vorgehensweise aus der Sicht des Verbundes Arbeiten und Lernen beschrieben.

9.1
Definieren: Grob- und Feinziel

Das Produkt „Laborarbeit" hat als

- Grobziel: Besonderes Schulen der kritischen Beobachtungsfähigkeit beim Nachprüfen von theoretischen Aussagen oder konstruktiven Fragestellungen durch selbständiges experimentelles Untersuchen und wissenschaftliches Deuten gewonnener Ergebnisse.
- Feinziele:
  - Versuchsaufgaben in Versuchspläne und Versuchsanordnungen übertragen.
  - Versuchsmethoden und -techniken auswählen, anwenden und evtl. neu entwickeln.
  - Vorgeplante Untersuchungen selbstständig durchführen, Messwerte erfassen, protokollieren und graphisch darstellen.
  - Aussagewert der Ergebnisse kritisch bestimmen: Fehlerkritik durchführen und beurteilen.
  - Aussagefähigkeit der Versuchsergebnisse bestimmen. Risiko abschätzen, Verwertbarkeit beurteilen.
  - Untersuchungen und Ergebnisse verständlich zusammenfassen. Versuchsbericht erstellen.

9.2
Zweck und Vorgehen

Die Problem- bzw. die Aufgabenstellung der Laborarbeit sucht eine bestätigende und korrigierende Antwort auf eine theoretische Aussage oder eine konstruktive Fragestellung mit Hilfe experimenteller Methoden. Ebenso könnten Sie die Versuchsergebnisse eine Theorie verbessern oder das Gestalten technischer Produkte optimieren.

Das grundsätzliche Vorgehen unterteilt sich in folgende Phasen:

- Ziele setzen, Entscheiden;
- Planen, Durchführen und Kontrollieren;
- Auswerten, Beurteilen, Entscheiden;
- Darstellen, Interpretieren der Ergebnisse;
- Abfassen, Ausarbeiten: Bericht, Studienarbeit.

9.3
Ziele setzen, Entscheiden

Erarbeiten der Zielsetzungen

- Präzisieren Sie die Problem- bzw. Aufgabenstellung durch Analyse der Situation bzw. des Problems.
- Erfassen Sie den vorliegenden Wissensstand über das Versuchsobjekt. Ermitteln Sie Eigenschaften als Einflussfaktoren, Versuchsparameter unter Einsatzbedingungen und Zustandsgrößen zu diesem Sachverhalt aus Spezifikationen, Reklamationen, Schadensberichten und dem sonstigen Schrifttum.
- Legen Sie die Zielsetzungen fest. Formulieren Sie den Untersuchungsauftrag. Stimmen Sie dies mit dem Auftraggeber ab.

Aufgabenstellung für eine Laborarbeit (Untersuchungsauftrag)

Um die Auswahl der Elektroden für Schweißverbindungen unter besonderen Anforderungen zu systematisieren, sind die grundsätzlichen Möglichkeiten in zeitsparenden Versuchsreihen zu untersuchen. Einsatz der Schweißverbindungen im Baustellenbereich wie z.B. Fahrzeuge, ortsfeste Krananlagen, Fahrzeugkrane.

Analyse der Aufgabenstellung und Literaturrecherche

Durch Analyse der Aufgabenstellung erarbeiten Sie als Aspekte:

- schweißgerechtes Konstruieren und damit eine dem verwendeten Werkstoff angepasste Gestaltung der technischen Produkte.
- Wahl der Schweißverfahren. Damit verbunden die Kenntnisse über die Umwandlungsvorgänge beim Schweißen.
- Kenntnis, Kontrolle der Wärmeführung abhängig von der Schweißtechnologie. Auswirkungen auf mögliche Rissbildungen.
- Auswirkungen einer Wärmebehandlung nach dem Schweißen.

Die maßgebenden Einflüsse für das Auftreten von Rissen oder spröden Brüchen erhalten Sie aus Wirtz (1973). Das Vermeiden von Rissbildungen ist das wichtigste Teilproblem.

Risse lassen sich einfach reproduzieren, wenn eine einlagige Auftragsschweißung auf einen härtungsempfindlichen Werkstoff geschweißt wird. Durch das Maß der Aufhärtung des Stahls wird ein Bild von der Schweißeignung und der Rissgefahr im Übergang von der Schweißnaht zum Grundwerkstoff ermittelt.

Auftrag:

- Untersuchen Sie die Wirkung des Vorwärmens und des zusätzlichen Wärmeeinbringens während des Schweißens.
- Ermitteln Sie die Auswirkungen auf ein verändertes Aufhärtungsverhalten und damit verbunden auf die mögliche Rissbildung in den verschiedenen Gefügezonen der Schweißung.
- Beschreiben Sie die Versuchsbedingungen, die Genauigkeit und den Geltungsbereich möglicher Ergebnisse.
- Grenzen Sie den Untersuchungsrahmen ab. Legen Sie die Startwerte (Faktoren, Parameter) für die ersten Versuche fest.

9.4
Planen, Durchführen, Kontrollieren

Planen der Versuche bzw. Experimente

- Finden Sie und wählen Sie geeignete Untersuchungsmethoden aus. Beurteilen Sie die experimentellen Möglichkeiten des Prüffeldes und des zugehörigen Instrumentariums. Arbeiten Sie das Versuchsprogramm aus.

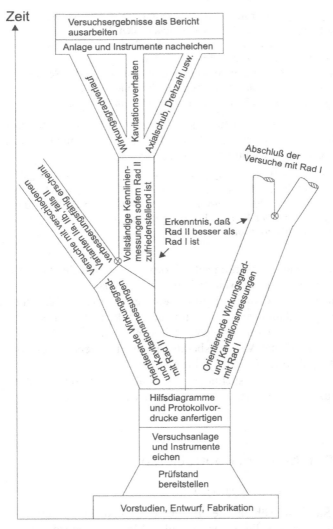

Abb. 9.1. Baum des Versuchsprogramms. Hydraulisches Verhalten

- Legen Sie den *Versuchsumfang* fest. Bestimmen Sie den Personalaufwand (Team der Laboringenieure, Konstrukteure, Zeichner, Mechaniker). Grenzen Sie die Verantwortung ab. Berechnen Sie den Kostenaufwand evtl. in Verbindung mit einem Angebot (Festpreis oder Abrechnung nach Zeitaufwand).
- Geben Sie den *Terminplan* der Arbeiten und den zeitlichen Versuchsablauf vor.
- Gestalten Sie das Versuchsprogramm bzw. den *Versuchsplan* derart, dass die gestellte Aufgabe möglichst optimal mit einem Minimum an Zeit- und Arbeitsaufwand gelöst wird.
- Gliedern Sie zweckmäßig in *Teilaufgaben*, die in einer zeitlichen Folge durchzuführen sind.
- Werten Sie fortlaufend aus. Beurteilen Sie die Teilergebnisse kritisch.
- Passen Sie das *Versuchsprogramm* an die jeweilige Situation an. Ändern Sie im Rahmen der einzelnen Versuche jeweils nur ein Parameter. Das Versuchsprogramm gleicht einem Baum (Abb. 9.1).
- Durchlaufen Sie durch „alternierende Variation mit rechtzeitiger Lösungsauswahl" den Weg zur Lösung.
- Beurteilen Sie die Teilergebnisse. Entscheiden Sie bei jeder Astgabel, welcher Weg fortzusetzen ist.

Ein Beispiel für einen solchen Baum zeigt Abbildung 9.1. Hier wird ein Versuchsprogramm dargestellt, bei dem zwei Laufradvarianten auf ihr hydraulisches Verhalten hin überprüft werden.

Durch gründliches Vorplanen lässt sich der Aufwand an Zeit, Geld und Nerven beträchtlich einschränken. Mit dem Klären der Aufgabe sind bereits zu Beginn der Versuche mögliche Ergebnisse, z.B. aus der Literaturrecherche ersichtlich. Erforderliche Diagramme und Versuchsparameter werden damit bereits in ihrer qualitativen Aussage dargestellt.

Je nach Aufgabenstellung durchlaufen Sie ein einfaches oder differenziertes Versuchsprogramm, das u.a. von den vorhandenen oder neu zu schaffenden experimentellen Voraussetzungen (Prüfstand, Instrumente) abhängt. Die Aufwendungen dafür werden in erheblichem Maße durch die Genauigkeitsansprüche beeinflusst. Die Wirkungsgrade und Messtoleranzen sind unter Umständen mit der Frage der Wirtschaftlichkeit der betreffenden Gesamtanlage verbunden.

Prüfen Sie, ob Routinearbeiten durch Computereinsatz durchgeführt werden können. Das Auswerten und grafische Darstellen der Ergebnisse kann damit erleichtert werden. In den weiteren Ausführungen wird nicht besonders auf diesen Einsatz eingegangen.

Durchführen und Kontrollieren der Versuche

Das Durchführen der Versuche unterteilt sich in folgende Schritte:
- Vorbereiten, Versuchs- bzw. Prüfstand aufbauen,
- Kalibrieren der Messeinrichtungen, Testversuche durchführen,
- Versuchsplan überprüfen, evtl. anpassen und
- Hauptversuche nach Versuchsplan durchführen.

Prüfstand, Messeinrichtungen, Instrumente und deren Kalibriermöglichkeiten müssen den jeweiligen Genauigkeitsanforderungen im Messbereich genügen. Kalibrierungen bzw. Kontrollen mit verschiedenartigen Einrichtungen und Instrumenten sollten jederzeit möglich sein, sorgfältig geschehen und dokumentiert werden.

Fehlanzeigen können u.a. durch Rostansätze, Unebenheiten verursacht werden. Diese Störgrößen müssen durch Abhilfemaßnahmen verhindert bzw. über Korrekturgrößen berücksichtigt werden.

Das Messen, das Auswerten und das Darstellen in Diagrammen geschieht zweckmäßigerweise simultan. Stellen Sie beschriftete Protokollblätter, Kalibrierkurven, Rechenschemata, Hilfsdiagramme und Diagrammvordrucke bereit.

9.5
Auswerten, Beurteilen, Entscheiden

- Werten Sie die Messergebnisse aus. Beurteilen Sie die Aussagefähigkeit der Ergebnisse.
- Entscheiden Sie, ob Kontrollversuche erforderlich sind.

Planen und Auswerten stellen immer ein Kompromiss dar. Die *Aussagefähigkeit* eines Ergebnisses ist abhängig von der zu beurteilenden Eigenschaft, dem Einordnen des Ergebnisses in den Gesamtzusammenhang und in die Erfahrung der Fachwelt. Abweichungen gegenüber der erwarteten Aussagefähigkeit können bedingt sein durch bewusstes Beschränken auf Stichprobenprüfungen oder verschärfte Kurzprüfungen. Nachteilige Einflussfaktoren, die beim Präzisieren der Aufgabe bewusst ausgeschieden werden, können sich auch auf die Ergebnisse der Versuche auswirken.

9.6
Darstellen, Interpretieren der Ergebnisse

- Stellen Sie die Messergebnisse so in Diagrammen dar, dass die Aussagen ohne Rückfrage beim Bearbeiter verständlich sind und keiner zusätzlichen Erklärung bedürfen (evtl. gemeinsam mit dem Bericht).
- Wählen Sie die Maßstäbe (genormt) sinnvoll. Die Maßstäbe stehen in vernünftiger Relation zur Messgenauigkeit. Zahlenwerte werden in gut ablesbarer Größe angegeben.
- Verbessern Sie die Übersichtlichkeit durch geschicktes graphisches Anordnen. Vermeiden Sie zu viele Kurven in einem Diagramm (mit Überschneidungen). Kennzeichnen Sie eng liegende Kurven durch die Strichart (dick, dünn, punktiert) oder durch Farben. Schließen Sie Verwechslungen aus.
- Beschriften Sie ein Diagramm wie folgt:

Kurzer, die Darstellung kennzeichnender Titel, Hinweise betreffend der Versuchseinrichtung; Messanordnung (evtl. Skizze); Definitionen, Formeln, Nummern zugehöriger Konstruktionszeichnungen, Bezugs- und Hilfsdiagramme, Mess-, Kalibrier- und Vermessungsprotokolle, Bezeichnung der einzelnen Kurvenzüge, Datum der Versuchsabwicklung und der Diagrammerstellung, Unterschrift des Verfassers und des Versuchsleiters bzw. der beteiligten Personen, Institut bzw. Firma, Eigentumsvermerk.

9.7
Abfassen, Ausarbeiten: Bericht, Studienarbeit

Der *Bericht* dient der sachlichen Information aller am Messergebnis interessierten Instanzen. Dies sind u.a. der Auftraggeber, Kunden, Lizenzfirmen, Gutachter, Konstruktion.

- Fassen Sie den Bericht in seinen Aussagen so ab, dass der jeweilige Leser den Inhalt versteht und angemessen interpretiert.
- Erstellen Sie eine *Kurzfassung* der wesentlichen Erkenntnisse und deren Konsequenzen als Einführung oder Schlussbemerkung.
- Bedenken Sie: Forschungsberichte stellen oft nur Beiträge zu Teilproblemen dar. Für Folgearbeiten müssen die Vorarbeiten genau rekonstruiert werden. Ein guter Bericht ermöglicht den direkten Anschluss und verhindert das Wiederholen früherer Fehlleistungen bzw. Schwierigkeiten.
- Formulieren Sie Ihren Bericht kurz, klar und stilistisch einwandfrei. Vermeiden Sie schmückende Füllworte, Übertreibungen und Hinweise, die mit „ich glaube" beginnen.
- Gliedern Sie in sachlich abgestufte Teilabschnitte. Erleichtern Sie das Verständnis durch Skizzen, Zeichnungen, Fotos, Diagramme und Tabellen. Dies ermöglicht einen kürzeren Textteil.
- Beschreiben Sie nicht Einrichtungen, Instrumente und Verfahren, welche aus der Fachliteratur bekannt sind. Fügen Sie eine entsprechende Kopie bei.

Literatur

Beelich KH (1974) Systematisches Auswählen von Schweißzusatzwerkstoffen. Maschinenmarkt 80, 47:883-887

Dutschke W (1968) Verarbeitung von Messwerten. Werkstattstechnik 58, 2:68-73

Kaiser R, Gottschalk G (1972) Elementare Tests zur Beurteilung von Messdaten. BI-Wissenschaftsverlag, Mannheim Wien Zürich

Linder A (1969) Planen und Auswerten von Versuchen. Birkhäuser, Basel Stuttgart

Merz H (1973) Systematik für Versuche. Technische Rundschau 65, 29, 36, 45

Rossow E (1964) Grundlagen der Beurteilung von Messwerten. Materialprüfung 6, 11:370-378

Sachs L (2002) Angewandte Statistik. Anwendung statistischer Methoden. Springer, Berlin Heidelberg New York

Wirtz H (1968, 1973) Das Verhalten der Stähle beim Schweißen. Teil 1 Grundlagen. Teil 2 Anwendung. Schweißtechnik, Düsseldorf

10 Methoden, Techniken und Checklisten

10.1
Methoden

Eine *Methode* ist ein auf einem Regelsystem aufbauendes Verfahren zum Erlangen von wissenschaftlichen Erkenntnissen oder praktischen Ergebnissen. Sie ist die Art und Weise eines Vorgehens (Duden).

Zum Durchführen und Unterstützen der vielfältigen Tätigkeiten in den Arbeits- und Lernprozessen über Phasen und Schritte gibt es eine Vielzahl von Methoden. In der Praxis besteht jedoch Unsicherheit bezüglich ihrer Eignung und Anwendung. Eine *Methodenauswahl* muss immer im Zusammenhang mit den jeweiligen Tätigkeiten, den formulierten Anforderungen, den vorhandenen Erfahrungen sowie den wichtigsten Eigenheiten, Voraussetzungen und Bedingungen dieser Methoden geschehen.

Methodensammlungen

Im Buch werden die Methoden beschrieben, die aus dem Verständnis der Autoren für Arbeits- und Lernprozesse wichtig sind. Darüber hinaus wird verwiesen auf:

- die *Methodenmatrix* in der Richtlinie VDI 2221 (1993), die bewertete Methoden verschiedenen Arbeitsabschnitten zuordnet,
- den *Methodenkatalog* (Hürlimann 1981): ein systematisches Inventar von über 3000 Problemlösungsmethoden,
- den Methodenanhang zum Buch „Systems Engineering" (Haberfellner et al. 1997),
- den *Leitfaden* zur Auswahl und zum Einsatz von Qualitätssicherungsmethoden (ZVEI 1992).

10.1.1
Grund-Methoden des wissenschaftlichen Arbeitens

Nach Pahl et al. (2003) sind allgemein anwendbare Methoden Grundlage für methodisches Arbeiten.

Die *Methode des gezielten Fragens* dient zum Anregen der Denkprozesse bei intuitiv betonter und diskursiv betonter Arbeitsweise.

Fragetechniken (Kaiser 1978) werden als (Arbeits-)Mittel eingesetzt. *Fragelisten* helfen als Checklisten zum methodischen Vorgehen, Tabelle 10.1. Das *Strategiemerkmal* „Vom Allgemeinen zum Besonderen" grenzt das breite Wissensumfeld durch das richtige Anlegen der Fragen ein. So gelangen Sie gezielt zum gesuchten Ergebnis.

Tabelle 10.1. Quellen für Fragelisten

Arbeitsschritt	Literaturstelle
Ermitteln von Anforderungen	Ehrlenspiel K (2002)
Stellen von W-Fragen (Was? Warum? Wer? Wie? Wo? Wann? ...)	Hacker (1992)
Beschaffen von Informationen	Checkliste (Abschn. 10.3.2)

Hinweis zum Anwenden der Fragetechniken:
- Vermeiden Sie, rhetorische Fragen zu stellen. Sie werden um der Wirkung willen gestellt, ohne dass eine Antwort erwartet wird.
- Streben Sie dies an, sollten Sie die Technik des „Lauten Denkens" einsetzen. Wie es die Erfassungsmethode: „Beobachten" (Abschn. 5.2) bei den empirischen Untersuchungen durch Ingenieure und Psychologen anwendet (Fricke 1992, Dörner 1994, Frankenberger 1996).

Die *Methode der Negation und Neukonzeption* analysiert bekannte Lösungen gedanklich und negiert sie im Gesamten oder in Teilen, um daraus eine neue Lösung abzuleiten. Unterstützende Merkmale sind z.B. Form-, Lage- und Zahlenwechsel:

- Einfach-, Zweifach- oder Mehrfachanordnung,
- gerade – gekrümmt – rund,
- rotierend – stillstehend,
- geteilt – ungeteilt.

Die *Methode des Vorwärtsschreitens* verfolgt schrittweise von einem Ansatz (= Start) aus möglichst viele denkbare Wege, die zum Ziel führen können (Abb.10.1 und Abb. 10.3).

Die *Methode des Rückwärtsschreitens* sucht von einer Zielvorstellung – der Zielsituation (= Start) – aus rückwärts schreitend Lösungswege, um diese Zielsituation schrittweise zu erreichen.

Arbeitsvorbereitung: Erstellen von Arbeitsplänen zum Fertigen und Montieren einer Baugruppe, Maschine oder Anlage.

Die *Methode des Systematisierens* erarbeitet ein vollständiges Lösungsfeld durch Variieren nach kennzeichnenden Merkmalen und zugehörigen Merkmalsausprägungen. Diese Vollständigkeit erreicht erst das Aufstellen einer verallgemeinernden Ordnung. Darstellungsmittel ist z.B. der Baum der Eigenschaften, der Varianten, der Lösungen oder der Baugruppen, Abb. 10.1 allgemein und Abb. 10.3 als Beispiel einer Eigenschaftsfolge zum technischen Objekt „Auto".

Hinweis:

* Beginnen Sie den Baum mit einer Eigenschaft, die nur zwei Werte als Merkmalsausprägung aufweist.
* Setzen Sie neben dem Text auch das Bild ein.

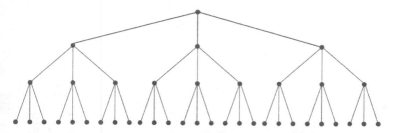

Abb. 10.1. Vollständige Variation der Merkmalsausprägungen

Eine vollständige Variation ist sinnvoll bei der Suche nach neuen Lösungen oder beim Erfassen der Lösungsvielfalt für Schutzrechtsanmeldungen. Aus Gründen der Zeitersparnis und bei frühzeitigem Erkennen der Nichteignung von Varianten ziehen Sie eine alternierende Variation mit Variantenauswahl vor, Abb. 10.2. So vermeiden Sie zeitsparend das unnötige Verfolgen von verschiedenen Varianten.

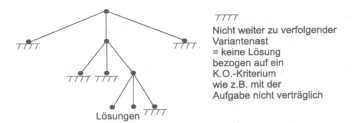

TTTT
Nicht weiter zu verfolgender
Variantenast
= keine Lösung
bezogen auf ein
K.O.-Kriterium
wie z.B. mit der
Aufgabe nicht verträglich

Lösungen TTTT

Abb. 10.2. Alternierende Variation mit Lösungsauswahl

Mit der alternierenden Variation variieren Sie während der Entwicklungsphase zum Optimieren von Lösungen gezielt. Abb. 10.3 zeigt dies am Beispiel „Lackierung von PKW". Eine sinnvoll gewählte Merkmal-Werte-Kombination unterstützt Ihre Arbeitsweise. Mit Hilfe von K.O.-Kriterien (= Anforderungen der Priorität 1) wählen Sie frühzeitig Merkmalsausprägungen bei den Merkmal-Wert-Kombinationen aus.

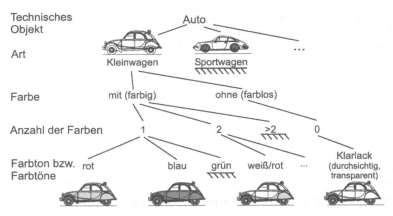

Abb. 10.3. Beispiel für alternierende Variation (Beelich et al. 1998)

Sie verfolgen gezielt nur die potentiellen Lösungsäste weiter (Auswahlverfahren, Pahl et al. 2003).

Bei umfangreichen Anforderungen gruppieren Sie diese Anforderungen nach festen Kriteriengruppen wie z.B. Verträglichkeit gegeben, Forderung erfüllt, Realisierbarkeit gegeben, Kosten ausreichend, Sicherheit für Mensch und Umgebung.

Beim Beurteilen der Varianten sind wegen Informationsmangel und ungenauer Anforderungen unterschiedliche Aussagen möglich. Dies führt zu den entsprechenden Entscheidungen, Tabelle 10.2.

Tabelle 10.2. Entscheiden nach einem Auswahlverfahren

Aussage	Entscheidung
(-), ungeeignete Variante	Variante nicht weiterverfolgen
(!), Forderung unklar	Forderung überprüfen, präzisieren
(?), Informationsmangel	Zunächst zurückstellen, evtl. Information beschaffen und neu beurteilen
(+), geeignete Variante	Lösung weiterverfolgen

Methode der kritischen Situation (KS)

Beobachtung und Analyse bestimmen die Sichtweise auf einen Prozess und was in diesem Prozess als wichtig oder kritisch angesehen wird.

Was sind nun die wesentlichen Schritte der *Prozessanalyse* mit der Methode der kritischen Situationen?

1. *Identifizieren* Sie kritische Situationen aus einer abgeschlossenen Handlungsfolge bzw. einem Gesamtprozess - wie z.B. einem Problemlöseprozess von der Aufgabenstellung bis zur Lösung. Dies ist nur möglich, wenn die Methode und der Auflösungsgrad der Prozesserhebung den Analysekriterien entsprechend detailliert und genau beobachtet wird. Ein Rundgang durch eine Ingenieurabteilung zeigt möglicherweise schon gewisse offensichtliche Missstände. Die Analyse von Arbeitsprozessen hinsichtlich kritischer Situationen erfordert jedoch einen höheren Aufwand in der Beobachtung und Erhebung, um die Zusammenhänge einzelner Problemlösetätigkeiten eindeutiger zu erkennen.

2. *Analysieren* Sie die kritischen Situationen auf unterschiedlichen Ebenen. Auf einer Makroebene werden die Faktoren und Mechanismen analysiert, mit denen das Zustandekommen, der Verlauf und die Auswirkungen der Situationen zu erklären sind. In einer Mikroebene werden einzelne Faktoren im Detail analysiert.

3. Führen Sie die einzelnen erkannten Mechanismen zu *Erklärungsmodellen* des Gesamtprozesses zusammen (Vorgang der Synthe-

se). Treffen Sie aus den Erklärungsmodellen allgemeine Ableitungen für Problemlöseprozesse der beobachteten Art. Erstellen Sie so Prognosen über generelle Aspekte kritischer Situationen.

4. *Generieren* Sie aus den Erkenntnissen der Makro- und Mikroanalysen Ableitungen für das erfolgreiche Bearbeiten kritischer Situationen im spezifischen Problemraum.

5. Vermitteln Sie durch Erproben und Anwenden diese Vorgehensweise in Trainings. *Sensibilisieren* Sie das Erkennen solch kritischer Situationen im eigenen Handeln und Lernen. Gestalten Sie so das eigene Verhalten erfolgreicher.

6. *Sichern* und verbessern Sie das eigene Handeln, Verhalten und Lernen. Beantworten Sie stets die Fragen: „Wie besser?", „Wie weiter?" und setzen Sie dies um.

10.1.2
Intuitiv betonte Methoden der Ideensuche, -findung

Die intuitiv betonten Methoden machen von der *Assoziation* und von *Analogievorstellungen* Gebrauch. Intuitives Denken ist dadurch gekennzeichnet, dass relativ komplexe Zusammenhänge plötzlich ganzheitlich erfasst oder erkannt werden. Zu diesen Methoden gehören z.B. Brainstorming (Osborn 1957), Brain-Writing bzw. die Methode 635 (Rohrbach 1969), Synektik (Gordon 1961).

Brainstorming ist eine Methode zur ungehemmten Ideenproduktion mit vier bis sieben Teilnehmern in Gruppensitzungen von 15 bis 30 Minuten Dauer. Sie ist sinnvoll, wenn nur erste, später noch zu vertiefende Ideen gesucht werden. In den Konstruktionsseminaren wird Brainstorming für das schnelle Ablegen von Ideen und in Verbindung mit der Galeriemethodik (Methoden-Mix) verwendet.

Die *Galeriemethodik* (Abschn. 10.3.1) setzten die Autoren stets ein, wenn in einer Gruppe ohne Gespräche erste Ideen recht konkret beschrieben und dargestellt werden. Ein Vergleich mit gleicher Problemstellung zeigt Unterschiede zwischen den Ergebnissen der Gruppen, die Brainstorming, Brain-Writing und die Galeriemethodik einsetzten:

- Brainstorming: 28 brauchbare Lösungen
- Brain-Writing: 36 brauchbare, teilweise konkrete Lösungen

- Galeriemethodik: 52 brauchbare, sehr konkrete Lösungen

Die *Synektik* erfahren Sie am Thema „Kindersicherung für Medikamente" – ein Vorgehen mit 6 Teilnehmern. Der Ablauf einer derartigen Sitzung ist in Tabelle 10.3 mit Teillösungen protokolliert.

Tabelle 10.3. Synektik: Vorgehen am Beispiel „Kindersicherung ..."

Vorgehensschritte	Konkreter Ablauf der Synektiksitzung und Ideen
Problem Problemanalyse Problemdefinition	Wie können Arzneimittel verpackt werden, so dass Erwachsene ohne Mühe Medikamente entnehmen können, kleinen Kindern (< 5 bis 6 Jahre) jedoch der Zugriff erschwert wird?
Spontane Einfälle	Öffnen über Rechenkombination, Lasche durch Nippel, Intelligenzspiel, Schiebe-Dreh-System, Dreh-Druck- und Nadel-Deckel-Kombination, profilierter Deckel, Schlüssel, temperaturabhängiger Öffner
Gruppe definiert Problem neu	Ausgangsproblem wurde unverändert übernommen.
Erste direkte Analogie aus der Natur	Verschlussmechanismen in der Natur: Muschel, Augenlid, Schneckenhaus, erkaltende Lava, zusammenrollende Blätter
Persönliche Analogien	Sorgenfrei, schön gemütlich im Dunkeln, möchte abstoßend wirken, jemanden Angst einjagen
Paradoxe symbolische Analogien	Ich will als Muschel dem Walfisch Angst einjagen. Grausige Freude, kleiner Walfisch, kräftiger Schlappschwanz, gleichgültige Eifersucht
Direkte Analogie aus der Technik	Einstieg mit „gleichgültige Eifersucht": Tretroller, Brummkreisel, Sportcoupé, Korsett, Weinglas
Zweite direkte Analogie	Einstieg mit „Korsett": Zaun, Wickelbehälter, Bandage, Gitterkäfig, Einschnürung, Spannung, Steifheit
Analysieren. Was lässt sich ableiten?	Begriff „Zaun": Gitter zerschneiden, Schloss, Zaunlatte verschieben, Magnetverschluss, Scheinverschluss, mehrere Öffnungen, bedingt durchlässig
Lösungsansätze durch Assoziation und Kombinieren	Begriff „Brummkreisel": Druck-Dreh-Verschluss, Warnton, stabile Rotation, mechanischer Frequenzverschluss, Voice-Verschluss

Die *Wortschatz-Methode*[1] ist eine neue Kreativitätstechnik. Sie beruht auf der Nutzung von Wortähnlichkeiten bzw. Wortassoziatio-

---

[1] http://www.wortschatz.uni-leipzig.de

nen, die auf der Grundlage einer großen Wortdatenbank für die deutsche Sprache berechnet worden sind. Sie unterstützt mit automatisch generierten Assoziationen und Begriffen das Erarbeiten eines Themas.

1. Visualisieren Sie Informationen und dokumentieren Sie dies in einer Anforderungsliste. Beschaffen Sie Detailinformationen.
2. Wenden Sie die Wortschatz-Methode online[2] an.
   Geben Sie z.B. den Suchbegriff „*Projekt*" ein. Andere Worte, die in charakteristischen Beziehungen zum Suchbegriff stehen, werden automatisch erzeugt. Beispiele sind die Synonyme wie Absicht, Arbeit, Entwurf, Konzept, Plan, Vorhaben. Diese Wörter bewirken, dass Assoziationen (neue Gesichtspunkte, Begriffe, Zusammenhänge) aufgedeckt werden oder auch das bereits Bekannte bestätigt wird.
3. Erstellen Sie ein Netzwerk der Begriffe und eine erste Gliederung zum Thema.
4. Nach einem Überdenken: Setzen Sie die Suche mit benachbarten Worten zum Erweitern der Gliederung und des Themas fort.

Ziel dieser iterativen Vorgehensweise ist: Erkennen von speziellen Eigenschaften der betrachteten Thematik und deren Nutzung für zusätzliche Überlegungen zum Thema.

Aus dem Brainstorming abgewandelte Methodenvarianten sind auch:

Das *Brain-Floating* versucht, die unterschiedlichen Hirnhälften zu stimulieren. Schreiben Sie gleichzeitig oder nacheinander mit beiden Händen alles auf, was Ihnen in den Sinn kommt.

Brain-Writing oder *Methode 635* nach Rohrbach (1969) kombiniert individuelle und kooperative Arbeit. Jeder Teilnehmer in der Gruppe schreibt drei Ideen auf, gibt sein Blatt weiter und ergänzt weitere drei Ideen dazu. Dies wird solange wiederholt, bis jeder sein Anfangsblatt wieder vor sich liegen hat. Diese Methode heißt Methode 635, da bei sechs Gruppenmitgliedern 6 x 3 = 18 erste Lösungsvorschläge fünfmal unter fünf verschiedenen Gesichtspunkten weiterentwickelt werden.

Beim *Bildmappen-Brainwriting* erhalten die Teilnehmer eine Mappe mit verschiedenen Bildern. Sie werden aus Zeitschriften entnommen

---

[2] http://ti2reify.bei.t-online.de

210

und zu Themengruppen aber auch beliebig zusammengestellt. Diese Bilder verfremden die Problemstellung und regen die Assoziation zu neuen Ideen an.

- Problemstellung: Suchen Sie nach neuen Möglichkeiten zum schnellen und maschinellen Heften von Papierbogen.
- Lösung: Nutzen Sie das Bild „steiler Hang, schwere Gebäude". Es regt Sie zu folgender Lösungsvariante an: Papierbogen durch seitliches Verschieben und durch Pressen (Druck) aneinander fügen.

Brain-Picking nutzt den Zugriff auf das Wissen anderer.

- Stellen Sie einer anderen Person Ihr Problem vor und fragen Sie gezielt nach.
- Lassen Sie sich durch eine fremdartige Antwort anregen.

Vorgehens-Variante: Blättern Sie in einem Lexikon oder in einem anderen Nachschlagewerk. Die Antwort muss gar nicht passen, aber sie wird inspirieren, weitere Ideen zu finden.

Mit *Mindstretch* spinnen Sie einen Gedanken immer weiter.

- Überlegen Sie, wie sich für Sie die Welt verändern würde, wenn Sie nur mit Geld allein, ohne Gepäck verreisen würden.
- Erste Ideen: Öffnungszeiten der Geschäfte rund um die Uhr; Einkaufen, sobald ich Hunger habe; mir steht alles offen; kann mir sogar so genannte „Freunde" kaufen; ... und Ihre Ideen dazu!

Mindsurprise nimmt eine lächerliche Idee ernst wie z.B. immer Geld haben.

Why-Not anstelle ja aber. Einmal dürfen Sie alles ausprobieren, blödeln, spinnen. Dies ist z.B. die Atmosphäre von Stammtischen, wo alle Probleme der Welt – mit etwas Bier – schnell gelöst sind.

Break-thrus: Beliebt in der Industrie sind unvorstellbare Vorgaben, von denen jeder annimmt, dass sie nicht erreichbar sind. Sie werden Break-thrus (Durchbrüche) genannt. Eine der bekanntesten Vorgaben dieser Art war die Reise zum Mond. Ein weiteres Beispiel ist auch: Ein Fertighaus ohne Schnittstellenprobleme kaufen können. Hierbei erfahren Sie die Vieldeutigkeit von Vereinbarungen und Zusagen.

Wie können wir es noch schlechter machen? eine Frage und eine beliebte Methode auf Schwachstellen zu kommen, die schon verdrängt waren. Sie ist auch deshalb beliebt, weil Sie so richtig negativ vorgehen können. Sie drehen alle Ergebnisse um und finden so neue Lösungsansätze. Dies ist eine Analogie zur Methode der Negation und Neukonzeption (Abschn. 10.1.1).

Im *Superteam* arbeitende Menschen fördern sich gegenseitig ungemein in ihrer Kreativität (kreatives Superteam). Meist sind dies gegensätzliche, erfahrene Typen, die gut und mit Spaß miteinander kommunizieren können. Aber auch angstfreie und spielerische Umgebungen tragen viel zu einem kreativen Umfeld bei.

10.1.3
Diskursiv betonte Methoden der Ideensuche, -findung

Diskursiv betonte Methoden enthalten ein bewusst schrittweises Denken. Alle Zusammenhänge setzen Sie bewusst und folgerichtig in kleinen Schritten zusammen. Eigenschaften, Objekte und Kriterien stellen Sie mit Hilfe von Ordnungsschemata, Lösungssammlungen oder Katalogen umfassend und ausschnittsweise dar (Dreibholz 1975, Ewald 1975, Roth 2000).

Methoden bzw. Prozesse dieser Gruppe sind:

Prozess: Analysieren

Gewinnen Sie Informationen durch Zerlegen und Aufgliedern sowie durch Untersuchen der Eigenschaften[3] einzelner Elemente und deren Zusammenhänge (Kopplungen) (Pahl et al. 2003). Der Prozess „*Analysieren*" umfasst folgende Schritte (Anweisungen):

- Gliedern Sie ein System in Teilsysteme (Elemente),
- Grenzen Sie Teilsysteme gegenüber ihren Nachbarsystemen ab,
- Wählen Sie Teilsysteme mit kritischen Elementen und/oder Größen mit hohem Risikopotenzial aus,
- Entwickeln Sie die Struktur vom Gesamtsystem bis zur Ebene der Elemente,
- Beschreiben Sie die Eigenschaften der Objekte,

---

[3] = Merkmale + Werte aus einer Wertemenge oder einem Wertebereich.

- Vergleichen Sie die Eigenschaften mit den Anforderungen[4] und wählen Sie geeignete Eigenschaften und zugehörige Objekte aus,
- Führen Sie die Objekte als Träger geeigneter Eigenschaften dem Syntheseprozess zu.

Prozess: Synthetisieren

Verarbeiten Sie Informationen aus dem Analyse-Prozess durch Bilden von Verbindungen, durch Verknüpfen von Elementen mit insgesamt neuen Wirkungen und das Aufzeigen einer zusammenfassenden Ordnung (Pahl et al. 2003).

Im Syntheseprozess betrachten Sie stets die Gegebenheiten der Gesamtaufgabe eines Produkts oder des Gesamtablaufs eines Prozesses. Der Prozess „*Synthetisieren*" umfasst folgende Schritte:

- Ordnen Sie Eigenschaften aus dem Analyse-Prozess nach ihrer Bedeutung für die Aufgabe,
- Vervollständigen Sie den Wertebereich für die Merkmale durch systematisches Kombinieren der Eigenschaften oder variieren Sie alternierend (Lösungsstammbaum),
- Bewerten Sie die Objekt-Varianten der kombinierten Eigenschaften.

Prozess: Systematisieren

Verarbeiten Sie Informationen nach kennzeichnenden Merkmalen, Merkmalsausprägungen und einer verallgemeinernden Ordnung. Diese Arbeitsweise regt Sie über die Darstellungsmittel: „Ordnungsschema und Kataloge" zum Suchen nach weiteren Varianten in bestimmten Richtungen an. Dies erleichtert Ihnen das Erkennen von Eigenschaften und entsprechenden Verknüpfungen. Der Prozess „*Systematisieren*" umfasst folgende Schritte (Anweisungen):

- Formulieren Sie Eigenschaften mittels Checklisten und/oder durch Analysieren von Objekten im Paarvergleich,
- Vervollständigen Sie Merkmale und Werte durch systematisches Kombinieren der Eigenschaften,
- Überprüfen Sie die Merkmale hinsichtlich ihrer Unabhängigkeit,

---

[4] Zielsetzungen in Form von Eigenschaften formuliert.

- Stellen Sie die Eigenschaften in einem Lösungsstammbaum (Abb. 10.3), in einer Lösungssammlung (Ewald 1975), in Ordnungsschemata (Dreibholz 1975) oder in Konstruktionskatalogen (Roth 2000) dar.

10.2
Technik, Techniken

Technik ist eine besondere, in bestimmter Weise festgelegte Art, Methode des Vorgehens, der Ausführung von etwas. *Techniken* sind alle Maßnahmen, Einrichtungen und Verfahren, die dazu dienen, die Erkenntnisse der Naturwissenschaften für den Menschen praktisch nutzbar zu machen (Duden). Elemente dieser Erläuterung sind:

„In bestimmter Weise festgelegte Art des Vorgehens" behandelt die Wortfamilie „*Vorgehen*". Das Vorgehen umfasst einen Arbeitsfluss in seiner unterschiedlichen auf den Zweck gerichteten Ablaufstruktur. Arbeitsprozesse lassen sich als Vorgehenspläne in Phasen und Schritte unterteilen. Sie tragen als strategische und taktische Handlungsanweisungen zum Arbeitsfortschritt bei (Pahl et al. 2003).

„Art der Ausführung von etwas" umfasst die Art des *Verwirklichens* und *Herstellens*. Dies beschreibt aber auch die Eigenschaften hinsichtlich der Qualität, der Ausstattung, des Gebrauchs von etwas. Bei „etwas" handelt es sich um Objekte im technischen Bereich also um technische Gebilde.

Nach Müller (1990) bezeichnet

ein *Verfahren* die geordnete Menge zweckentsprechender Operationen technischer, manueller oder gedanklicher Natur und ein *Prozess* die geordnete Menge von Zuständen, die in Vorgängen durchlaufen werden.

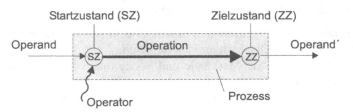

Abb. 10.4. Prozessmodell in Anlehnung an Koch (1986)

Die damit angesprochenen Wechselwirkungen werden in Anlehnung an Koch (1986) durch den grundlegenden Zusammenhang zwischen Operand (Zustand, Verhalten), Operation (Zustands- und/oder Verhaltensänderung, Prozess) und Operator (Wirkgröße) erklärt, Abb. 10.4.

Um den Startzustand SZ eines Operanden (Zustand, Verhalten, Gegenstand, Objekt) in den Zielzustand ZZ (Ergebnis: Zustand, Verhalten, Gegenstand, Objekt verändert) oder eine Eingangsgröße in eine Ausgangsgröße zu überführen, ist eine Operation (Veränderung des Zustands oder Verhaltens, Handlung, Prozess) zu vollziehen. Diese Operation kann elementar (Teilprozess), aber auch als eine Folge von Operationen (Prozesskette) komplex sein. Zum Ändern der Operanden müssen Operatoren (Wirkgrößen) auf den Operanden zum Ausführen der Operation(en) einwirken. Die Operatoren werden vom Menschen unmittelbar (Hand- und Muskelkraft, Bewegung) und/oder von einem (Arbeits-)Mittel mittelbar (Motorkraft, Bewegungsenergie einer Maschine) verursacht bzw. erzeugt.

Diese Beschreibung spricht sowohl die Prozesse als auch die Produkte an. Im Verständnis der Autoren sind Produkte stets Ergebnisse von Prozessen, in denen sie sowohl Träger der Prozesse (Prozessraum bildend) als auch Träger der Mittel (*Funktionsträger* zum mittelbaren Erzeugen der Operatoren bzw. Wirkgrößen) wirksam sind. Mittel sind u.a. die nach Pahl et al. (2003) genannten technischen Gebilde also Anlagen, Maschinen (Energieumsatz), Geräte (Signalumsatz) und Apparate (Stoffumsatz).

Techniken sind im Verständnis der Autoren alle Mittel, die für die Prozesse notwendige Wirkgrößen verursachen oder erzeugen.

So hinterlässt der Bleistift als (Arbeits-)Mittel (Produkt) durch das Einwirken des Anwenders (Kraft und Bewegung) am (Ziel-)Ort eine deutlich sichtbare Information.

Ohne dieses künstliche (Arbeits-)Mittel muss der Anwender z.B. eine Markierung durch Ritzen mit dem Fingernagel erzeugen.

Das Beispiel verdeutlicht die Bedeutung der (Arbeits-)Mittel.

10.2.1
Assoziationstechniken

... unterstützen *Assoziationsprozesse*. Ausgehend von einem Schlüsselbegriff zum Thema werden weitere Wörter assoziativ gebildet, die

Sie baumartig verknüpfend darstellen. Sie gehen dabei mehr in die Tiefe und einmal mehr in die Breite. Dazu gehört:

Schreiben Sie beim *Free-Writing* ausgehend von einem leeren Blatt einfach drauf los, ohne sich um Rechtschreibung oder Zeichensetzung zu kümmern. Das Free-Writing regt Ihre Kreativität an, löst Schreibwiderstände auf und kann Ihre Gefühlsseite bewältigen. Da Sie keine Regeln beachten müssen, bringen Sie einfach und schnell Gedanken und Wissen zu Papier. Free-Writing trägt zum Selbstfinden bei und hilft Ihnen, zu einer lebendigeren und ausdrucksstärkeren Sprache zu kommen.

10.2.2
Kartentechnik

Die *Kartentechnik* (Bohinc 1996) – auch Technik der Kartenabfrage – setzen Sie zum Prozess „Informationen sammeln" ein. Starten Sie mit einer weit gespannten Frage, die viele Antworten zulässt.

❘ Was stört oder erfreut Sie an Besprechungen, an denen Sie teilnehmen?

Durch Fragen sprechen Sie bewusst die positiven und negative Aspekte an. So gehen diese Erfahrungen nicht verloren.

Sehen Sie für jede Antwort eine Karte vor. Formulieren Sie die Antworten in Stichworten. Schreiben Sie groß und nicht mehr als drei Zeilen auf eine Karte. Bedenken Sie: Jede Karte ist wichtig, denn Ihren Ideen- und Erfahrungsreichtum gilt es zu sammeln.

Wechseln Sie jetzt zur *KJ-Methodik*. In Abschn. 10.3.3 lesen Sie, wie Sie die Kartenabfrage auswerten.

10.2.3
Techniken zum Visualisieren

Der Teilprozess „*Visualisieren*" regt die Gedanken an, erleichtert das Strukturieren der Themen und der dazugehörenden Informationen. Wichtig hierbei ist die Übersichtlichkeit, in der Sie Informationen darbieten. Veranschaulichen Sie Abläufe, Strukturen und Zusammenhänge. Erleichtern Sie sich so das Arbeiten mit den komplexen und komplizierten Vorgängen in der Technik.

Ordnen Sie alle Informationen zum jeweiligen Thema in graphischer oder in hierarchischer Form an (Bohinc 1995).

Zu diesen Techniken gehören:

... das *Fischgrät-/Ishikawa-Diagramm*, eine nach ihrem Erfinder Kaoru Ishikawa benannte Technik, die den Teilprozess „Problem identifizieren" unterstützt. Gehen Sie wie folgt vor:

1. Schreiben Sie den Problem- oder Schlüsselbegriff an den rechten Rand eines DIN A4-Blattes in Querformat nieder und kreisen Sie den Begriff ein.
2. Ziehen Sie eine gerade Linie von rechts zum linken Rand.
3. Schließen Sie Abzweigungen im Winkel von 60° an. Notieren Sie an den Linien-Enden die verschiedenen Ursachen des Problems. Führen Sie für diese Ursachen evtl. eine Kreativsitzung durch.
4. Bringen Sie – wenn erforderlich – an den Verzweigungen zusätzliche Abzweigungen an. Notieren zugehörige Ursachen.

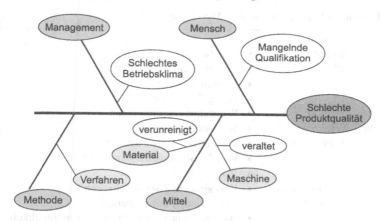

Abb. 10.5. Ishikawa-Diagramm – Ursache für schlechte Produktqualität

Die 4-Quadranten-Technik

... hilft Ihnen zur strategischen Analyse und beim Problemlösen. Mit ihr analysieren Sie Projekte und ermitteln konkrete Verbesserungsvorschläge zum Optimieren.

Stellen Sie stets Gemeinsames und Unterschiedliches heraus. Am Beispiel: Stärken – Schwächen, Chancen – Risiken zeigt dies Tabelle 10.4.

Tabelle 10.4. Visualisierungstechnik der 4-Quadranten

	Stärken	Schwächen
Chancen	• Wie die Stärken einsetzen, um die Chancen zu nutzen?	• Wie an den Schwächen arbeiten, um die Chancen zu Nutzen?
Risiken	• Wie die Stärken einsetzen, um die Gefahren zu meistern?	• Wie an den Schwächen arbeiten, um die Gefahren zu meistern?

Ihre Arbeitsweise unterstützt eine *Frageliste*, Tabelle 10.5.

Finden Sie beim Identifizieren von Problemen heraus, wo der Kern des vorhandenen Problems liegt, bevor Sie Lösungsvarianten erarbeiten.

Tabelle 10.5. Frageliste zu den Merkmalen „*SWOT*"

	Merkmale	Fragen
S	Strengths Stärken	• Was lief gut? • Was sind unsere Stärken? • Worauf sind wir stolz? • Was gab uns Energie? • Wo stehen wir momentan?
W	Weaknesses Schwächen	• Was war schwierig? • Wo liegen unsere Fallen, Barrieren? • Welche Störungen behinderten uns? • Was fehlt uns?
O	Opportunities Chancen	• Was sind die Zukunftschancen? • Was könnten wir ausbauen? • Welche konkreten Verbesserungsmöglichkeiten haben wir? • Was können wir im Umfeld nutzen? • Wozu wären wir noch fähig? • Was liegt noch brach?
T	Threats Gefahren	• Wo lauern künftig Gefahren? • Was kommt an Schwierigkeiten auf uns zu? • Was sind mögliche Risiken, kritische Faktoren? • Womit müssen wir rechnen?

In einem weiteren Beispiel fragen Sie sich:

„Inwieweit sind die Dinge anders, als sie sein sollten?"

... und folgende Frageliste hilft Ihnen, das bestehende Problem einzugrenzen und richtig zu identifizieren:

- Was genau ist der Fehler? Welche anderen Fehler hätten erkannt werden können?
- Wann hat das Problem genau begonnen? Was geschah danach?
- Wann tritt das Problem auf und wann nicht?
- Ist in letzter Zeit irgendetwas verändert worden, das diese Problemsituation verursacht haben könnte?
- Warum war mehrere Jahre lang alles in Ordnung?
- Wo ist der Fehler beobachtet worden? Wo hätte der Fehler auch festgestellt werden können?
- Wie stellen wir fest, wann das Problem auftritt?
- Was wissen wir noch nicht über dieses Problem?

- Finden Sie für das weitere Vorgehen vier Oberbegriffe, die Gemeinsames und Unterschiedliches kennzeichnen.
- Zeichnen Sie eine 4-Quadranten-Darstellung.
- Ordnen Sie diesen Quadranten die Antworten zu den Fragen zu.

Dies hilft Ihnen die Lösungsvielfalt zu reduzieren und den Kern Ihres Problems zu ermitteln. Für das Finden von Lösungen wählen Sie den Quadranten mit den größten Einflüssen auf Ihr Problem.

Nutzen Sie als weitere Anwendung der 4-Quadranten-Technik das

Johari-Fenster

Als graphisches *Erklärungsmodell* stellt es das Zusammenwirken von zwei Informationsquellen dar. Es zeigt die Veränderungen von Selbst- und Fremdwahrnehmung im Verlaufe eines Partner- oder Gruppenprozesses mit Offenheit und Feedback, Tabelle 10.6.

Mit diesem Erklärungsmodell erkennen Sie, wie Information gewonnen und verarbeitet werden. Es vermittelt die Effektivität des einzelnen beim Aufnehmen und Weitergeben von Informationen. Alle Informationen, die für eine Beziehung zwischen zwei Menschen oder in einer Gruppe von Bedeutung sind. So erhalten Sie Aussagen über die Konsequenzen, die sich aus dem wechselseitigen Verhalten im Umgang miteinander ergeben.

Tabelle 10.6. Johari-Fenster mit verschiedenen Verhaltensbereichen

	mir selbst	
	bekannt	unbekannt
anderen bekannt	A: öffentliche Person Arena Bereich der freien Aktivität, der öffentlichen Sachverhalte und Tatsachen. Verhalten und Motive sind mir bekannt und für andere wahrnehmbar.	C: blinder Fleck Verhalten für andere sichtbar und erkennbar, mir selbst nicht bewusst. Verdrängtes und nicht mehr bewusste Gewohnheiten.
anderen unbekannt	B: Privatperson – Fassade Verhalten und Motive sind mir bekannt und bewusst, werden anderen aber nicht bekannt gemacht.	D: Ungewusstes Im Bereich der Psychologie Unterbewusstsein genannt. Wird in Trainingsgruppen nicht (bewusst) bearbeitet.

Die *Produktivität* einer Beziehung bestimmt das für ein Zusammenleben wichtige Feld „öffentliche Person, Arena". Je größer dieses Feld wird, desto mehr Informationen werden von beiden gemeinsam gehalten. Sie vergrößern dieses Feld durch:

- Geben Sie Informationen über sich und bisher „Privates" preis (Offenheit).
- Vermitteln Sie Feedback und nehmen Sie Feedback auf.

Überlegen Sie: Bis zu welchem Maße dies möglich ist, bestimmt weitgehend Ihre Bereitschaft und Fähigkeit. Dies gilt ebenso für den Partner und auch in der Gruppe.

Mit Hilfe des Feedback-Prozesses erreichbare Ziele eines Trainings sind: Bereiche/Felder/Quadranten B und C verringern und A vergrößern. Das bedeutet: Sie verschieben einem Bearbeiten zugängliche Grenzen und erweitern die freien Aktivitäten. Blinde Flecken und auch Fassaden hellen Sie auf durch Offenheit und Feedback bei allen Beteiligten. Hierbei sollen Sie nicht nur viel reden, sondern auch etwas sagen, um offen zu sein.

Schaffen Sie ein produktives Gesprächsklima.

10.2.4
Gedankenflussplan

Diese *Darstellungstechnik* unterstützt den Prozess des Strukturierens (Müller-Merbach 1976). Verbinden Sie alle logisch aufeinander aufbauenden Gedanken miteinander, Abb. 10.6. Schaffen Sie so ein Gerüst für einen Text oder Vortrag.

Elemente des *Gedankenflussplans* sind:

- Knoten: Schlüsselbegriffe, Gliederungspunkte, Hauptthesen.
- Pfeile: Logische Verbindungen zwischen den Knoten, Reihenfolgeverbindungen
- Verzweigungen: Gleichberechtigte Gedanken (Logisch parallele Punkte)
- Zusammenführungen: Vereinigen von Pfeilen mit Konnektoren

Diese Art der Darstellung ergibt einen kompakten Überblick über alle logischen Zusammenhänge innerhalb des zu formulierenden Stoffs. Er ist stets dort erforderlich,

1. an denen sich ein Gedanke in mehrere parallele Folgegedanken aufspaltet.
2. wo vom Ende einer *Gedankenkette* auf den Anfang einer parallelen Gedankenkette gesprungen wird.
3. wenn ein Hinweis angibt, dass alle parallelen Gedankenketten abgearbeitet sind und die Hauptkette wieder erreicht ist.

Anwendung: Vortrag

- Zeigen Sie während eines Vortrags auf den jeweiligen Abschnitt bzw. Kasten Ihres Gedankenflussplans.
- Verdeutlichen Sie den Arbeitsfortschritt.
- Fangen Sie so Ihre Zuhörer wieder ein. Zuhörer wandern bei einem Vortrag von Zeit zu Zeit mit ihren Gedanken ab. Der Gedankenflussplan gibt Orientierung und Übersicht.

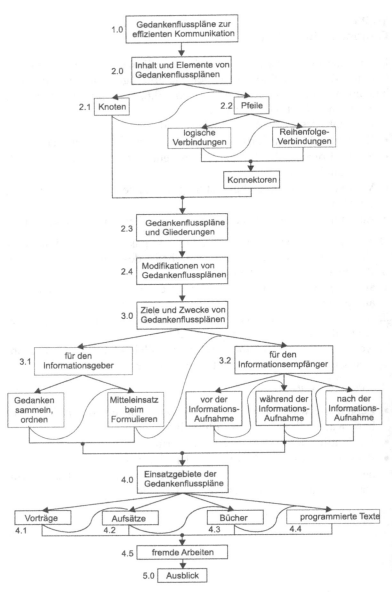

Abb. 10.6. Gedankenfluss zu Gedankenflussplänen

10.3
Methodiken

Methodiken sind planmäßige Vorgehensweisen unter Einschluss mehrerer Methoden und zugehöriger Techniken (Mittel). Hierbei unterscheiden Sie zwischen Einzel- und Gruppenanwendungen.

Bei den Anwendungen in der Gruppe erfassen und sammeln Sie alle Ideen, Gedanken und sozialen Aspekte kritiklos. Je mehr, desto besser. Hierzu gehört die *Galeriemethodik* nach Hellfritz (1978).

Stimulieren Sie in den Einzelanwendungen mittels Bildmaterial, Ideenkarten, Frage- und Checklisten die persönliche Kreativität. Gewinnen Sie so bei der visuellen Konfrontation die Assoziationen mit Hilfe von bildhaften Darstellungen. Filtern Sie erst danach in beiden Fällen die einzelnen Beiträge, wählen Sie aus, konkretisieren und bewerten Sie. Entscheiden Sie gemeinsam mit dem Auftraggeber.

10.3.1
Abstraktion: Problem lösungsneutral formulieren

„Wegnehmen des Unwesentlichen, so dass das Wesentliche herausgehoben bleibt und damit besser erkannt werden kann" (Duden).

Nach landläufiger Meinung wird das Abstrakte im Unterschied zum Konkreten, zum Praktischen, zum Fassbaren gesehen. Dementsprechend fällt es leicht, dem abstrakten Denker Abgehobenheit und Weltfremdheit zu attestieren und dem Bereich des Praktischen den höheren Realitätsgehalt zuzuweisen.

Beim „Methodischen Konstruieren" hat sich eine Arbeits- und Vorgehensweise nach Pahl et al. (2003) bewährt. Ausgehend von einer Anforderungsliste gehen Sie wie folgt vor:

1. Lassen Sie gedanklich Wünsche weg.
2. Lassen Sie Forderungen weg, die die Funktion und wesentliche Bedingungen nicht unmittelbar betreffen.
3. Setzen Sie quantitative Angaben in qualitative um. Reduzieren Sie dabei auf wesentliche Aussagen.
4. Erweitern Sie Erkanntes sinnvoll.
5. Formulieren Sie das Problem lösungsneutral.

10.3.2
Galeriemethodik in der Gruppe

Die *Galeriemethodik* nach Hellfritz (1978) benutzt Elemente sowohl aus den intuitiv betonten als auch aus den diskursiv betonten Methoden. Die Arbeitsweise geschieht abwechselnd in Einzel- und Gruppenarbeit – vorwiegend schriftlich. Besondere Merkmale sind:

- Vermeiden Sie Kritik in den ersten Phasen des schöpferischen Denkens.
- Unterbinden Sie den Meinungsdruck durch autoritäre Personen.
- Formulieren Sie Probleme einfach und eindeutig.

Für den ordnungsgemäßen Ablauf hinsichtlich „*Gruppenverhalten*" und der Ressource „*Zeit*" ist ein Moderator verantwortlich. Der Ablauf umfasst mehrere Phasen, Tabelle 10.7.

Tabelle 10.7. Phasen der Galeriemethodik

Beschreiben der Phasen	Bearbeiter	Zeit
Vorbereitungsphase		Min.
In das Vorgehen der Galeriemethodik und in den zu untersuchenden Problemfall einführen, Kernaufgaben mit den Teilnehmern erarbeiten	Moderator Auftraggeber	10 15-20
Ideenbildungs- und Galeriephasen		Min.
Ideenbildungsphase: spontan Ideen als potentielle Lösungen auf Flipchart-Blätter notieren. Diese Blätter an die Wand hängen.	Teilnehmer, Auftraggeber	10
Assoziationsphase: beim Galerierundgang lesen die Teilnehmer die Ideen, Aussagen der anderen. Wichtig: positive oder negative Kritik durch Wort und Gestik vermeiden.	Teilnehmer, Auftraggeber	10
Ideenbildungsphase: angeregt durch den Galerierundgang notieren die Teilnehmer weitere Ideen auf ihren Blättern. Wichtig: Keine Wiederholungen des Gelesenen!	Teilnehmer, Auftraggeber	10
Selektionsphase		
Gemeinsam zusammenfassen, ordnen und gewichten aller Ideen. Evtl. erläutern und/-oder ergänzen. Dem Auftraggeber Erfolg versprechende Lösung vorschlagen.	Teilnehmer, Auftraggeber	30

Tabelle 10.7. (Fortsetzung)

Beschreiben der Phasen	Bearbeiter	Zeit
Umsetzungsphase		
Teilnehmer und Auftraggeber entwickeln gemeinsam ein Konzept zum Umsetzen der Lösung	Teilnehmer, Auftraggeber	30

Beispiel: Anwenden der Galeriemethodik

In einem Tagesseminar mit Ausbildern der Firma Merck, Darmstadt wenden die Autoren die Galeriemethodik an. Der Auftraggeber stellt die Forderung, etwa 36 Mitarbeiter unmittelbar zu befragen und die Ergebnisse schnell auszuwerten. Vorbereitungsphase:

Der Auftraggeber erläutert den Informationsfluss in und mit der Ausbildungsabteilung und nennt Ansatzpunkte zu einem kritischen Auseinandersetzen. Dies sind:

- Maßnahmen zum Unterricht und Praktikum, deren Auswirkungen
- Ausfall des Unterrichts und Fehlzeiten
- Sitzungen: nicht angekündigte Tagesordnungspunkte und Inhalte
- Weiterbildung und Seminare allgemein
- Ungeplanter Bildungsurlaub; zusätzliche Belastung anderer
- Nicht vorausgeplante Schulfahrten

Die Teilnehmer leiten gemeinsam als *Kernfrage* ab:

„Wodurch wird der Informationsfluss im Ausbildungsbereich gehemmt, gestört und negativ beeinflusst (Ist-Zustand = -) bzw. gefördert und unterstützt (Zielzustand = +)?"

Der Moderator erläutert die Vorgehens- und Arbeitsweise. Der Auftraggeber fordert auf, folgende Aspekte beim Bearbeiten zu beachten:

Möglichkeiten, Grenzen, Informationswege oder -kanäle, erwünschte und abgelehnte Informationen, Störungen, räumliche Trennung der Informationspartner, Urlaubsvertretungen, Krankheit oder andere Fehlzeiten.

Ideenbildungs- und Galeriephasen: Die Teilnehmer beantworten aus ihrer Sicht die gestellte Frage sowohl positiv als auch negativ. Die Aussagen eines Teilnehmers zum Ist-Zustand (-) und zum Zielzustand (+) gibt Abb. 10.7 beispielhaft wieder.

TU Darmstadt Fachdidaktik Metall Dr.-Ing. K.H.Beelich	Auswertung eines Workshops nach der Galeriemethodik

Teilnehmer des Ausbilderseminars am 20.08.80	A	B	C	D

Thema: Wodurch wird der Informationsfluss in der Abteilung Ausbildung gehemmt, gestört, negativ beeinflusst?

		Nr	A	B	C	D
1	Rivalität, Konkurrenzverhalten	1			2	3
2	Überlastung: zu viel verschiedenartige Aufgaben	2				
3	Zeitmangel	3			3	7
4	Desinteresse an Zusammenarbeit	4				3
5	Mangel an Gelegenheit für Info-Gespräche	5				
6	Weit verstreute Abteilung, räumliche Trennung	6	5	1	4	

TU Darmstadt Fachdidaktik Metall Dr.-Ing. K.H.Beelich	Auswertung eines Workshops nach der Galeriemethodik

Teilnehmer des Ausbilderseminars am 20.08.80	A	B	C	D

Thema: Wodurch wird der Informationsfluss in der Abteilung Ausbildung gefördert, unterstützt?

		Nr	A	B	C	D
1	Zusammengehörigkeitsgefühl als Abteilung	1				
2	sich mit verantwortlich fühlen	2				
3	Nicht annehmen: andere hätten informiert	3			10	
4	Gemeinsame Unternehmen, Kontakte fördern	4		8	3	
5	Richtlinien für Gestaltung von Informationen	5				8
6	Persönlich informieren	6				
7	Interesse der Empfänger ist bekannt	7				
8	Sich selbst nicht großartig halten	8				
9	Ab- und Zugeben, kompromissbereit, tolerant	9				
10	Zeitgewinn: Info, Zeitung, gezielt und selektiv	10				
11	Info-Gespräche im Fachbereich fördern	11				

Abb. 10.7. Ausschnitt des Ergebnisprotokolls

Nach dem 1. *Galerierundgang* notieren die Teilnehmer weiterführende Aussagen auf ihren Blättern.

Selektionsphase „Plenum": Zuerst ergänzen die Teilnehmer auf den Blättern des Teilnehmers A ihre Aussagen mit gleichem oder ähnlichen Inhalt. Darüber hinaus vorliegende Aussagen schreiben sie auf dem Blatt des Teilnehmers A fort und stimmen untereinander ab. Zunächst die Aussagen des Teilnehmers B, dann C usw.

Auf diese Weise nennen in etwa 30-45 Minuten alle Teilnehmer ihre Ansichten, Meinungen, Vorschläge und Kritiken zu den Fragestellungen. Sie erarbeiten ein umfassendes Meinungsbild ohne zeitraubende „Wenn und Aber Diskussionen". Solche Diskussionen beginnen oft schon, obwohl einzelne Teilnehmer noch nicht ihre Aussagen getroffen haben.

Selektionsphase „Gruppenarbeit": Nach der Arbeit im Plenum bilden sich Gruppen. Diese Gruppen entwickeln Maßnahmen-Vorschläge und ordnen sie nach Schwerpunkten. Im einzelnen:

1. Kommunikation: informelle und formelle Gespräche

Fachgruppensitzungen nur, wenn nötig. Tagungsordnungspunkte (TOP) festlegen und Vorinformation geben, damit jeder besser zu Sitzungen vorbereitet ist. Merkheft für TOP. Informationsaustausch bei einem gemeinsamen Frühstück. Erfahrungsaustausch übergreifend, Arbeitsplatzwechsel (Jobrotation) anstreben.

2. Schriftliche Informationen

Info-Wand in zentraler Lage anbringen, Info-Blatt (Hausmitteilungen) für den Ausbildungsbereich einführen, schriftliche Unterlagen lesefreundlicher gestalten; Zeitgewinn durch Vorselektieren von Zeitschriften; schnelleren Umlauf sowie regelmäßiges und rasches Weitergeben von Informationen.

Weitere nicht ausführlich beschriebene Schwerpunkte sind:
3. Informationsfluss: Wer informiert wen worüber?
4. Ort und Zeitpunkt der Information
5. Persönliche Voraussetzungen

Umsetzungsphase: Arbeitsunterlagen, Protokolle und aufgelistete Maßnahmen übergeben die Gruppen in einem Gespräch dem Auftraggeber. Gemeinsam mit dem Auftraggeber wählen sie diejenigen Maßnahmen aus, die sofort umgesetzt werden sollen.

Was haben Sie als Leser des Buches von der Galeriemethodik?

Das Finden von Ideen und Lösungen mit der Galeriemethodik unterstützt das intuitiv und diskursiv betonte Arbeiten in Gruppen ohne ausufernde Diskussionen und vernichtende Kritik. Sie fördert die schöpferische Kooperation und führt zeitsparend zu praxisnahen Ergebnissen. Sie gibt Anreiz zum Überdenken eigener Gedanken und die aller anderen. Durch den Galerierundgang erhalten Sie einen schnellen Einblick in die Verschiedenartigkeit der Auffassungen, Aussagen und Einstellungen anderer.

Auch die weniger kommunikationsfreudigen Teilnehmer beziehen Sie ein, denn einigen fällt das Schreiben leichter als das Reden. Sie bauen soziale Blockaden ab, vermeiden unnötigen, hemmenden Stress, fördern und unterstützen gruppendynamische Effekte.

10.3.3
Galeriemethodik als Einzelner

Setzen Sie die Galeriemethodik auch ohne Gruppe ein. Erhalten Sie Assoziationen durch Ortswechsel, Freunde und Nachbarn. Brechen Sie mit den Gewohnheiten:

Betreiben Sie „Aerobic für die Neuronen".

Lassen Sie sich anregen z.B. durch den Besuch eines Museums, eines Baumarkts oder eines Kaufhauses.

Blättern Sie in Zeitschriften oder Katalogen, und schon nutzen Sie für die Ideenbildungsphase das „Bildmappen-Brainwriting" (Abschn. 10.1.2).

Eröffnen Sie die Galerie im Treppenhaus. Auf jedem Blatt mit Titel-Frage lassen Sie ausreichend Platz zum Ergänzen. Animieren Sie Freunde oder Hausbewohner zu weiteren neuen Ideen und unterstützen Sie so Ihre kreative Aktion.

Führen Sie die Selektionsphase mit der KJ-Methodik (Abschn. 10.3.4) durch.

10.3.4
Die KJ-Methodik

Die *KJ-Methodik* (Schwarz-Geschka 1997) entwickelte der Kultur-Anthropologe Jira Kawakita nach seinen Studien 1950 im Himalaja.

Diese Methodik ist eine Vorgehensweise, die sich mit dem Erfassen und Auswerten einer großen Zahl heterogener und qualitativer Informationen befasst. Dies erfordert ein ganzheitliches, integrierendes Betrachten dieser Informationen.

Diese Methodik wenden Sie sowohl einzeln als auch in Gruppen mit 6 bis 7 Teilnehmern aus unterschiedlichen Tätigkeitsfeldern an. Je nach Komplexität der Aufgaben- bzw. Problemstellung beträgt die Dauer teilweise bis mehrere Tage. Das *Vorgehen* umfasst mehrere Teilprozesse:

1. Information erfassen und Karten erzeugen (Label Making)

- Erfassen Sie Informationen z.B. durch Feldstudien, Brainstorming oder mittels Ideennotizbuch.
- Schreiben Sie jede Information auf eine Karte. Setzen Sie die Vorderseite der Karten für Fragen und Stichworte und die Rückseite für Antworten und/oder Erläuterungen ein.

2. Karten gruppieren (Label Grouping)

- Strukturieren Sie die Karten in einem Gruppierungsprozess.
- Finden Sie eine Beziehung zwischen zwei nebeneinander liegenden Karten über gemeinsame oder unterschiedliche Eigenschaften. Eine Gruppe enthält Karten mit Stichworten, die mindestens eine gemeinsame Eigenschaft (Teil A und Teil B bestehen aus dem gleichen Werkstoff) oder Beziehung (Element A ist Teil von Element B) besitzen.
- Gruppieren/reduzieren Sie bis weniger als zehn Gruppen vorliegen.
- Formulieren Sie Titel bzw. Oberbegriffe für die Gruppen.

3. Tabelle oder Charts erstellen (Chart Making)

- Ermitteln Sie durch Analysieren Beziehungen und Abhängigkeiten zwischen den Gruppen.
- Verarbeiten Sie die Gruppen zu einem Layout-Chart (Strukturtabelle, Strukturbaum).
- Ordnen Sie die Titel der Gruppen (Oberbegriffe) hierarchisch zu einer Hitliste.

- Vertiefen Sie die Struktur durch Analysieren der Karteninhalte in den Gruppen (Unterbegriffe).
- Ordnen Sie die Struktur den Gliederungsebenen zu.

4. Gesamtzusammenhang erklären (Explanation)

- Beschreiben Sie die Gliederungsebenen genau und klar. Ziel: Gesamtzusammenhang des Problems erklären und verstehen.
- Entscheiden Sie, ob alle Gliederungspunkte dem Gesamtzusammenhang entsprechend zugeordnet werden.
- Scheiden Sie die für diesen Gesamtzusammenhang unbedeutende Gliederungspunkte aus.

10.4
Checklisten, Merkblätter

10.4.1
Checkliste: Lernhilfen abhängig von der Situation

Tabelle 10.8. *Lernhilfen* für unterschiedliche Situationen (Checkliste)

Lernsituation	Lernhilfe
Informationen aufnehmen	Selbststudium in Intervalltechnik
Begriffe lernen	Bücher, Glossar, Kurzinformation, Nachschlagewerk, „Wortschatz-Methode"
Begriffe unterscheiden	Begriffe gegenüberstellen (Lernkartei)
Regeln lernen	Modelle, Demonstrationen, Lernprogramme
Problemlösestrategien lernen	Fallbeispiele bearbeiten, bewusst in die Projektarbeit einbringen
Aufmerksamkeit erhöhen	Überblick gewinnen, Orientieren
Bewusst mitdenken und mitschreiben	Sinngebung durch Gedankenverbindungen (Mnemotechnik) und Anhaltspunkte (Ankerwörter, Schlüsselwörter)
eigenes Tun aktivieren	Rezitieren (Sinn mit eigenen Worten wiederholen), Fragen (wer, wie, was, wann, warum, wo?)
geeignete Lernbedingungen wählen	Tagesrhythmus beachten, Störungen ausschalten, Selbstbelohnung vorsehen
Stimmungsunabhängig sein	Sofort anfangen, positiv denken, keine Vorurteile entwickeln, fit sein

Tabelle 10.8. (Fortsetzung)

Lernsituation	Lernhilfe
Motiv finden	Warum habe ich Interesse?
Selbststeuerung anstreben	Ziele und Teilziele setzen – geeignete Lernabschnitte – Selbstbeobachtung, Selbstdisziplin
	Gleichgewicht zwischen Antrieb und Vernunft
	Am erfolgreichen Lernen ist der gesamte Mensch beteiligt
Denken optimieren	Denken heißt selbst geistig arbeiten
Merkfähigkeit erhöhen	Überblick gewinnen, mehr fragen, richtig lesen, rezitieren, d.h. laut aufsagen, überlernen, d.h. länger wiederholen als notwendig, geeignete Pausen zur Rückbesinnung
	Neuen Lernstoff an bestehende Ordnungen anknüpfen; Überblick durch Systematisieren (Strukturieren)
	Lernkartei, Lernpatience, um unnötiges Wiederholen zu vermeiden
Günstigen Zeitpunkt wählen	regelmäßig in Portionen lernen und wiederholen, bestimmte Tageszeit für geistige Arbeit reservieren (morgens und abends geringste Ablenkung)
	Übungssituationen modifizieren, veränderten Lernwiderstand überwinden
Zusätzliche Hilfen	Persönliche Lernhilfen erkennen
Richtige Abfolge der Lernsituation festlegen	Ausgelassene Informationen erfragen, z.B. neue Begriffe klären
Übergänge kennzeichnen	Hauptgedanken, Untergedanken und wichtige Details zusammenfassen lassen und Übersicht für neuen Abschnitt
Eigene Merkhilfen anwenden	Exzerpte, Strukturbilder, mit Farben Text kennzeichnen, Checkliste für häufig vorkommende Arbeitsabläufe
Transfer schaffen	Transfer erhöht stark die Merkleistung
Erlernte Begriffe und Regeln anwenden	Anwenden des Gelernten in verschiedenen Situationen, die eigenen Gedanken bei Diskussionen und Übungen formulieren
	Nicht nachschauen (sich grübelnd quälen)
	Einkreisen: Wer mit wem, wo ...
	3T-Methode: Wer (Täter), was (Tat), wann (Termin)
	Assoziationen bilden, Bezugspunkte finden
Probleme lösen	Methodisches Vorgehen lernen und bewusst anwenden

Tabelle 10.8. (Fortsetzung)

Lernsituation	Lernhilfe
Lernleistung überprüfen	Lernerfolg liegt in der Vorbereitung
Lernkontrolle vorbereiten	Lernziele, Stoffschwerpunkte zusammenstellen
Leistungsmaßstab erkennen	Bewertungskriterien, Schwierigkeitsgrad und Gewichtung klären
Prüfungen trainieren	Repräsentative Testaufgaben selbst lösen, Inhalte zum Lernstoff aufsagen und von anderen kontrollieren lassen Übungen möglichst unter gleichen Bedingungen und mit gleichen Hilfsmitteln ausführen
Über Richtigkeit der eigenen Denkreaktion informieren	durch richtige Lösungen sich selbst kontrollieren (programmierte Testaufgaben erleichtern die Auswertung)
Vor und in der Prüfung	Kurzfristige Mehrleistung, kein Stress
Lücken stopfen	Durch Fehlersuche Lücken erfassen Schwerpunkte bilden Nach Wichtigkeit gründlich stopfen (nie oberflächlich). Erfolg um so größer, je gezielter gelernt wird
Körperliches Wohlbefinden schaffen	Ausreichend Schlaf, keine schweren Mahlzeiten
Faktenwissen erhöhen	Durch Pauken kurzfristig auffrischen. Dies am sinnvollsten mit der Lernkartei
Prüfungsaufgaben lösen	Zuerst Überblick verschaffen, zügig weiterarbeiten, nicht auf Geistesblitze warten, Methodisches Vorgehen bevorzugen

10.4.2
Beschaffen von Information durch Befragen

Tabelle 10.9. Fragen und ihre Antwort-Stichworte (Checkliste)

Fragen	Stichworte zur Antwort
Was, bis wann	Ziel
Von wem, durch wen, durch was, wodurch?	Ursachen, Urheber
Wozu?	Zweck
Warum, weshalb, aus welchen Grund?	Problem (Soll-Ist-Abweichung), Sinn, Grund
In welchem Fall, unter welcher Bedingung?	Bedingung
Womit, wodurch?	Mittel, Werkzeug, Ressourcen, Einsatz, Verfügbarkeit

232

Tabelle 10.9. (Fortsetzung)

Fragen	Stichworte zur Antwort
Woraus?	Stoff
Wie, wie sehr?	Art und Weise, Maßnahmen (Aktionen)
Wann, seit wann, bis wann, wie lange, wie oft?	Umstandsbestimmung der Zeit
Wo, woher, wohin, wie weit?	Umstandsbestimmung des Ortes
Mit welcher Folge, mit welcher Wirkung?	Umstandsbestimmung der Folge

Eine methodische Arbeits- und Vorgehensweise bieten so genannte Frageraster, Tabelle 10.10.

Tabelle 10.10. *Frageraster* nach 4-Quadranten-Technik gestalten

		HABEN	
		mehr	weniger
TUN	mehr		
	weniger		

Für das in Tabelle 10.10 eingetragene Beispiel beantworten Sie folgende Fragen:

- Was könnten Sie mehr tun, damit Sie mehr (von Ihrem Problem bzw. von Ihrem gewünschten Zustand/Verhalten) hätten?
- Was könnten Sie mehr tun, damit Sie weniger (von Ihrem Problem bzw. von Ihrem gewünschten Zustand/Verhalten) hätten?
- Was könnten Sie weniger tun, damit Sie mehr (von Ihrem Problem bzw. von Ihrem gewünschten Zustand/Verhalten) hätten?
- Was könnten Sie weniger tun, damit Sie weniger (von Ihrem Problem bzw. von Ihrem gewünschten Zustand/Verhalten) hätten?

10.4.3
Checkliste nach Osborn

Tabelle 10.11. Frage- und *Checkliste* nach Osborn (1957)

Gesetz der Assoziationen	Frageliste, Checkliste
Anders verwenden	Auf welche Weise? Wozu verwenden, wenn modifiziert?

Tabelle 10.11. (Fortsetzung)

Gesetz der Assoziationen	Frageliste, Checkliste
Adaptieren	Was ist so ähnlich? Gibt es Parallelen? Was lässt sich kopieren und wofür?
Modifizieren	Lässt sich folgendes ändern oder hinzufügen: Bedeutung, Beschaffenheit, Bewegung, Farbe, Form, Geruch, Größe, Klang?
Magnifizieren	Was lässt sich hinzufügen? Größere Häufigkeit? Höher? Dicker? Eine neue Eigenschaft? Lässt es sich verdoppeln? Übertreiben? Mehr Zeit? Stärker? Länger? Ein besonderer Wert? Eine neue Ingredienz? Multiplizieren?
Minifizieren	Was lässt sich wegnehmen? Kompakter? Tiefer? Heller? Geteilt? Kleiner? Miniaturisiert? Kürzer? Aufgespalten? Untertreiben?
Substituieren	Durch was lässt es sich ersetzen? Andere Ingredienzien? Anderes Material? Andere Herstellung? Andere Energiequelle? Anderer Platz? Anderes Verfahren? Andere Annäherung?
Rearrangieren	Lassen sich Komponenten austauschen? Andere Schnittmuster? Andere Reihenfolge? Lassen sich Ursache und Wirkung übertragen?
Umkehren	Lässt sich positiv und negativ vertauschen oder umkehren? Wie ist es mit dem Gegenteil? Lässt es sich rückentwickeln? Lässt sich oben mit unten vertauschen?
Kombinieren	Was ist mit einer Mischung? Eine Zusammenstellung? Lassen sich Einheiten kombinieren? Lässt sich der Zweck kombinieren? Lassen sich Ideen kombinieren?

10.4.4
Checkliste „Geschäftsbrief"

Beim Beurteilen von Geschäftsbriefen sind die in der Checkliste aufgelisteten Empfehlungen nicht verwirklicht. Natürlich ist in vielen Bereichen ein bestimmter Briefstil vorhanden, der nach dem Prinzip „Vormachen – Nachmachen" gepflegt wird.

Schreiben und prüfen Sie nach Tabelle 10.12.

Tabelle 10.12. *Checkliste „Geschäftsbrief"*

Merkmale	Was können Sie tun?
Aufbau	– Stellen Sie sich auf den Standpunkt des Empfängers. – Gehen Sie schrittweise vor, damit der Empfänger durch den äußeren Aufbau und die innere Ordnung den logischen Ablauf erkennen kann. Also: – Gestalten Sie die äußere Form des Briefes ansprechend. – Beschreiben Sie nur eine DIN A4-Seite. – Schaffen Sie kompakte übersichtliche Blöcke– jeder Gedanke ein Absatz. Absätze evtl. kennzeichnen.
Schachtel-sätze	– Strukturieren Sie Schachtelsätze mittels Stichaufzählungen und Doppelpunkt. – Streben Sie kurze Sätze an (weniger als 20 Wörter). – Bevorzugen Sie Hauptsätze. – Zerreißen Sie zusammenhängende Gedanken nicht durch Einschübe.
Haupt-wörter	– Durchsuchen Sie Brieftexte nach Verben, die als „Hauptwörter" getarnt sind. – Streichen Sie „erfolgen" und „man" aus Ihrem Sprachschatz.
Beiwerk	– Streichen Sie alle Satzteile, die nicht gebraucht werden.
Wortschatz	– Erweitern Sie den Wortschatz. Wie? Wortschatzübungen – Wortschatz-Methode – Synonyme – Formulieren Sie zutreffend. Der Duden hilft.
Superlative	– Verzichten Sie auf Formen, die Sie in der täglichen Umgangssprache auch nicht verwenden. – Vermeiden Sie Übertreibungen und achten Sie auf Wörter, die auf „st" enden.
Fremd-wörter	– Untersuchen Sie jedes Fremdwort – unabhängig davon wie geläufig es Ihnen erscheint – genau. – Prüfen Sie auch, ob verwirrende, komplizierte Formulierungen mit einem Fremdwort übersichtlicher gestaltet werden könnte.
Leideform	– Untersuchen Sie Sätze auf das Hilfszeitwort „werden" und seine Formen. – Formulieren Sie Passivsätze in Aktivsätze um. Dies wirkt klar, treffend, deutlich und lebendig.

Tabelle 10.12. (Fortsetzung)

Merkmale	Was können Sie tun?
Wir	– Versetzen Sie sich in die Situation des Empfängers. Wenn er den Brief erhält, hat er die Unterlagen in der Hand.
	– Lassen Sie das „Wir" weg, kommen Sie „zur Sache".
	– Verwenden Sie das „Wir", wenn Sie Eigenes herausstellen. Hier stellen Sie Ihren Standpunkt dar, nicht den des Empfängers.
Schluss-formel	– Gestalten Sie Schlussformeln je nach Abstand zwischen Absender und Empfänger:
	– Freundliche Grüße ...
	– Mit freundlichen Grüßen ...
	– Hochachtungsvoll ...
	– Hören Sie auf, wenn der Brief zu Ende ist. Unhöflich ist dies mit Sicherheit nicht. Es ist nur ungewohnt
Anlage	– Lassen Sie die gesamte „Anlagen-Geschichte" weg.
	– Halten Sie dies überhaupt erforderlich, dann schreiben Sie im „Sie-Stil" wie z.B. „Sie erhalten mit diesem Brief ...".
	– Vermeiden Sie den Hinweis auf Anlagen im Text. Nutzen Sie den Anlagenvermerk voll.

10.4.5
Ermitteln von Anforderungen – die Anforderungsliste

Ziel einer Produkt- bzw. Prozessentwicklung ist es, Anforderungen (Zielsetzungen) an ein Produkt bzw. einen Prozess über das „Klären der Aufgabe" zu sammeln. *Assoziationshilfen* wie z.B. Leitlinien (Pahl et al. 2003) und/oder Checklisten unterstützen Sie.

Die *Checkliste* (Tabelle 10.12) orientiert sich an der Systembetrachtung (Abb. 2.8), wobei mit der Nummernfolge ein sinnvolles Abarbeiten der Teilsysteme Prozess und Mittel sowie der Einflussfaktoren, Prozess- und Zustandsgrößen gegeben sind, Abb. 10.7.

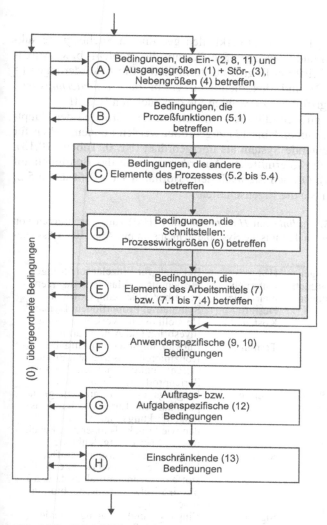

Abb. 10.8. Ablauf „Klären der Aufgabe" mit der Checkliste, Tabelle 10.12

Die Hauptmerkmale der Leitlinie nach Pahl et al. (2003) sind im Ablauf und in der Checkliste integriert.

Vorgehen

Sehen Sie die nach Hauptmerkmalen geordneten Suchbegriffe sukzessive durch und übertragen Sie dies auf die Problem- bzw. Aufgabenstellung. Trifft ein Begriff zu, formulieren Sie Anforderungen (= Zielsetzungen[5]) und dokumentieren es in der *Anforderungsliste*. Trifft der Begriff nicht zu, wählen Sie den nächsten Begriff.

Alle Bedingungen, die nicht unmittelbar den Gruppen der Hauptmerkmale (Nummer 1 bis 13) zugeordnet werden können, gelten für das zu betrachtende System als übergeordnet (Nr. 0, Tabelle 10.13). Bereiten Sie die so ermittelten Anforderungen für das Beurteilen auf (Abschn. 5.5). Ordnen Sie nach den Prioritäten 1 bis 3 (Tabelle 5.2) und skalieren Sie die Eigenschaften..

Tabelle 10.13. *Leitlinie* mit *Hauptmerkmalen* (HM) zum Formulieren von Anforderungen an Technische Systeme gemeinsam mit Abb. 10.7 (Assoziationshilfe)

	Bedingungen	HM	Beispiele für Einzelanforderungen
0	Übergeordnete Bedingungen	Unternehmensziele	Firmenimage, Marktanteile, Wettbewerber, Stückzahl, Gewicht
		Design	Symmetrie, Proportionen, Dynamik
		Kosten	Herstellkosten, Werkzeugkosten, Investition und Amortisation
		Termin	Entwicklungsphasen (Aufgabe, Konzipieren, Ausarbeiten, Produzieren: Funktionsmuster, Prototyp, Serienprodukt), Liefertermin
1 2 8	Ein- (2,8) und Ausgangsgrößen (1) (gewollt) (Umsatz)	Energie	Eingangs- und Ausgangsenergien, physikalische Eigenschaften: Leistung, Wirkungsgrad, Verlust, Größen wie Druck, Temperatur, Feuchtigkeit, Erwärmung, Kühlung
		Stoff	Eingangs- und Ausgangsstoffe, Hilfsstoffe, vorgeschriebene Werkstoffe (Nahrungsmittelgesetz u. ä.) physikalische, chemische, biologische, ... Eigenschaften
		Signal	Eingangs- und Ausgangssignale, Anzeigeart, Signalform physikalische, ... Eigenschaften

[5] Zielsetzungen sind Solleigenschaften = Merkmale + Werte aus einer Wertemenge bzw. einem Wertebereich.

Tabelle 10.13. (Fortsetzung)

	Bedingungen	HM	Beispiele für Einzelanforderungen
3	Ein- (3) und Ausgänge (4) (ungewollt)	Störungen	Lärm, Erschütterungen, Feuchtigkeit, d.h. ungewollte Eingangsgrößen aus der Umgebung
4		Nebengrößen	Lärm, Schwingungen
5	Prozessoperation (5.1)	Operation	Art, Anzahl und Verknüpfung der Operation(en)
	Verfahrensprinzip (5.2)	physikalischer Effekt	Art, Anzahl und Verknüpfung der physikalischen Effekte
		Kinematik	Bewegungsart, Bewegungsrichtung, Geschwindigkeit, Beschleunigung
	Verfahrensträger (5.3)	Geometrie	Höhe, Breite, Länge, Durchmesser, Raumbedarf, Anzahl, Anordnung, Anschluss, Ausbau und Erweiterung
		Stoff (Werkstoff)	Siehe unter 1 und Basismaterial, Rohmaterial, Grundstoffe
	Prozessparameter (5.4)	Energie	Leistung, Wirkungsgrad, Verlust, Reibung, Ventilation, Druck, Temperatur, Feuchtigkeit, Erwärmung, Kühlung, Anschlussenergie
		Kräfte	Kraftgröße, Kraftrichtung, Krafthäufigkeit, Gewicht, Last, Verformung, Steifigkeit, Federeigenschaften, Stabilität, Resonanzen
		Kinematik	Bewegungsart, Bewegungsrichtung, Geschwindigkeit, Beschleunigung
6	Wirkgrößen	Energie	Leistung, Wirkungsgrad, Verlust, Reibung, Ventilation, Druck, Temperatur, Feuchtigkeit, Erwärmung, Kühlung, Anschlussenergie
		Kräfte	Kraftgröße, Kraftrichtung, Krafthäufigkeit, Gewicht, Last, Verformung, Steifigkeit, Federeigenschaften, Stabilität, Resonanzen
7	Funktion (7.1)	Funktion	Art, Anzahl und Verknüpfung der Funktionen (=Größe(n) + Operation(en))
	Wirkprinzip (7.2)	physikalischer Effekt	Art, Anzahl und Verknüpfung der physikalischen Effekte
		Kinematik	Bewegungsart, Bewegungsrichtung, Geschwindigkeit, Beschleunigung
	Funktionsträger (7.3)	Geometrie	Höhe, Breite, Länge, Durchmesser, Raumbedarf, Anzahl, Anordnung, Anschluss, Ausbau und Erweiterung
		Stoff (Werkstoff)	Siehe unter 1 und Basismaterial, Rohmaterial, Grundstoffe

Tabelle 10.13. (Fortsetzung)

	Bedingungen	HM	Beispiele für Einzelanforderungen
5, 6, 7	Verfahrens-, Funktionsträger	Sicherheit	Unmittelbare Sicherheitstechnik, Schutzsysteme, Betriebs-, Arbeits- und Umweltsicherheit
9, 10, 11	Anwender	Ergonomie	Mensch-Maschine-Beziehung: Bedienung, Bedienungsart, Übersichtlichkeit, Beleuchtung, Formgestaltung, Leistungsfähigkeit, Leistungsbereitschaft
12	Auftrag, Aufgabe	nicht vorhersehbar	Optional, Kundenspezifisch
13	Einschränkungen	Fertigung	Einschränkung durch Produktionsstätte, größte herstellbare Abmessung, bevorzugtes Fertigungsverfahren, Fertigungsmittel, mögliche Qualität und Toleranzen
		Kontrolle	Mess- und Prüfmöglichkeit, besondere Vorschriften (TÜV, ASME, DIN, ISO, AD-Merkblätter)
		Montage	Besondere Montagevorschriften, Zusammenbau, Einbau, Baustellenmontage, Fundamentierung
		Transport	Begrenzung durch Hebezeuge, Bahnprofil, Transportwege nach Größe und Gewicht, Versandart und -bedingungen
		Gebrauch	Geräuscharmut, Verschleißrate, Anwendung und Absatzgebiet. Einsatzort (z.B. schwefelige Atmosphäre, Tropen)
		Instandhaltung	Wartungsfreiheit bzw. Anzahl und Zeitbedarf der Wartung, Inspektion, Austausch und Instandsetzung, Anstrich, Säuberung
		Recycling	Wiederverwendung, Wiederverwertung, Endlagerung, Beseitigung

Setzen Sie sich durch Priorisieren und Skalieren intensiv und aktiv mit den Anforderungen auseinander. Reflektieren Sie die eigenen Zielvorstellungen bzw. Zielsetzungen.

Beim Vorgehen helfen neben *Assoziationen* auch *Analogien*. Wichtig hierbei:

Nicht starr an den Begriffen festklammern.

Hinweis: Die in Abb. 10.7 enthaltenen Aspekte C, D und E lassen sich insbesondere bei Neuentwicklungen nicht sofort bearbeiten. Deshalb wird der Übergang von B nach F vorgeschlagen. Erst nach einem ersten Durchlauf z.B. der *Vorgehenstrilogie* (Abb. 5.2) werden diese Aspekte auf einem höheren Informationsstand konkretisiert.

Bei den einschränkenden Bedingungen (Nr. 13) handelt es sich u.a. auch um die als *Gestaltungsrichtlinien* (Gerechtheiten) zusammengefassten Konstruktionsregeln (Pahl et al. 2003 und Ehrlenspiel 2002).

Literatur

Bohinc T (1995) Visualisieren – Präsentationen optisch ansprechend gestalten. Unterrichtsblätter 48, 6:342-355

Bohinc T (1996) Moderation – Eine Methode, um Besprechungen und Arbeitstagungen erfolgreicher zu gestalten. Unterrichtsblätter 49:8:414-425

Dreibholz D (1975) Ordnungsschemata bei der Suche von Lösungen. Konstruktion 27:233-240

Ehrlenspiel K (2002) Integrierte Produktentwicklung.: Methoden für Prozessorganisation, Produkterstellung und Konstruktion. Hanser, München Wien

Ewald O (1975) Lösungssammlungen für das methodische Konstruieren. VDI, Düsseldorf

Gordon WJ (1961) Synectics, the Development of Creative Capacity. Harper, New York

Haberfellner R, Nagel P, Becker M, Büchel, von Massow (1997) Systems Engineering. Methodik und Praxis. 9., erw. Aufl. Industrielle Organisation, Zürich

Hürlimann W (1981) Methodenkatalog. Ein systematisches Inventar von über 3000 Problemlösungsmethoden. Langen, Bern Frankfurt am Main Las Vegas

Koch P (1986) Ausarbeiten und Präzisieren von Aufgabenstellungen. Lehrbriefreihe „Grundlagen des wissenschaftlich-technischen Schöpfertums", H 6. BA/CZJ, Berlin Jena

Müller J (1990) Arbeitsmethoden der Technikwissenschaften. Systematik, Heuristik, Kreativität. Springer, Berlin Heidelberg New York

Müller-Merbach H (2003) Strukturiertes Sprechen und Schreiben (Verfassen von Texten und Erstellen von Grafiken). Vorlesung Sommersemester. Uni Kaiserslautern. Beispiele auch im Buch: Müller-Merbach H (1976) Einführung in die Betriebswirtschaftslehre. Vahlen, München

Osborn AF (1957) Applied Imagination – Principles and Procedures of Creative Thinking. Scribner, New York

Pahl G, Beitz W, Feldhusen J, Grote KH (2003) Konstruktionslehre. Grundlagen erfolgreicher Produktentwicklung. Methoden und Anwendung. 5. Auflage. Springer, Berlin Heidelberg New York

Rohrbach B (1969) Kreativ nach Regeln – Methode 635, eine neue Technik zum Lösen von Problemen. Absatzwirtschaft 12:73-75

Roth K (2000) Konstruieren mit Konstruktionskatalogen. Bd. 1: Konstruktionslehre. Bd. 2: Konstruktionskataloge. 2. Aufl. Springer, Berlin

Schneider M (2001) Methodeneinsatz in der Produktentwicklungs-Praxis. Empirische Analyse, Modellierung, Optimierung und Erprobung. VDI Fortschritt-Berichte Reihe 1: Konstruktionstechnik/Maschinenelemente, Nr. 346. VDI Verlag, Düsseldorf

Schwarz-Geschka M (1997) Japanische Problemlösungsmethoden. In: Geschka H (Hrsg.) Methoden zur Problemlösung. DIFI-Tagung. Eigenverlag, Darmstadt

VDI 2221 (1993) Methodik zum Entwickeln und Konstruieren technischer Systeme und Produkte. Beuth, Berlin Köln

VDI 2225 (1977) Konstruktionsmethodik. Technisch-wirtschaftliches Konstruieren. Anleitung und Beispiele. Beuth, Berlin Köln

ZVEI (1992) Rechnerunterstützte Methoden in der Qualitätssicherung. Hrsg.: Fachverband Informations- und Kommunikationstechnik im Zentralverband Elektrotechnik- und Elektronikindustrie e.V., Frankfurt

11 Begriffe

11.1
Begriffserläuterungen

Anwender: auch Kunde, Nutzer – ... derjenige, der mit einem Produkt in einem Prozess den gewollten Zielzustand erzeugt (Heidemann 2001).

Assoziation: (bildungssprachlich) Verknüpfung von Vorstellungen (Duden).

Bereitschaft: Gesamtheit der physiologischen und psychologischen Eigenschaften als Voraussetzung für einen optimalen Handlungs- und Lernerfolg (Beelich u. Schwede 2002).

Einrichtung: technische Vorrichtung, Anlage (Duden).

Einstellung: Haltung, die ein Mensch zu bestimmten Aufgaben, Anforderungen oder Verhaltensweisen bezieht (Beelich u. Schwede 2002).

Erfahrung: wird als die Quintessenz des Auseinandersetzens mit der Realität verstanden, und zwar als Produkt eines Anhäufens und Strukturierens von Faktenwissen (knowing that), das sich im Verlauf des Anwendens und Bearbeitens im Gedächtnis verankert hat. Faktenwissen enthält Fachwissen wie das Wissen über Material, Maschinen oder auch Bearbeitungsroutinen. Neben dem Faktenwissen ist im Erfahrungs-„Schatz" auch das Regelwissen (knowing how) gespeichert (Frankenberger 1997).

> Erfahrung wird gewonnen aus dem Auseinandersetzen mit konkreten, selbst erlebten Situationen; damit ist Erfahrung vor allem handlungsbezogen, sehr individuell und schwer reflektierbar. Für das konkrete Handeln vermittelt Erfahrung die Möglichkeit zu wissen, „wann was getan werden muss". Es wird von vielen Autoren deshalb von „Erfahrungswissen" (Ulich 1994) gesprochen. Diejenigen, die es besitzen, sprechen beispielsweise von „Materialgespür", vom „Gespür" für Maschinen, von der Orientierung am Geräusch der Anlagen, von blitzartigen Entschei-

dungen ohne langes Nachdenken, von notwendiger Improvisation und Intuition.

Fachkompetenz: bezeichnet die Bereitschaft und Fähigkeit, auf der Grundlage fachlichen Wissens und Könnens Aufgaben und Probleme zielorientiert, sachgerecht, methodengeleitet und selbstständig zu lösen und das Ergebnis zu beurteilen (KMK 2000).

Fähigkeit: Bezeichnung für die angeborene und/oder erworbene allgemeine Voraussetzung, eine Leistung oder Handlung ausführen zu können (Paulik 1980). Die Fähigkeit als Gesamtheit der Bedingungen, welche die Ausübung von Tätigkeiten ermöglichen, wird auch als Leistungsdisposition, Eignungsdimension oder Begabung bezeichnet. Sie ist ein Teil der Grundeigenschaften (Faktoren) der Persönlichkeit und lässt sich in folgende Hauptgruppen einteilen:

- motorisch-expressive Fähigkeiten wie z.b. Schnelligkeit, Geschicklichkeit, Ausdrucksfähigkeit,
- emotionale Fähigkeiten wie z.b. Erlebnisfähigkeit, Kontaktfähigkeit,
- kognitive Fähigkeiten wie z.b. Fähigkeit des Wahrnehmens und Denkens; die Intelligenz als allgemeine geistige Befähigung oder als Komplex bzw. Struktur von Einzelfähigkeiten,
- Fähigkeiten der Persönlichkeitsorganisation wie z.B. Steuerungsfähigkeit, Regulationsfähigkeit, Integrationsfähigkeit, Entschlussfähigkeit,
- modifikatorische Fähigkeiten wie z.B. Lernfähigkeit, Gestaltungsfähigkeit, Speicherungsfähigkeit.

Unter Fähigkeit wird also die Gesamtheit der Bedingungen verstanden, die notwendig sind, um eine bestimmte Leistung zu vollbringen. Fähigkeiten können angeboren sein oder erworben werden. Fähigkeit kann entfaltet werden und durch Üben zur vollen Leistungsfähigkeit, zur Fertigkeit werden. Fähigkeiten können in allen Lernzielbereichen liegen: Die Denkfähigkeit z.B. im kognitiven, manuelle Fähigkeiten im psychomotorischen und die Fähigkeit zu Gefühlsäußerungen im affektiven Bereich.

Die Dimension „Fähigkeiten" umfasst u.a.:
- Denkvermögen, d.h. fähig sein, Kenntnisse richtig anzuwenden,
- Urteilsvermögen, d.h. fähig sein, analytisch zu denken,
- Kombinationsvermögen, d.h. fähig sein, synthetisch zu denken,
- Planungsvermögen, d.h. fähig sein, Konsequenzen zu erkennen und

sie zu berücksichtigen,

- Entscheidungsvermögen, das ist die Fähigkeit situationsgerecht zu handeln.

Feedback: (Kybernetik) Ziel gerichtetes Steuern eines technischen, biologischen oder sozialen Systems durch Rückmeldung der Ergebnisse, die darin besteht, dass die Bedingungen des neuen Systemumlaufs von den Ergebnissen des vorangegangenen beeinflusst werden (Duden).

Fehlverhalten: Verhalten eines Menschen, das im Hinblick auf einen anderen oder eine Gemeinschaft störend ist (Paulik 1980). Fehlverhalten wird oft eingesetzt, um bestimmte Ziele zu erreichen.

Andere Ursachen für ein Fehlverhalten sind z.B. Über- oder Unterforderung, private Sorgen. Fehlverhalten kann bevorzugt beseitigt werden, wenn Hinweise und Vorschläge zu einem anderen Verhalten gegeben werden (Abschn. 7.4.5).

Fertigkeit: eine Fähigkeit wird durch entsprechendes Üben in hohem Grad beherrscht (Paulik 1980).

Mit Fertigkeit werden auch die mehr oder minder „automatisch" verlaufenden Handgriffe bezeichnet, die zu einem Arbeitsgang gehören, also Fähigkeiten, die Sie „traumhaft sicher" beherrschen. Fertigkeiten sind durch „Geläufigkeit der Handhabung" gekennzeichnet. Unterschieden wird:

- geistige Fertigkeiten im kognitiven Lernbereich,
- körperliche Fertigkeiten, meist manueller Art als „Handfertigkeit".

Handlung: eine oft komplexe Abfolge von koordinierten und Umwelt bezogenen Bewegungen, die ein Individuum ausführt. Vom bloßen Verhalten hebt sich die Handlung dadurch ab, dass sie auf das Erreichen eines Ziels gerichtet ist (Dorsch 1982).

Handlungsfähigkeit: auf Grund gegebener persönlicher Voraussetzungen fähig, in der Lage zu handeln, tätig zu werden bzw. bestimmte Handlungen verantwortlich zu tätigen (Duden).

Handlungskompetenz: Fähigkeit und Bereitschaft, alle im Zusammenhang mit Arbeiten und Lernen stehenden Prozesse durch Sinn gerichtete Maßnahmen vorzubereiten, zu organisieren , abzuschließen und insgesamt effektive Abläufe sicherzustellen (Beelich u. Schwede 2002).

Heurismus: Gesamtablauf des Problemlösungsprozesses. Um die Handlungen so organisieren zu lernen, sind bestimmte Konstruktions- und Verfahrenselemente (Heurismen) anzuwenden (Sell 1988) Ganz allgemein und weitreichend betrachtet, besteht der Heurismus dabei in der Organisation von Analyse-, Veränderungs- und Prüfprozessen (TOTE-Einheiten).

Heuristik: Lehre, Wissenschaft von den Verfahren, Probleme zu lösen; methodische Anleitung, Anweisung zum Gewinnen neuer Erkenntnisse (Duden).

Interferenz: Hemmung oder Beeinflussung eines [biologischen] Vorgangs durch einen gleichzeitigen und gleichartigen anderen (Duden).

Interpretation: eine Verarbeitungsmethode: das Typische bzw. das Tendentielle in einer Vielheit von qualitativen Informationsdaten finden. Sie enthält Ansätze zur Weitergabemethode (Scheibler 1976).

Iterativ: sich schrittweise in wiederholten Arbeitsgängen der exakten Lösung annähern (Duden).

Kommunikation: ein menschliche Beziehung schaffendes Geschehen, das im Vermitteln von Kenntnissen, Informationen, Emotionen, aber auch von materiellen Dingen besteht.
... eine zwischenmenschliche Beziehung, durch die Partner sich verstehen und verständlich machen oder sich gegenseitig beeinflussen können (Mucchielli 1974).

Kompetenz: Handlungs- und Lernerfolg in Bezug auf den Einzelnen und seine Befähigung zu eigenverantwortlichem Handeln und Lernen in beruflichen, gesellschaftlichen und privaten Situationen (KMK 2000).

Komplexität: viele Aspekte der Situation berücksichtigen (Dörner 1983); Vielschichtigkeit, Ineinander vieler Merkmale (Duden).

Konflikt: Durch das Aufeinanderprallen widerstreitender Auffassungen und Interessen entstandene Situation, die zum Zerwürfnis führen kann (Beelich u. Schwede 2002).

Konfrontation: Gegenüberstellung nicht übereinstimmender Personen, Meinungen, und Sachverhalte; Auseinandersetzung zwischen Gegnern (Duden).

Konkret-Abstrakt-Konkret-Übergänge: Bezug zum Strategiemerkmal „Pendeln zwischen dem Abstrakten und dem Konkreten" (Ehrlenspiel 1995).

So lässt sich eine Trommelbremse durch ein Ersatzbild der Mechanik darstellen, um durch Gestaltvariation zu anderen Ausführungen wie z.B. einer Scheibenbremse zu gelangen.

Kontrolle: Erfassen der Ergebnisse von (Teil-)Prozessen, deren Analyse und Einleiten korrektiver Maßnahmen.

Leistungsfähigkeit: Eigenschaft, fähig oder geeignet, angemessene, beträchtliche Leistungen zu erbringen (Duden).

Lernbiografie: Dokumentation der persönlichen Lerngeschichte mit Selbsteinschätzen der Fähigkeiten und Erfahrungen.

Maßnahmen: Handlung, Regelung, die etwas Bestimmtes bewirken soll (Duden).

Methode: planmäßiges Vorgehen zum Erreichen eines bestimmten Ziels (Pahl et al. 2003). ... ein auf einem Regelsystem aufbauendes Verfahren zum Erlangen von wissenschaftlichen Erkenntnissen oder praktischen Ergebnissen. ... Art und Weise eines Vorgehens (Duden).

Methodenkompetenz: Fähigkeit und Bereitschaft, Strategien zu entwickeln, unterschiedliche Methoden, Verfahren und zugehörige Techniken sachbezogen, situationsgerecht und flexibel einzusetzen (Beelich u. Schwede 2002).

Methodik: planmäßiges Vorgehen unter Einschluss mehrerer Methoden und entsprechender (Hilfs-)Mittel bzw. Techniken (Pahl, et al. 2003).

Methodismus: Trend.

Misserfolg: [unerwartet] schlechter, enttäuschender, negativer Ausgang einer Unternehmung (Duden). Auch dabei wird gelernt, aber es handelt sich um umgekehrtes Lernen. Verlernt bzw. gelernt wird, etwas nicht zu tun (Schubert et al. 1973).

Moderieren: durch einführende Worte und verbindende Kommentare im Ablauf betreuen (Duden).

Motivation: (psychischer „Druck"), eine Handlung auszuführen und ein Ziel zu erreichen (Frankenberger 1997). Dieser Druck entsteht aus einer negativ bewerteten Situation (= Mangel), einer erwarteten negativen Situation (= antizipierter Mangel) und/oder aus einer erwarteten positiven Situation (= antizipierte Befriedigung). Beispiel:

Motivationssenkung durch fehlendes Einbeziehen in Entscheidungen. So ist die Motivation dann niedrig, wenn Aufgaben übernommen werden müssen, die eigentlich nicht zu dem eigenen Aufgabengebiet gehören.

Neuronen: Nervenzelle mit allen Fortsätzen (Duden).

Operational: sich durch Operationen vollziehend (Duden).

Plan: von Miller et al. (1975) eingeführter kognitivistischer Grundbegriff, der die Ablauforganisation als Ziel gerichtete Aktivitäten beschreiben und erklären helfen soll.

> In Analogie zum „Programm", das die Aktivität eines Computers steuert, werden Pläne als hierarchisch verschachtelte Folgen von Operationsanweisungen verstanden.

Vorstellung von der Art und Weise, in der ein bestimmtes Ziel verfolgt, ein bestimmtes Vorhaben verwirklicht werden soll (Duden). Pläne dienen i. Allg. zum Festlegen der zeitlichen Abfolge und der Orte von Handlungen (Strohschneider u. von der Weth 1993).

Potenzial: Gesamtheit aller vorhandenen, verfügbaren Mittel, Möglichkeiten, Energien, Vermögen (Beelich u. Schwede 2002).

Problem: Aufgabe oder Fragestellung, deren Lösung nicht erkennbar ist und auch nicht direkt mit bekannten Mitteln angegeben werden kann (Pahl et al. 2003).

> Ein Problem ist also gekennzeichnet durch drei Komponenten: unerwünschter Startzustand (SZ), erwünschter Zielzustand (ZZ) und Barriere, die die Transformation von SZ in ZZ im Moment verhindert (Dörner 1987)

Produkt: ist alles, was einem Markt zu Aufmerksamkeit, Erwerb, Gebrauch oder Konsum angeboten wird und der Befriedigung eines Wunsches oder eines Bedürfnisses dient.

> Demnach handelt es sich bei einem Produkt um Zahnpasta, um einen LKW, um Energie oder auch um einen Telefonanschluß, ein Faxgerät, eine Datenübertragung oder einen Sachbericht (Kotler 1982)

Prozess: geordnete Menge von Zuständen, die in Vorgängen durchlaufen werden (Müller 1990).

Qualifikation: bezeichnet den Handlungs- und Lernerfolg in Bezug auf die Verwertbarkeit, d.h. aus Sicht der Nachfrage in beruflichen, gesellschaftlichen und privaten Situationen (KMK 2000).

Qualitätsanspruch: Teil eines Leistungsmotivs, d.h. das was ich mache oder was gemacht wird, soll in einer Güte vorliegen, die akzeptiert werden kann, mit der ich mich identifizieren kann. Der Qualitätsanspruch ist also die Meßlatte für die zu akzeptierende Güte eines Produkts (Frankenberger 1997).

Quant: kleinstmöglicher Wert einer physikalischen Größe (Duden).

Rezeptiv: nur aufnehmend, empfangend (Duden)

Selbstkompetenz: Fähigkeit und Bereitschaft zum Selbstreflektieren, Selbsteinschätzen und zur Selbstständigkeit, das Handeln und Lernen selbst zu bestimmen, zu motivieren, zu gestalten, zu lenken und zu verantworten.

Sensibilisieren: empfindlich machen für die Aufnahme von Reizen und Eindrücken (Duden 1989): Aufmerksamkeit und Wahrnehmung.

Sozialkompetenz: Bereitschaft und Fähigkeit, soziale Beziehungen zu leben und zu gestalten, Zuwendungen und Spannungen zu erfassen, zu verstehen sowie sich mit anderen rational und verantwortungsbewusst auseinanderzusetzen und zu verständigen. Hierzu gehört auch die Entwicklung sozialer Verantwortung und Solidarität (KMK 2000).

Soziales Wissen: wird unabhängig von der Erfahrung gesehen, obwohl soziales Wissen natürlich auch zum großen Teil durch Erfahrung erworben wird (Frankenberger 1997).

> Soziales Wissen wird dann gesehen, wenn eine Person weiß, welche Personen wichtige Informationen, Daten, usw. für die vorliegenden Probleme haben könnten.
> Soziales Wissen wird nicht kodiert, wenn C seinen Kollegen B befragt, weil er das sowieso immer tut, und die Gründe für die Kommunikation vornehmlich in der gemeinsamen guten Beziehung liegen.

Stil: Art und Weise, etwas mündlich oder schriftlich auszudrücken, zu formulieren; das, was im Hinblick auf Ausdrucksform, Gestaltungsweise, formale und inhaltliche Tendenz wesentlich, charakteristisch, typisch ist (Duden).

Stilistik: Lehre von der Gestaltung des sprachlichen Ausdrucks, vom Stil (Duden).

Strategie: ein System von Aushilfen (Moltke 1912).

> Die Strategie ist die Fortbildung des ursprünglich leitenden Gedankens entsprechend den stets sich ändernden Verhältnissen. Strategie ist nichts weiter als die Anwendung des gesunden Menschenverstandes, und der lässt sich nicht lehren.
> Es liegt indessen auf der Hand, dass theoretisches Wissen für den

Die Strategie ist eine Wissenschaft, wo bloßes Wissen der Zweck ist; sie ist eine Kunst, wo ein hervorbringendes Können der Zweck ist (Clausewitz 1973).

Es kommt darauf an, in lauter Spezialfällen die in den Nebel der Ungewissheit gehüllte Sachlage zu durchschauen, das Gegebene richtig zu würdigen, das Unbekannte zu erraten, einen Entschluss schnell zu fassen und dann kräftig und unbeirrt durchzuführen (Moltke 1912).

Eine Strategie bezeichnet die Gesamtziel orientierte Art des Abarbeitens von Zielen. Die Handlungsweisen, mit denen diese Ziele im einzelnen verfolgt werden, also wie die aktuellen Handlungen gesteuert und geprüft werden, werden Taktiken genannt. (Fricke 1993).

Stress: ist das körperliche Anpassungsprogramm des Menschen an neue Situationen, seine unspezifische und stereotype Antwort auf alle Reize, die sein persönliches Gleichgewicht stören. (Troch 1979).

Syndrom: (soziologisch) Gruppe von Faktoren, deren gemeinsames Auftreten einen bestimmten Zustand anzeigt (Duden).

Taktik: Abarbeiten von Unterzielen managen. Dies besteht aus mehreren Handlungen, die nur mittelbar einem Unterziel des Arbeits- bzw. Lernprozesses dienen.

Handlungen bezwecken dies auch durch eine Abfolge von Routinen, also elementaren Zielen wie z.B. „Lösungsideen speichern". (Fricke 1993)

Unbestimmtheit: Unschärfe (Dörner 1987).

Verfahren: Art und Weise der Durch-, Ausführung von etwas; Methode (Duden).

Vergessen: Vorgang des plötzlich oder allmählich abnehmenden Behaltens. Verdrängen und Überlagern „alter" Informationen durch „neue" (Beelich u. Schwede 2002).

Verhalten: bezeichnen Psychologen jede beobachtbare Äußerung des Menschen (Schubert et al. 1973). Umfassender Begriff für alle Handlungen und (Nicht-Handlungen), mit denen der einzelne alle auf ihn zukommenden Situationen zu bewältigen versucht.

Verhalten kann aufgegliedert werden: 1. Fachliches Verhalten, 2. Denk-Verhalten, 3. Persönliches (Arbeits-)Verhalten und 4. Gemeinschafts-Verhalten (Paulik 1980).

... Gesamtheit aller feststellbaren Aktivitäten eines Individuums bzw. Organismus einschließlich geistiger Tätigkeiten und emotionalen Erlebens (Grüner et al. 1974).

Personen suchen und finden allerdings durchaus Möglichkeiten, die Konfrontation mit negativen Konsequenzen ihrer eigenen Handlungen zu vermeiden. Eine dieser Möglichkeiten ist das „ballistische Verhalten" (Dörner 2003).

Verifizierung: (bildungssprachlich) durch Überprüfen die Richtigkeit einer Sache bestätigen (Duden).

Ziel: das vorgestellte erstrebenswerte Ergebnis einer Tätigkeit, das als Bezugspunkt für die Ausrichtung des Handelns dient (Grüner et al. 1974).

Zweck: gewollter Zustand, der durch einen Prozess erreicht werden soll (Heidemann 2001).

Literatur

Badke-Schaub P, Frankenberger E (2003) Management von kritischen Situationen. Produktentwicklung erfolgreich gestalten. Springer, Berlin Heidelberg New York

Beelich KH, Schwede HH (1983) Denken, Planen, Handeln. Grundtechniken für zweckmäßiges Lernen und Arbeiten. 3., überarbeitete. Aufl. Vogel, Würzburg

Beelich KH, Schwede HH (2002) Die Lernspirale. Erfolgreich lernen mit Methode. Vogel, Würzburg

Clausewitz C von (1973) Vom Kriege. (1. Ausgabe 1832). Dümmler, Bonn

Dörner D, Kreuzig HW, Reither F, Stäudel T (1983) Lohhausen: vom Umgang mit Unbestimmtheit und Komplexität. Huber, Bern Stuttgart Wien

Dörner D (1987) Problemlösen als Informationsverarbeitung. Kohlhammer, Stuttgart Berlin Köln Mainz

Dörner D (2003) Die Logik des Misslingens. Strategisches Denken in komplexen Situationen. Rowohlt, Reinbek bei Hamburg

Dorsch F (1982) Psychologisches Wörterbuch. Huber, Wien

Duden (1996) Deutsches Universalwörterbuch A-Z. Duden, Mannheim Leipzig Wien Zürich

251

Frankenberger E (1997) Arbeitsteilige Produktentwicklung. Empirische Untersuchung und Empfehlungen zur Gruppenarbeit in der Konstruktion. Reihe 1: Konstruktionstechnik/ Maschinenelemente. Nr. 291. VDI, Düsseldorf

Fricke G (1993) Konstruieren als flexibler Problemlöseprozess – Empirische Untersuchung über erfolgreiche Strategien und methodische Vorgehensweisen beim Konstruieren. Reihe 1: Konstruktionstechnik/ Maschinenelemente. Nr. 227. VDI, Düsseldorf

Grüner G, Kahl O, Georg W (1974) Kleines berufspädagogisches Lexikon. Bertelsmann, Bielefeld

Guilford JP (1964) Persönlichkeit. Beltz, Weinheim

Harmon P, King D (1986) Expertensysteme in der Praxis. Perspektiven, Werkzeuge, Erfahrungen. Oldenbourg, München Wien

Heidemann B (2001) Trennende Verknüpfung – Ein Prozessmodell als Quelle für Produktideen. VDI Verlag, Düsseldorf

Miller GA, Galanter E, Pribram KH (1991) Strategien des Handelns. Pläne und Strukturen des Verhaltens. Ernst Klett, Stuttgart

Moltke H von (1912) Moltkes Militärische Werke IV. Kriegslehren. 3.Teil: Die Schlacht. Dietz, Berlin

Mucchielli R (1974) Kommunikation und Kommunikationsnetze. Müller, Salzburg

Müller J (1990) Arbeitsmethoden der Technikwissenschaften. Systematik, Heuristik, Kreativität. Springer, Berlin Heidelberg New York

Pahl G, Beitz W, Feldhusen J, Grote KH (2003) Konstruktionslehre. Grundlagen erfolgreicher Produktentwicklung. Methoden und Anwendung. 5. Auflage. Springer, Berlin Heidelberg New York

Paulik H (1980) Lexikon der Ausbildungspraxis. Moderne Industrie, München

Scheibler A (1976) Technik und Methodik des wirtschaftswissenschaftlichen Arbeitens. Vahlen, München

Schubert U, Schubert G, Riesenkönig H, Froitzheim J (1973) Lernpsychologie für betriebliche Ausbilder. dva, Stuttgart

Sell R (1998) Angewandtes Problemlösungsverhalten. Denken und Handeln in komplexen Zusammenhängen. 2. Aufl. Springer, Berlin Heidelberg New York

Troch A (1974) Stress und Persönlichkeit. Reinhardt, München Basel

Ulich E (1994) Arbeitspsychologie. Poeschel, Stuttgart

12 Anhang

Der Verein Deutscher Ingenieure (VDI) nimmt sich der Themen um die *Karriere* der Ingenieure an. Hier einige ausgewählte Beispiele für eine zukunftsorientierte Ingenieurqualifikation.

12.1
Anforderungen an die Ingenieurausbildung

Studienanfänger aller Ingenieurfachrichtungen sollen frühzeitig ihre grundsätzliche Neigung unter Beweis stellen und evtl. ihre ursprünglich gewählte Fachrichtung korrigieren können. Dazu müssen die ersten beiden Semester vergleichbar strukturiert und kompatibel sein. Dies gewährleistet, dass die Studiengänge durchlässig sein.

Die einzelnen *Ingenieuraufgaben* stellen unterschiedliche Anforderungen an die methodische Vorgehensweise. Forschung und Entwicklung behandeln die gestellten Probleme mehr theoretisch-abstrakt. In der Konstruktion, Fertigung, Montage, Inbetriebnahme, Vertrieb und Service sind es mehr die praktisch-konkreten Aufgaben. Jede Ingenieuraufgabe erfordert eine Kombination des Theorie- und Praxisbezuges, wenn auch in unterschiedlicher Zusammensetzung.

Die Anforderungen an die *Ausbildungsprofile* leiten sich aus den Anforderungen an die benötigten *Qualifikationsprofile* ab. Für den Erfolg einer Volkswirtschaft ist es entscheidend, dass alle Funktionen in der Palette der Innovationskette mit kompetenten und motivierten Ingenieuren besetzt werden können. Die Ausbildung muss gleichwertig, aber andersartig sein.

Die Analyse der Arbeit eines Ingenieurs ergibt, dass sie aus unterschiedlichen für einen Arbeitsplatz charakteristischen Tätigkeiten besteht. Die Tätigkeiten hängen von verschiedenen Faktoren ab wie z.B. Fachgebiet, Funktionsbereich, Betriebsgröße. Sie stellen jeweils spezifische Anforderungen an Wissen und Können der Mitarbeiter. Sie sind mit einer Grundqualifikation abzudecken.

Der schnelle Wandel des Fachwissens verringert den Stellenwert der Spezialisierungen in der Grundqualifikation und damit in der Erstausbildung.

Legen Sie *Grundausbildung* nicht zu fachspezifisch an. Vertiefen Sie durch Praktika und Übungen. Verschaffen Sie sich die Befähigung zu kreativem Problemlösen, zu kooperativem Sozialverhalten mit Führungs- und Kommunikationskompetenz, zu ganzheitlicher Betrachtung eines technischen Projekts in seinem Umfeld und zu europäischen und internationalen Einsatz.

Der VDI empfiehlt, ...

- die *Struktur* der Ingenieurausbildung, bestehend aus mathematisch-naturwissenschaftlichen, technischen und überfachlichen Grundlagen, sowie der exemplarischen Vertiefung in einem Anwendungsgebiet weiterzuentwickeln.
- den *Umfang* der Vertiefung zugunsten der Grundlagenausbildung zu reduzieren.
- als *Ziel* neben der Vermittlung von fachbezogenen Kenntnissen und Fähigkeiten das analytische, fachübergreifende Denken in technischen Zusammenhängen.

12.2
Anforderungen an die Ausbildungs-Struktur

Die Basis der erforderlichen *Ingenieurqualifikation* bildet ein breites Spektrum der mathematisch-naturwissenschaftlichen und technischen Grundlagen. Grundlegendes Wissen ist unentbehrlich für das Verständnis der Naturphänomene und deren prinzipielle Nutzung in den technischen Anwendungen.

Dies dient als Fundament für den Aufbau eines vertieften Wissens auf einem Anwendungsgebiet. Möglichst breite Grundlagen sind eine wichtige Voraussetzung für die fachliche Kommunikationsfähigkeit mit Ingenieuren und Naturwissenschaftlern aus anderen Fachgebieten. Betrachten Sie die *Kompetenzentwicklung* als einen wesentlichen Schwerpunkt in der Ingenieurausbildung.

Der VDI empfiehlt, ...

- die viergliedrige *Inhaltsstruktur* der Ingenieurausbildung mit 30 Prozent mathematisch-naturwissenschaftlichen Grundlagen, 30 Prozent technischen Grundlagen, 20 Prozent exemplarischer Vertiefung in einem Anwendungsgebiet und 20 Prozent nichttechnischen Inhalten zu gewährleisten.
- die *Einzeldisziplinen* untereinander zu verzahnen.
- dies kontinuierlich an die technische und gesellschaftliche Entwicklung anzupassen.

12.3
Anforderungen an die Ausbildungs-Organisation

Der VDI empfiehlt, ...

- Studienanfängern aller Ingenieurfachrichtungen frühzeitig zu ermöglichen, die grundsätzliche Eignung zur gewählten Studienrichtung zu erkennen, die bisherige Entscheidung zu korrigieren und sich für eine andere Ausbildungs- und Berufswahl zu entscheiden.
- die ersten zwei Semester aller Ingenieurfachrichtungen vergleichbar zu strukturieren und kompatibel zu gestalten.
- den Übergang zu Studiengängen einzelner Ingenieurdisziplinen durchlässig zu gewährleisten.

12.4
Weiterbildung der Ingenieure

Das Beherrschen der Grundlagen verleiht dem Ingenieur noch keine Berufsfähigkeit. Ingenieure benötigen vertieftes Wissen des betreffenden Fachgebiets und die speziellen Kenntnisse der ingenieurmäßigen Problemlösungsmethodik. Das darüber hinaus benötigte Spezialwissen der Anwendung entsprechend der Aufgaben am Arbeitsplatz erwerben Sie während des Einarbeitens und durch Weiterbildung zu speziellem Fachwissen.

Angesichts der wachsenden Komplexität von modernen Maschinen, Geräten, Apparaten, Anlagen und Systemen gewinnen gerade die Fähigkeiten zum Gesamtüberblick, zum Denken in Systemen und zur Kommunikation auf Systemebene mit allen am Projekt Beteiligten besonders an Bedeutung. Methoden- und Sozialkompetenz gehören dazu. Von Ingenieuren wird erwartet, dass sie den steigenden Anforderungen an das Theorie- und Praxisverständnis und zunehmender Komplexität beim Gestalten, Betreiben und Vermarkten technischer Produkte entsprechen.

Der VDI empfiehlt, ...

- Strategien, Methoden und Instrumente zu entwickeln,
- die Effektivität von Weiterbildungsmaßnahmen zu steigern,
- Leitlinien als Orientierung für Weiterbildungseinrichtungen zu schaffen,
- Kompetenz aus Potenzialen zu entwickeln,
- Weiterbildungsmaßnahmen auch an Hochschulen zu fordern und zu fördern,
- finanzielle Rahmenbedingungen für Weiterbildungsaktivitäten zu schaffen.

Literatur

Koch A, Kühn S (2000) Ausgepowert? Hilfen bei Burnout, Stress, innerer Kündigung. Gabal, Offenbach.

Püttjer C, Schnierda U (2002) Jetzt wechsle ich den Job. Bewerbungsstrategien für Um- und Aufsteiger. Campus, Frankfurt

VDI (1995) Ingenieurausbildung im Umbruch. Empfehlung des VDI für eine zukunftsorientierte Ingenieurqualifikation. VDI-Hauptgruppe, Bereich Ingenieuraus- und -weiterbildung, Düsseldorf

VDI (2003) Formel 1 für kluge Köpfe. Ingenieur Karriere. VDI nachrichten. VDI-Verlag, Düsseldorf

Sachverzeichnis